JN054753

大陸の誕生

地球進化の謎を解くマグマ研究最前線

田村芳彦 著

ブルーバックス

装幀／芦澤泰偉・五十嵐徹
カバーイラスト／大高郁子
目次・章扉／齋藤ひさの
本文図版／さくら工芸社・TSスタジオ・齋藤ひさの

まえがき

本書のテーマは「大陸のでき方」です。じつは、地球科学において「大陸はいかにして誕生したか」が大きな謎として横たわっています。その謎解きに挑みます。

また本書では、大陸のでき方を探っていくうちに、マグマのでき方、海洋底のでき方、モホロビチッチ不連続面のでき方、火山のでき方、というように、大陸以外の謎にも挑戦することになります。地球全体についての理解が深まるはずです。さらに、地球の生命がいつ、どこで現れたのかという話題にまで広がっていきます。なんとなくとっつきにくいけれど、見事に疑問を解消してくれる、温度とエントロピーの関係も説明します。

内容の大部分は、学術誌に掲載された論文をわかりやすく説明するものです。教科書に載っていないような話題やアイデアが次々に出てきます。みなさんの常識を飛び越えているかもしれません。そのため、読んでいて飽きることはないはずです。

中学生以上の読者が読めるように、書き方にいろいろと工夫をしています。以前、私が放送大学の講師を務めた際に、受講者の方々からいただいた質問に答えるようにも書きました。一方、常識に縛られている、現役の研究者や教育者の方々に議論を投げかけてもいます。

私も、言いっぱなしで終わりたくはありません。もっとおもしろいアイデア、新しい証拠、別の仮説があれば、自分の中に取り入れて、さらに自分を向上させたい、と思っています。ですから、読者のみなさまからのご意見やご批判をいただくことも楽しみにしています。

恩師の久城育夫からは「新しいことをやってください」といつも言われていました。すでに教科書に載っていたり、論文に書かれていたりすることを検証するのも、とても重要な仕事です。しかし、私にとって「新しいこと」とはすなわち、「新しい謎の発見」と「誰も解いていない謎の解明」でした。これらは、誰もいない平原に立って全身で風をうけているような、とてもすがすがしい体験です。本書を通じて、この気持ちよさを届けることができると嬉しいです。

ひとつのことをやり遂げる努力のたとえとして、「面壁九年《めんぺきくねん》」という言葉があります。達磨大師が壁に向かって九年座禅を続けたことに由来するそうです。私は40年近く研究をしているので、誠に僭越ながら、その意味が少しわかってきました。研究では、地質調査をしたり、本や論文を読んだり、実験をしたりしてきました。しかし、座禅のような、一見何もしていない時間のほうが圧倒的に多くありました。謎の発見と解明のためには、自分自身と向き合い、自分の中へ入っていくような時間が必要なのです。本書の執筆中には、そんな長い時間が、ほぼ一瞬に凝縮されたような感覚を覚えました。私の凝縮された時間が読者の皆さんの中で爆発して、花火のように広がって、楽しませることができれば、と願っています。

第2章 地殻の材料はどうやって生まれる？──マグマの生成条件を知ろう

第3章 大陸地殻の材料はどこでできる？――安山岩マグマの生成条件を知ろう

序章

岩石学者なのに"海の研究所"にはいってみた

本書の〝主役〟は大陸です。大陸とは何か、大陸はどうやってできるのか、むかしの地球ではいつ大陸ができたのか、などなど——大陸に関する多くの謎を解いていきます。大陸というのは、じつに多くの謎を秘めた存在なのです。この章ではまず、本書で扱う大陸にまつわる謎を簡単に紹介します。

謎めいた主役を紹介していく〝語り部〟を務めるのは私、田村芳彦です。本書をお楽しみいただくためには、読者のみなさまに語り部を信用していただく必要があると思います。というわけで、この章では簡単に私の自己紹介をさせてください。私が大陸とどのようにかかわってきたかを知っていただくと、第1章以降の本論が飲み込みやすくなるはずです。

大陸にまつわる謎——本書は何に挑戦するか？

本書は大陸にまつわる謎に挑戦するものです。といっても、どんな謎があるのでしょうか。第1章から、以下の6つの問いに順番に答えていくつもりです。

MYSTERY 1 「**大陸とは何か？**」——これを謎と呼ぶのは、いささか大げさかもしれません。しかし、一般的に「大陸」と呼ばれるものと、地球科学者が「大陸」と呼ぶものとは、少々異なる場合があります。第1章では、本書全体の重要な前提知識として、大陸とは何かをきちんと理解しましょう。

MYSTERY 2 「**マグマはいかにして生じるか？**」——後ほどくわしく説明しますが、大陸をつくる岩石はもとをたどればマグマです。本書の主役は大陸ですが、マグマは欠かすことのできない共演者といえます。大陸の謎に迫るには、マグマをよく知る必要があります。地球のどこで、どのようにしてマグマが発生するか、第2章で学びましょう。

MYSTERY 3 「**大陸の材料ができる条件は何か？**」——これはまさしく、大陸にまつわる謎といえます。大陸をつくる岩石はもともとマグマだと述べましたが、すべてのマグマが大陸になるわけではありません。大陸の岩石をつくる特別なマグマは、特別な条件下でしか発生しないのです。第3章では、その〝特別な条件〟を明らかにします。

MYSTERY 4

「地球ではいま、大陸の材料はつくられているか？」――特別な条件下で特別なマグマが発生し、大陸の岩石がつくられます。そして、現在の地球でも、その条件を満たす場所で大陸の材料がつくられているのかもしれません。じつは、私たちの住む日本列島のそばに〝大陸の材料の形成現場〟があり、私たちは〝大陸の卵〟の誕生を目撃しているところです。第4章で、その現場にみなさんをお招きします。

MYSTERY 5

「最初の大陸はいつ生まれたのか？」――地球の大陸の歴史は想像を絶するほど長いものです。第5章では、その長大な歴史書の1ページ目の内容を探ってみましょう。46億年の地球の歴史の中でも、とくに情報の少ない最初の6億年――冥王代と呼ばれる時代――に目を向けます。MYSTERY①～④を考える中で得た知見を総動員して、〝最初の大陸〟の復元にチャレンジするつもりです。

MYSTERY 6

「生命はどこで誕生したか？」――大陸にまつわる謎といっておきながら、〝生命誕生の場〟を探すのは不自然に思われたかもしれません。そもそも、本章でこれからお話しするとおり、私は岩石学者です。生命の起源の研究は専門外といえます。しかし、岩石学者として、とくに大陸をつくる岩石を研究してきた者として、生命誕生に対して新しい見方を提供できるかもしれないと考えているのです。挑戦的な試みではありますが、終章では大陸と生命誕生を結びつけてみたいと思います。

私は岩石学者——多様なマグマへの挑戦

ここから、本章では語り部の自己紹介にお付き合いください。地球についてのごくごく基本的な情報も紹介していきます。

地球の表面は、陸上も海洋底も岩石で覆われています。これら地表面の岩石は、地球全体を覆う殻のような存在なので、〝地殻〟と呼ばれます。これらの岩石（地殻）の下には、より密度の大きい岩石の層が深さ２９００㎞まで続きます。この地殻の下の岩石層を〝マントル〟と呼びます。

大陸は地殻の一部です。したがって、大陸がどうやってできるかを知るには、地殻の岩石がどうやってできるのかを明らかにする必要があります。岩石の成り立ちを研究する学問といえば岩石学で、私は岩石学者です。

地殻は、大陸も海洋底もマグマに由来する岩石から構成されます。高温でドロドロの液体であるマグマは、火山噴火の際に地表に現れることがあります。地表に噴出したマグマが冷え固まり、岩石になることは、みなさんご存じでしょう。マグマが冷え固まってつくる岩石を〝火成岩〟と総称します。私はとくに、火成岩をターゲットにして研究を進めてきました。

火成岩を研究対象にするとは、マグマの起源を研究してきたということです。マグマはいったいどこから現れるのでしょうか——もちろん地下からです。ただし、地面の下にいつでもどこでもマグマがあるわけではありません。地球の断面図が描かれるとき、内部が炎のように赤く塗られることが多いために、地球の内側にはマグマが詰まっていると誤解されがちです。実際には、一定の条件が満たされた狭い領域にしか、マグマは存在（生成）しません。

そもそもマグマの大部分は、地球の深さ数キロから数十キロのマントルが溶けてできたものです。なぜ、どのようにしてマントルが溶けるのか——それを明らかにしたいと思っています。

大陸の成り立ちを明らかにするという意味では、マグマの多様性も理解する必要があります。同じ地殻にくくられますが、大陸は海洋底とは異なる種類の岩石でできています。そのちがいが生じるのは、大陸と海洋底ではもとになるマグマが別物であるためです。マグマはなぜ一様ではなく、多様性をもつのでしょうか？

簡単にその答えをいうなら、「マントルで生じるマグマが大きく分けて2種類あるから」であり、また「マグマは決して同じ状態では存在し続けられないから」です。

マントルを構成する岩石には、大きな多様性はないと考えられています。ところが、同じ岩石であっても、溶ける条件によって生じるマグマにはちがいが生まれます。どのような条件で、どんなマグマが発生するかは、大陸の成り立ちを考えるうえで重要です。

マグマの多様性の要因2つ目は、マントルで発生したマグマが地殻を形成するまでに経験する変化のことです。マグマは岩石が高温になると発生しますが、時間とともにその温度は低下していくため、成分の一部が結晶化し（〝晶出《しょうしゅつ》〟といいます）、マグマから取り除かれます。また、マグマ自身がもつ膨大な熱の効果で、周囲の岩石を溶かし込んでいくこともあります。マグマは最初に発生してから冷え固まって岩石になるまでの間に、一部の成分を失ったり、外側から新しい成分を得たりすることで変化するのです。

マグマはまさに変幻自在——地球が生み出す多様性の極致ともいえます。マグマの多様性の成因は、のちほどもっとくわしく説明します。

岩石学者としての前半戦 ― 陸の露頭を調べる

ここから、私の岩石学者としての人生を前半・後半に分けて、それぞれダイジェストでお見せします（前半は1980〜90年代、後半は2000年以降にあたります）。大陸の謎に挑むのにふさわしい人間と思っていただければ、幸いです。

石川県の高校を卒業後、東京大学理学部に進学した私は、地質学教室に岩石学講座を発見しました。ただ、その時点では何も知らず、「岩石学とは？」というレベルでした。それでも、直感に導かれ久城育夫《くしろいくお》教授の主宰する岩石学講座（久城研）にはいりました。そこにはマグマや火山を研究する学生たちの活気があふれていました。

岩石学者は当然、岩石を求めます。しかし通常、岩石（地殻）は土壌に覆われているので、岩石を直接観察できる場所は限られます。なお、土壌というのは、岩石がさまざまな作用（まとめて〝風化〟といいます）を受けて分解され生じたかけらと、生物由来の物質（有機物）とが混じり合ったものです。

例外的に土壌に覆われず、岩石が露出している場所を〝露頭〟といいます。そして、この露頭に出向いて岩石を観察し、地球の過去の出来事を明らかにする作業が〝地質調査〟です。地質調査こそ、岩石学者のいちばん重要な仕事です。

私は久城の指導のもと、西伊豆の露頭へ赴き、古い海底火山――かつて海底でマグマ活動により形成された地形――を研究することになりました。海底火山の噴火によってできた地層をくわしく観察し、その噴火の詳細を明らかにすることが目標でした。

なぜ陸上に海底火山があるのか、と疑問をもたれるかもしれませんが、伊豆半島の成り立ちを知れば納得できるはずです。伊豆半島は本州の一部と化していますが、数百万年前は現在の八丈

左から著者、久城、フィスク（2001年、JAMSTECにて撮影）

島より南に位置する海底火山でした。フィリピン海プレートの運動にともなって、南方にあった海底火山が次々と本州に衝突・合体し、伊豆半島の基盤を形成しています。[※1] そのため、この半島では陸上に古い海底火山が露出しているのです。

ついでに言うと、海面変動や海底の隆起により、過去の（火山ではない）海底が陸地化することもあります。たとえば、日本三景として有名な松島（宮城県）の島々は、海底に堆積した白い火山灰が固まってつくった凝灰岩が隆起してできたものです。

西伊豆の調査はもともと、海底火山を長年研究していたアメリカの地質学者、リチャード・フィスクの希望でした。彼は第二次世界大戦後すぐに、世界的に有名だった日本の火山学者、久《く》野《の》久《ひさし》の下で西伊豆を調査しはじめました。フィスクは何度も来日していたので、私は西伊豆の調査で彼から指導を受けることになりました。彼は私にとって第二の指導教官のような存在です。

伊豆半島の海底火山を調査した成果をまとめたものが、私の博士論文となりました。この論文では、伊豆半島の第三紀白浜層群にある海底火山の調査にもとづき、水中の火砕流のでき方やマグマの成因を議論しました。地層を詳細に観察することで、数百万年前に太平洋の海底で起きた火山噴火の様子を明らかにしたのです。

前項で、マグマには多様性があると述べました。しかし、伊豆半島に噴出するマグマは、いまの伊豆・小笠原諸島や日本列島に噴出するマグマと共通点が多いことがわかっています。よって、これらのマグマの成因を議論することは、地域的な知見の獲得にとどまらず、普遍的な意味をもっていました。

なお、私の学生時代から海底の火山活動の研究はなされていたものの、海底火山を直接観察することなど、想像すらできませんでした。いまでは驚くことに、無人探査機を使って海底噴火の様子をとらえることも可能になっています。[1] 海底火山の研究は今後どんどん進むでしょう。

※1　プレートの定義や運動、それにともなう火山の衝突は本書の重要なポイントです。あとでくわしく説明します。

究極の目標――大陸の成因を解き明かす

じつは、私の究極の目標は〝大陸の成因〟を明らかにすることでした。私が調査をはじめる以前から、伊豆半島は海洋島弧が本州と衝突している場所であるとともに、大陸の形成を考えるうえで重要な場所であることが知られていたのです。自分の研究が大陸の成因の解明につながっていくと思うと、とてもワクワクしました。

しかし、多くの研究が同様だと思いますが、スタートからゴールまでつながった道が用意されているわけではありません。地質調査と同様に、背丈より高い草をかき分けたり、崖をよじ登ったりといった、道なき道を進むようなものです。先の見えない不安を抱えながらも、人から指図を受けず、自ら進むべき道を切り拓いていけることが、研究者の幸せだともいえるでしょう。

学位取得後は、地質調査のメインフィールドを日本海に面する鳥取県や石川県に移しました。これらの地域では西伊豆と違って、露頭があるのは谷や沢です。大山《だいせん》や白山《はくさん》などの山の中を歩き回りました。山では静かで厳かな空気に包まれます――海水浴客で賑やかな西伊豆とは真逆の環境です。真っ赤な紅葉や一面になびくススキに囲まれたときなど、ほかに誰もいない環境で感動に浸ることもしばしばでした。

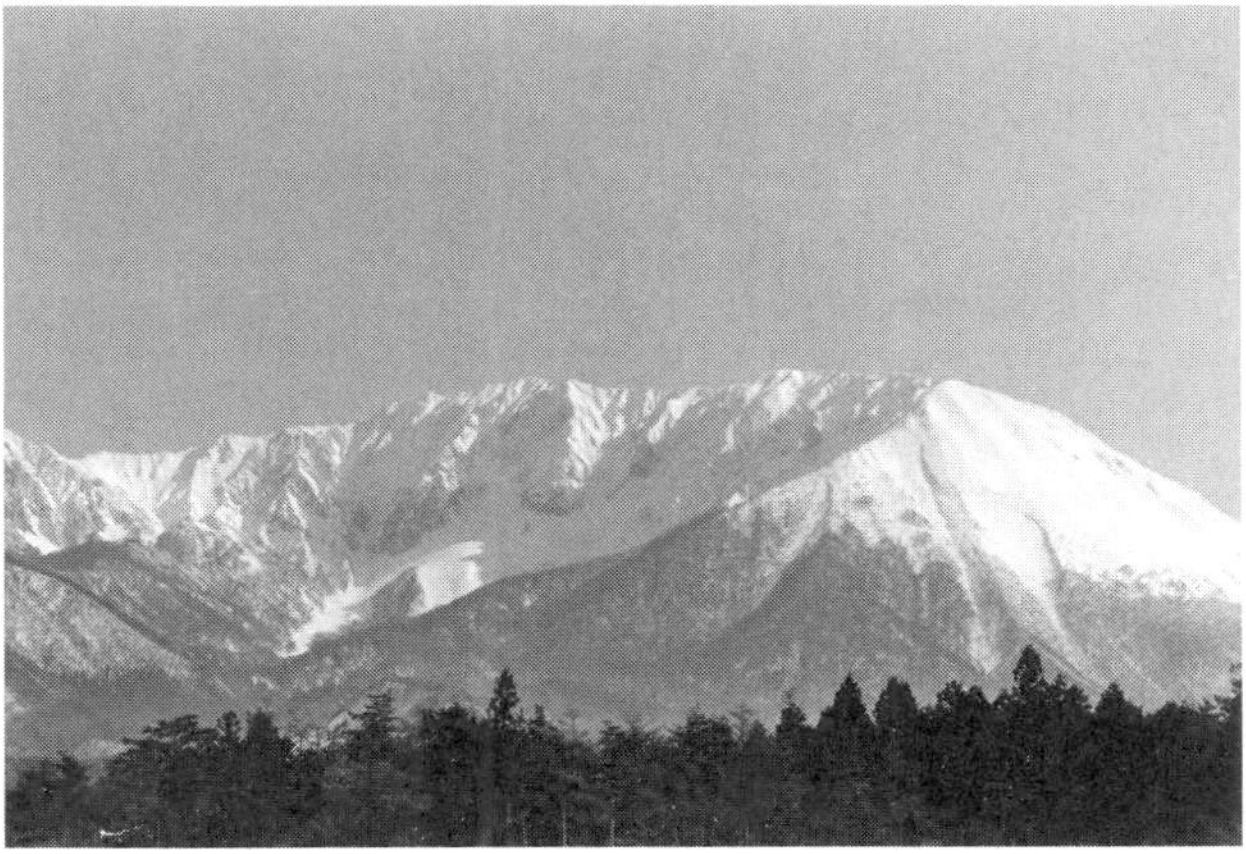

冬の大山の遠景

著者（1998年、白山頂上にて）

これらの山を調査対象としたのも、やはり大陸をつくるマグマの成因を知りたかったからです。日本列島には多くの火山があります。その下にはマグマを生成する特別な環境があるはずです。山へ赴き調査することで、火山をつくるマグマの起源を解明したい、という願望がありました。

このときの私は、一つの火山を徹底的に調べることによって、普遍的なマグマの起源を明らかにできるはずだ、という期待を抱いていました。しかし、その期待はじつは思い込みでした。やがて、日本中のどの火山を調べても、大陸の成り立ちは解明できないのではないか、と思いはじめました。その理由は、日本列島の安山岩がもつ2つの共通点――マグマ混合と地殻の再融解――にあります。

混合マグマで大陸はできない

いま登場した安山岩は大陸を特徴づける岩石です。第1章でくわしく説明しますが、地殻はおもに安山岩からなる大陸地殻と、おもに玄武岩でできた海洋地殻に分けられます。

私の指導教員である久城育夫は、大陸地殻を構成する安山岩の成因にも挑戦していました。そのもとには、日本の陸上の火山が噴出する安山岩マグマについての知見が多く集まっていました。しかし、これらは、安山岩マグマの成因に直接つながるものではありませんでした。それどころか、安山岩マグマの成因が問題であるのに、安山岩マグマをほかのマグマ（玄武岩マグマや流紋岩マグマ）の混合物とみなす考えが主流を占めるようになりました。現在の私から見ると、このとき久城のもとに集まっていたのは、岩石学の最前線の知見ではあったものの、陸上火山から得られるデータの限界を示すものでもありました。

いまいくつか登場しましたが、マグマにはいろいろな種類があります。そして、それが冷え固まってつくる岩石――安山岩、玄武岩、流紋岩など――の名前で呼び分けられます。これらのマグマの分類基準はマグマ中のシリカ成分の量比です（第1章で詳述）。シリカ成分の少ない玄武岩マグマと、シリカ成分の多い流紋岩マグマが混合すると、その中間のシリカ成分をもつ安山岩マグマが生成します。

マグマの混合とはどういう現象か、簡単に説明しておきましょう。マントルで生じたマグマは地表へ浮上する前に、地下（地殻内部）で滞留し〝マグマだまり〟をつくります。そして、マグマだまりがあるかぎり、そこに複数種のマグマが侵入して混合することは避けられません。日本列島の火山で得られる安山岩マグマの多くは、マグマだまりでの混合を経て噴出したものです。

しかし、そのような混合マグマを調べても、大陸の成因にはつながりません。なぜなら、大陸をつくる安山岩の材料が混合マグマであるはずがないからです。大陸を形成するには、大量の安山岩が必要です。一方で、マグマだまり内で複数のマグマが混合してできる安山岩はごくわずかです。混合ではなく、マントルで生じた安山岩マグマがそのまま噴き出す場所があるにちがいありません。

大陸の謎に迫るうえで重要なのは、マグマだまり内でマグマ混合により生じた安山岩マグマではなく、マントルで大量に生成する（混合物ではない）安山岩マグマです。その成因を明らかにしなければなりません。

生の安山岩マグマを探せ

大陸のもとになる安山岩マグマの成因を隠す要因は、種類の異なるマグマの混合だけではありませんでした。安山岩マグマの成因をわからなくするような二次的な作用が、地下で働いていることもわかってきました。それは地殻の再融解です。

地殻の再融解とは、地下で一度固まった（地殻となった）安山岩が、ふたたび融解して安山岩マグマとなる現象です。じつは、陸上の火山で噴出する安山岩マグマのほとんどは、再融解してできたものでした。[2]

再融解が安山岩マグマの成因を隠すとは、どういうことでしょうか。うまいたとえではないかもしれませんが、マグロの刺身を思い浮かべてください。マグロの刺身には「生」と「解凍」があり、見分けるのはなかなか難しいものです。しかし、一度も凍らせていない〝生の刺身〟と、一度凍らせてから室温に戻した〝解凍の刺身〟とでは、鮮度や味が段違いです。自然界のマグマにも同じような作用が働いています。同じ安山岩マグマのように見えても、〝生〟と〝解凍〟では大違いなのです。

ここで〝生マグマ〟と呼んでいるのは、（地殻ではなく）マントルが溶けて生じた、まだ一度も岩石になっていないマグマです。くり返しになりますが、マグマは冷え固まって岩石になります。その岩石をもう一度温めると、ふたたびマグマになります。一度固まって岩石となったのちに、ふたたび融点を超えて生じたマグマを〝解凍マグマ〟と呼んでいます。

再融解が問題となるのは、安山岩は融点が比較的低いためです。一度地殻を形成した安山岩も、下から高温の玄武岩マグマが浮上してくると、その熱で溶かされて解凍マグマとなりやすいのです。なお、玄武岩は融点が高いため、たとえ高温の玄武岩マグマが貫入してきても、解凍マグマとはなりません。

マグマの場合、〝生〟と〝解凍〟で組成は変わりませんが、得られる情報はまったくの別物です。生マグマ由来の火山岩にふくまれる鉱物や揮発性物質などを見ることで、生成した（マントルが溶けた）ときの温度や圧力などの情報が得られます。しかし、解凍マグマでは、地殻内における再融解のため、最初の（マントルでの）融解時の温度や圧力などの情報がリセットされ、地殻内の情報に置き換えられています。

日本の陸上の火山が噴出する安山岩マグマは、混合または解凍されたマグマです。それらのマグマを調べていても、そもそもの大陸の成因には迫れません。そこで私は、未混合の生マグマを手に入れる道を探りました。

岩石学者としての後半戦――生のマグマを求めて海に出る

マントルで生成した生マグマは上昇し、一部は地殻を通って噴出します。ただし、厚い大陸地殻は生マグマにとってフィルターとして働き、生マグマがそのまま噴出することを妨げます。また、大陸上では、もともと地殻をつくっていた安山岩が解凍マグマとして噴出することもしばしばです。

生マグマがそのまま噴出する可能性という意味では、単純に地殻の薄い海底火山のほうが有望です。また、海洋地殻は安山岩ではないので、もし海底で安山岩マグマが見つかったとして、それが解凍マグマであるとは考えにくいです。生の安山岩マグマを手に入れられる可能性が高いのは、海底火山ではないでしょうか。

そこで私は、海底火山を調べることにしたのです。2000年、わが国が誇る〝海の研究所〟である海洋研究開発機構（JAMSTEC）に入所しました。その後20年以上、海底火山の調査を続けてきました。研究のフィールドを変えたのは、かなり単純で、直感的な選択でしたが、私の判断は正しかったようです。探していた答えは海底にありました。生マグマだけでなく大陸のでき方にまで迫ることができたのです。

陸上の山だけを見ていたのでは、一生悶々とした思いにとらわれていたでしょう。海だけをフィールドにしていたのでは、海底の成り立ち自体に興味をそそられて、大陸の成因にまではたどり着かなかったかもしれません。私は山も海もフィールドにしてきたことで、大陸の謎を解くことができました。本書では、その謎解きをくわしく解説します。

私は謎解きだけを楽しんできたわけではなく、謎を発見することにも挑戦してきました。

自然をくり返し観察していると、従来の常識では説明できない不思議な現象をたまに目にします。何度も目にしているうちに、そのような〝非常識〟にも慣れてしまいがちです。すると、不思議なことを見つけても、〝例外〟で片づけてしまうようになります。しかし、例外であることは、重要でないことを意味しません。例外の発見はむしろ、常識をアップデートするチャンスであることもしばしばです。そこでふと立ち止まって「何かがおかしい！」と気づくと、謎を解いた瞬間と同じくらい興奮します。たとえば第2章では、「火山と火山の間にはどうして火山がないのか？」という、見過ごされがちな謎の発見に触れます。

謎を発見すると、その謎に自分がどんどん引き込まれて、どこまでも追究していきたくなるものです。そうすると、これまで知らなかった世界が見えてくる楽しさを味わえるのです。

自分語りはこのあたりにしておきましょう。次章から、ここまで端折りながら説明してきた部分もふくめて、大陸の謎解きにじっくりと挑んでいきます。

第1章

大陸とは何だろう？

——地球の層構造を知ろう——

まずは、「大陸とは何か？」をおおざっぱに理解しましょう。もしかすると、「説明されなくてもわかってるよ」と思われるかもしれません。じっさい、〝大陸〟という言葉の定義が気になることなど、ほとんどないでしょう。しかし、地球科学者がいう〝大陸〟は、みなさんがふだん使う〝大陸〟とはおそらく少しちがいます。

地球科学者は大陸を何と区別しているのでしょうか？ 何を根拠に区別しているのでしょうか？ 地球内部の構造とともに学んでいきましょう。

1・1 地球表面はどれだけ凸凹なのか？

地球表面には大小さまざまな水たまり（海や湖など）がありますが、水をすべて取り除いた地球の姿を想像してください。人工物も無視しましょう。遠く（宇宙空間）から見ると、丸い岩石のかたまりです。しかし、近づいて（地表に立って）見ると、たくさんの凸凹があることがわかります。地球はどれだけ凸凹なのでしょうか？

地表の凸凹

地表の凸凹を把握したいとき、頼りは測量技術です。測量は古代エジプトの時代からおこなわれていたそうです。地球の形や大きさを知りたいというのは、人類にとって根源的な願いだったのでしょう。もちろん、より実用的な意味もあったことはまちがいありません。

測量技術は大きな進歩を遂げてきました。現在の主流は人工衛星による測量です。いくつもの地球観測衛星が、同一軌道からの継続的な観測により膨大なデータを蓄積しています。そのデータに自動処理が施され、地球の全表面の地形データがつくられています。

図1.1 海底地形図
海の領域では、浅い海底が白っぽく、深い海底が黒っぽく見えている
[アメリカ海洋大気庁（NOAA）による]

こうした技術により、地表の凸凹はきわめて正確に把握できるようになりました。地球の最高峰、エベレストの標高は長い間、８８４８ｍといわれてきました。これは、インドが計測して１９５４年に発表した値です。その後、ネパールと中国が実施した測量により、従来より86㎝高いことがわかり、２０２０年に８８４８・８６ｍと発表されました。

衛星では、陸上は測れても、海底の凸凹（深さ）は測れません。水が光（電磁波）を吸収してしまうからです。海底地形の測量には音波を用いるのが一般的です。音波の発信機と受信機を備えた観測船を航行させ、発信した音波が海底で反射されもどってくるのにかかる時間から、海底の深さを測ります。

海底にも凸凹が存在することが知られています（図1.1）。

海底の凸の中には、たとえば海底火山があります。ここでは、陸上の火山と同じように、地下からマグマが噴き出し、噴火が起きています。溶岩がつくられているのです。〝溶岩〟とは地表に噴き出したマグマのことで、これは地表を広がりながら冷え固まって地表の一部になります。海底の同じ場所で噴火が続くと、溶岩が積み重なり、火山が大きく成長します。また、硫黄島《いおうとう》で起こっているように、噴出しないマグマは地下にたまって火山体を隆起させます。海底火山の中には、大きく成長した結果、海面より上に顔を出した（島になった）ものもあります。

では、海底の凹はなんでしょうか？　たとえば、太平洋の西側にはとくに深い海底があり、しかも、細長くつながっています。その海底の溝のような地形は〝海溝〟と呼ばれます。中でも深いのはマリアナ海溝です。その深さが詳細に測定され、チャレンジャー海淵《かいえん》という窪みが世界最深（1万983m）と知られています。

地表には、標高約8850mから水深約1万1000mまでの凸凹が存在するのです。これらの凸凹はただランダムに存在するわけではありません。

地表の凸凹の2つの極大――地殻は2種類

前項で紹介した最高峰や最深点は、地表のごくわずかな領域にすぎません。全体的な傾向を知

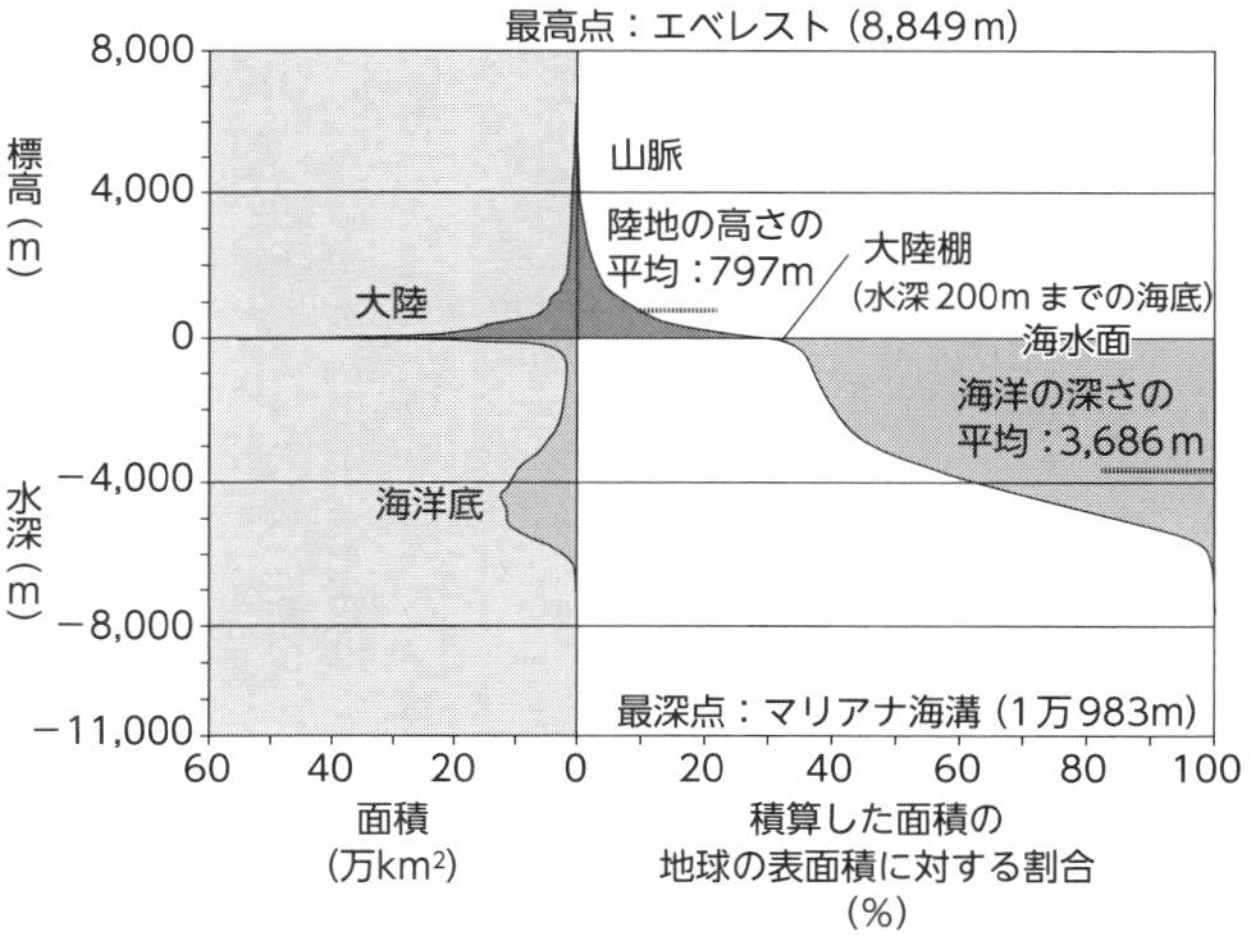

図1.2 **高度面積曲線**［NOAAの資料にもとづく］

るために、高度面積曲線（ヒプソメトリック・カーブ）を見てみましょう 図1.2 。左図は、地球の表面で、それぞれの高さ、あるいは水深（縦軸）を有する部分の占める面積（横軸）を表現する曲線です。右図は、左図の面積を地表面全体に対する割合に直したうえで、標高の高いほうから順に積算したものです（したがって、エベレスト山頂の高さでは０%、マリアナ海溝の深さで１００%となっています）。

左図を見ると、陸上（標高０ｍのすぐ上）と海底（水深４０００ｍのあたり）に一つずつ明瞭な面積の極大があります。陸地の高さの平均、海洋の深さの平均を求めると、それぞれ標高７９７ｍと水深３６８６ｍとなります（右図）。つまり、いろいろな高さ（標高や水深）の地表面がまんべんなく分布しているわけではなく、特定の高さの陸地と特定の深さの海底が多い（広い）のです。

この曲線からわかるのは、陸地と海洋底はまったく異なる地形であるということです。陸地と海洋底の明瞭な地形差を〝地形の二分性〟と呼びましょう。地形の二分性をふまえると、地表面の凸凹はランダムに生じたわけではなく、陸地と海洋底とを分ける本質的なちがいがあると考えられます。

陸地と海洋底の本質的なちがいとは、構成する岩石のちがいです。

序章で述べたとおり、地球表面は**地殻**という岩石の層で覆われています。地殻は構成する岩石の種類によって、**大陸地殻**と**海洋地殻**に二分されます 図1-3 。地形の二分性はこの2種類の地殻に対応するのです――大陸地殻が凸で、海洋地殻が凹です。

まずは、海洋底をつくる海洋地殻に注目しましょう。これは、おもに**玄武岩**からなる、厚さ5～7㎞の層です。玄武岩は密度が約3・0g／㎤で、質量の50％をシリカが占めます 図1-4 。シリカとは二酸化ケイ素（SiO_2）のことです。地球の岩石は、元素組成で見ればケイ素（元素記号Si）と酸素（O）を主成分としています。そのため、シリカの含有率が岩石の分類基準のひとつになっているのです。岩石の分類は1・3節でくわしく紹介します。

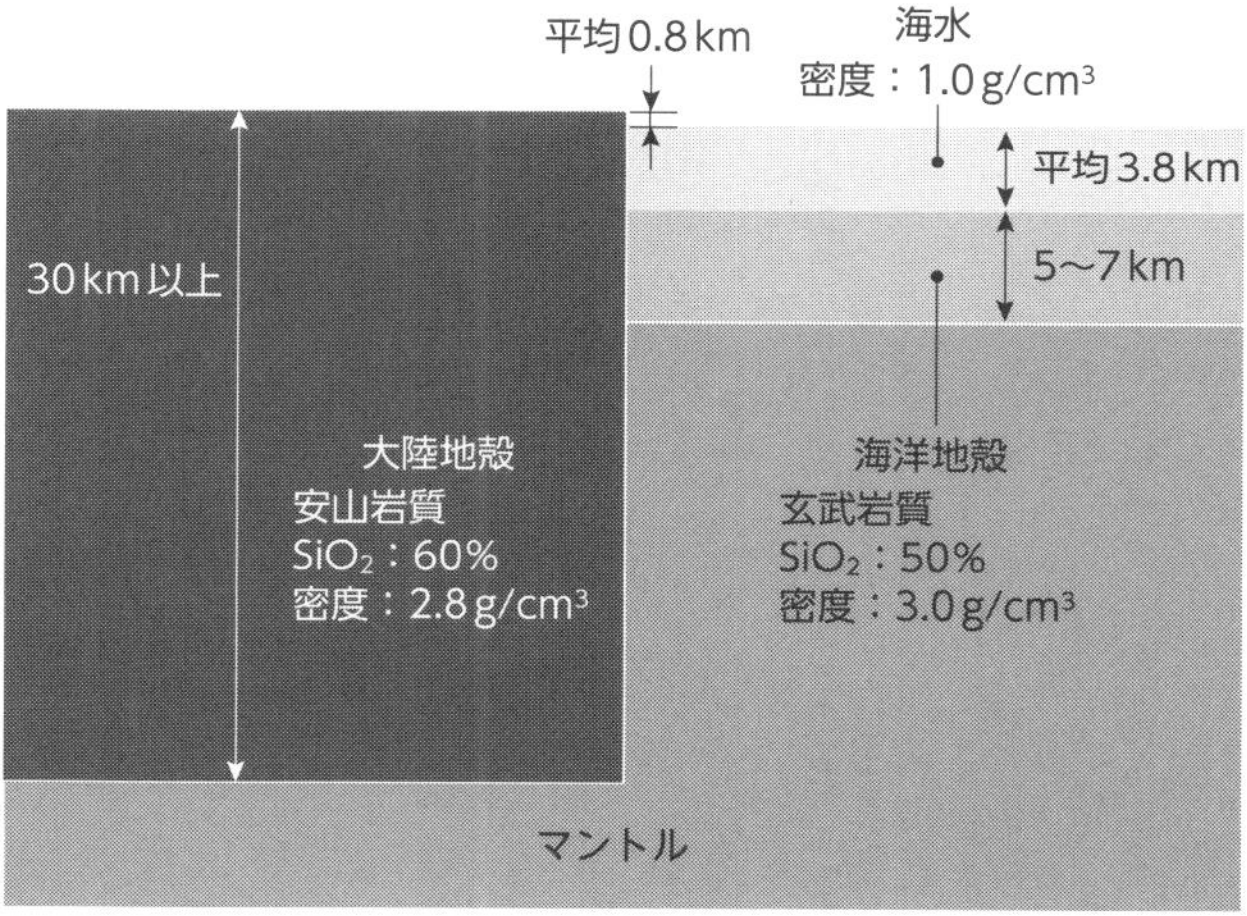

図1.3 大陸地殻と海洋地殻

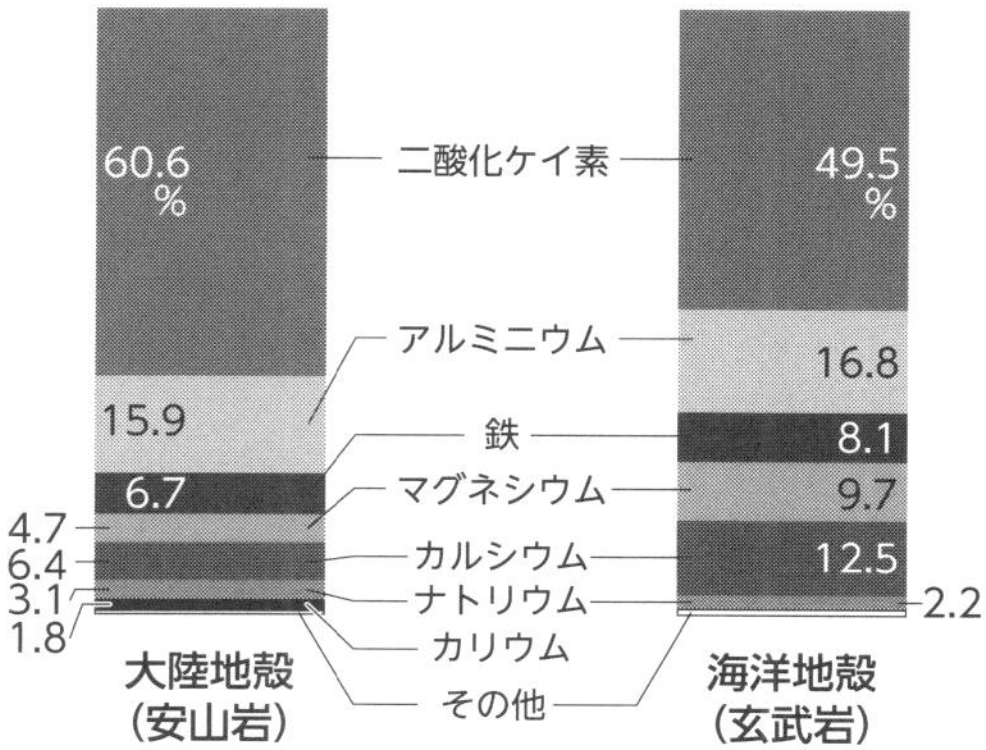

図1.4 大陸地殻と海洋地殻の組成比較

アルミニウムや鉄などの元素は、酸化物としての質量比が表されている
海洋地殻（理科年表）；大陸地殻（Rudnick & Gao, 2005）

つぎに、陸をつくる大陸地殻についてです。おもに**安山岩**からなります。安山岩はシリカ60％で、密度は約2・8g／㎤です。大陸地殻の厚さは場所によってばらつきますが、30～50㎞程度と、海洋地殻より厚いことがわかっています。

まとめると、比較的軽くてぶ厚い大陸地殻と、重くて薄い海洋地殻が地形の二分性として現れているのです。それらを構成する岩石についての数字――シリカ含有率や密度――だけを見ると、ちがいはわずかなようですが、地形にははっきりと表れています。

とはいえ、この説明では「なぜ二分性があるか」に答えたことにはなりません。大陸地殻の高さが地球全体でだいたい揃っている理由や、海の深さが揃っている理由は次節で考えましょう。

さてここで、序章で示した大陸にまつわる最初の謎「大陸とは何か？」の答えを示します。地球科学における〝大陸〟は大陸地殻のことです。陸としての大きさとは無関係なので、〝小さな大陸（地殻）〟という存在もあります。また、場所によっては〝海の下に隠れている大陸（地殻）〟もあります。この点をふまえて読み進めてください。

地球の中身は3層構造――地殻・マントル・コア

前項では、地表が地殻という岩石の層で覆われていると述べましたが、その下（地球の内側）

についても理解が進んでいます。簡単に説明しておきましょう。

地球の中身は、構成物質のちがいにもとづいて、大きく3つの層に分けられます。すなわち、地殻・マントル・コアです（図1.5）。地殻については前項でざっと確認したので、ここではマントルとコアについて見ていきます。

マントルはかんらん岩でできた層です。大陸地殻の下も海洋地殻の下も、かんらん岩です。

かんらん岩は地殻の岩石（玄武岩や安山岩など）とは化学組成が異なります。とくに、地殻の岩石はシリカ成分に富むのが特徴──玄武岩では50％、安山岩では60％──ですが、かんらん岩のシリカ成分は45％以下です。また、マグネシウム成分（MgO）を40％以上ふくむ点で、5～10％しかふくまない地殻の岩石とは大きく異な

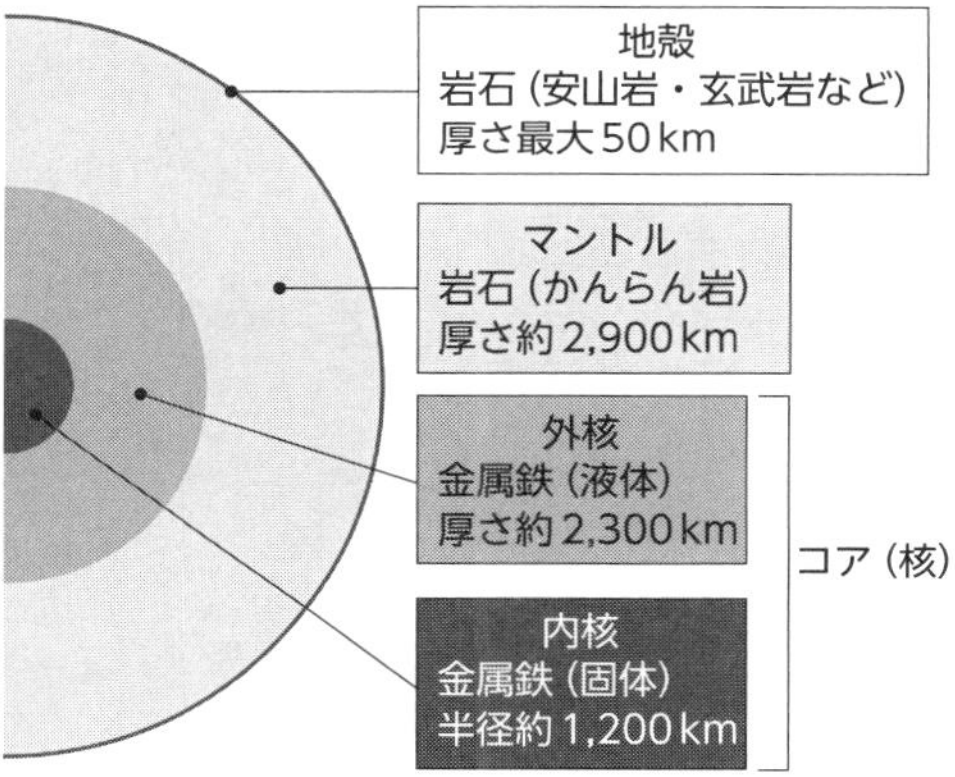

図1.5 地球内部の層構造

外側から大きく地殻、マントル、コアの3層に分けられる。地殻は薄い層なので、この図では線にしか見えない。コアは液体の外核と固体の内核に分けられる

ります。その一方で、ナトリウムやカリウムなどは非常に少なく、大陸地殻と比較するとナトリウムは10分の1以下、カリウムは30分の1しかふくまれていません。

マントルは地下2900㎞まで続くぶ厚い層です。ひと口にマントルといっても、その内部で環境（温度・圧力）は大きく変化します。基本的には深さに応じて温度と圧力が決まります 図1.6 。

本書ではくわしく書きませんが、マントル内部には層構造があります。マントル全体がかんらん岩でできているととらえてよいのですが、深さによって主要な鉱物が異なり、そのちがいにより複数の層に分けられています。地殻の直下の〝上部マントル〟の主要鉱物はかんらん石です。その密度は約3・3g／㎤で、上部マントルが地殻より重い物質で構成されていることがわかります。上部マントルより下

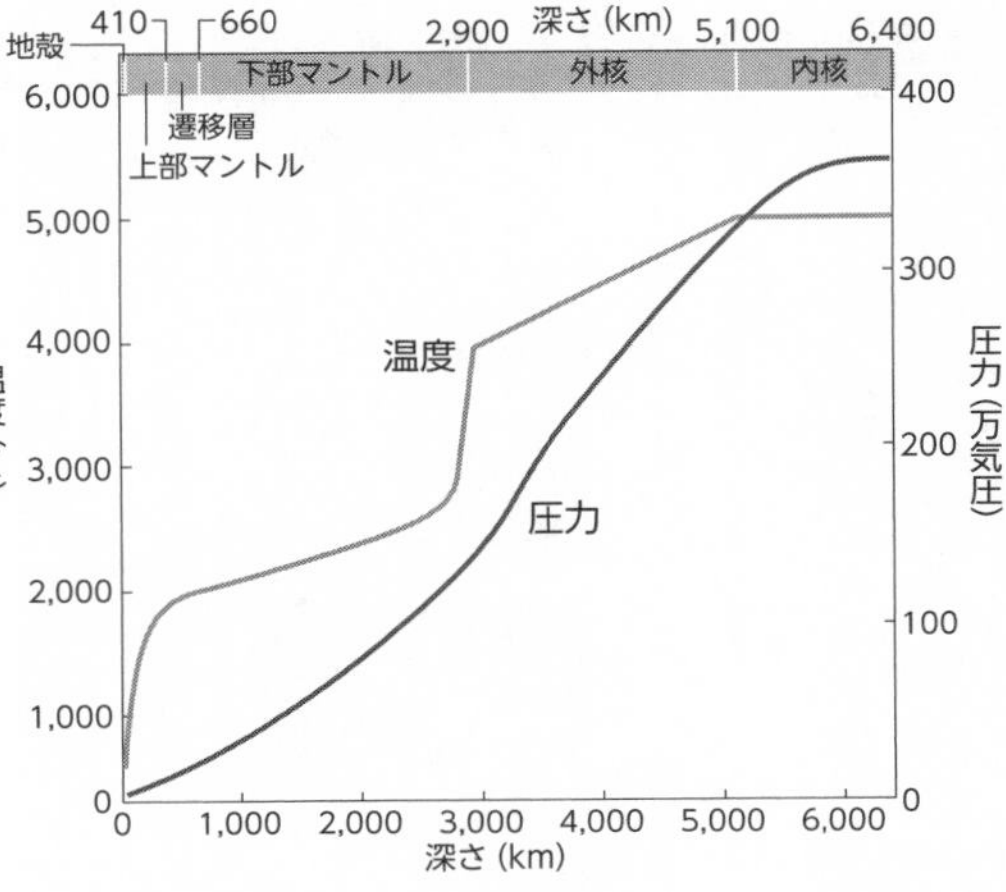

図1.6 地球内部の温度・圧力分布

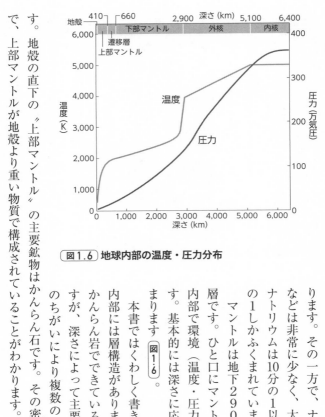

の〝遷移層〟や〝下部マントル〟の主要鉱物は、かんらん石より大きな密度をもちます。

マントルの下（内側）は**コア（核）**という構造です。深さ約６４００㎞の地球中心まで続くコアは、半径約３５００㎞の球体です。

コアは岩石ではなく、金属の鉄でできていることがわかっています。地球の中心は巨大な鉄球なのです。純粋な鉄ではなく、ニッケルやその他軽い元素を不純物としてふくむと考えられていますが、組成についてはまだ謎だらけです。

マントル同様、コアも複数の層に分かれています。コアの層はおもに２つで、**外核**と**内核**と呼ばれます。いずれも金属鉄ですが、外核は液体で、内核は固体です。外核の厚さは約２３００㎞、内核は半径１２００㎞の球体です。

地殻、マントル、コアの3層を比較すると、各層の体積や質量が地球全体のどの程度を占めているか計算できます。体積でいうと、マントルは83％、コアは16％を占め、地殻はたった１％しかありません。質量の割合では、マントルは67％、コアは33％、地殻はわずか０・５％です。

大陸地殻と海洋地殻も比較してみましょう。地球表面積の約３割が大陸で、７割が海洋底で占められています。おおざっぱに大陸地殻の厚さを30㎞、海洋地殻の厚さを７㎞として計算すると、大陸地殻が海洋地殻の約2倍の体積をもつことがわかります。

人類未踏のマントル

前項で描き出した地球の中身は、誰かが直接目で見て確認したわけではありません。地球中心まで穴を掘って、層の存在を確認したり、構成物質（岩石や鉱物）を採取したりした人はいないのです。深い穴を掘って、地球内部の物質を採取しようというプロジェクトもありますが、人類はまだ地殻を掘り抜くことすらできていません。

地殻を掘り抜いてマントル物質を採取しようという計画の舞台は海です。前項で述べたとおり、大陸地殻と海洋地殻は厚さに大きな差があるので、薄い海洋地殻の下のマントルがターゲットになっています。

わが国では、ＪＡＭＳＴＥＣの地球深部探査船「ちきゅう」が海洋地殻掘削の主力です（図1-7）。「ちきゅう」はこれまでに、南海トラフ地震発生帯や、２０１１年3月11日にマグニチュード9の東北地方太平洋沖地震を引き起こした大断層を直接掘削するなど、貴重な成果を挙げています。

掘ることができなくても、地球内部の様子を知る方法はいくつかあります。たとえば、火山噴

図1.7 地球深部探査船「ちきゅう」
［提供／JAMSTEC］

火によってマントルの岩石のかけらが地表にもたらされることがあります。それを発見できれば、マントル物質を手に入れたことになるわけです。火山で噴き出すマグマが運んでくるマントル物質は、〝マントル捕獲岩〟とか〝マントルゼノリス〟などと呼ばれます。

また、地殻がめくれ上がって、その下の上部マントルが地表に露出している場所があります。[※1] 地殻とマントルがひと続きの地層として現れたものを〝オフィオライト〟といいます。世界には、年代や規模の異なる多様なオフィオライトが存在します。世界最大のオフィオライトが存在するのは中東の国オマーンで、その大きさはアラビア半島の東に沿って距離450km、幅120km――想像を絶する規模です。世界の有名なオフィオライトと

※1　地殻がめくれる理由はプレートテクトニクスを知らないと理解できません。プレートテクトニクスは第2章で説明します。

しては、イタリアからトルコにまたがって分布するミルディータ・オフィオライト、南チベットのルオブサ・オフィオライト、チリのタイタオ・オフィオライトなどが挙げられます。日本列島にも上部マントルの露出している場所があります。

ここまで紹介した方法（場所）で得られるのは、かなり断片的な情報です。たまたま地表に運ばれてきたマントル捕獲岩や、たまたま露出したオフィオライトから、マントル全体について知ることはできません。より広い範囲の情報を得る方法が求められます。

海の深さを知る主要な手段は音波でしたが、地球の中身を知るときにも波が使えます。地震波です。地震波は、地球内部で起きる岩石の破壊とその断面に沿うすべりにともなって発生し、地球内部を伝わります。その波がもつ、異なる物質どうしの接する境界で反射・屈折する性質を利用することで、地球内部の情報が得られるのです。

地震波はさまざまな経路を伝わって地表に届きます。地表で多数の地震波を観測・解析することで、反射・屈折の起きた深さがわかり、地球内部の層構造が明らかになるのです。また、地震波を利用すれば、地球内部の液体と固体の分布を推定でき、温度・密度の情報も得られます。マントルやコアという地球内部の層構造も、地震波観測により発見されました。

1・2 地球表面はどうして凸凹なのか？

前節では、地球の3層構造を知り、いちばん外側の地殻が大陸地殻と海洋地殻に分けられることを学びました。大陸地殻と海洋地殻は、構成する岩石の密度や層としての厚みが異なることも知りました。本節では、この2種類の地殻のちがいをさらにくわしく見ていきます。とくに、それらを構成する岩石のちがいに注目しましょう。

地形の二分性はなぜあるのか？

地形の二分性は2種類の地殻（大陸地殻と海洋地殻）に対応する、と前節で説明しました。それだけでは「なぜ」の説明としては不十分です。地形の二分性の成因を知るうえで重要な概念をひとつ導入します。

ここで、大陸地殻と海洋地殻を単純化して表した図1・3をもう一度見てください。先ほどはとくに触れませんでしたが、大陸地殻の底面は海洋地殻の底面よりもずいぶん深いところにあります。これはなぜでしょうか？

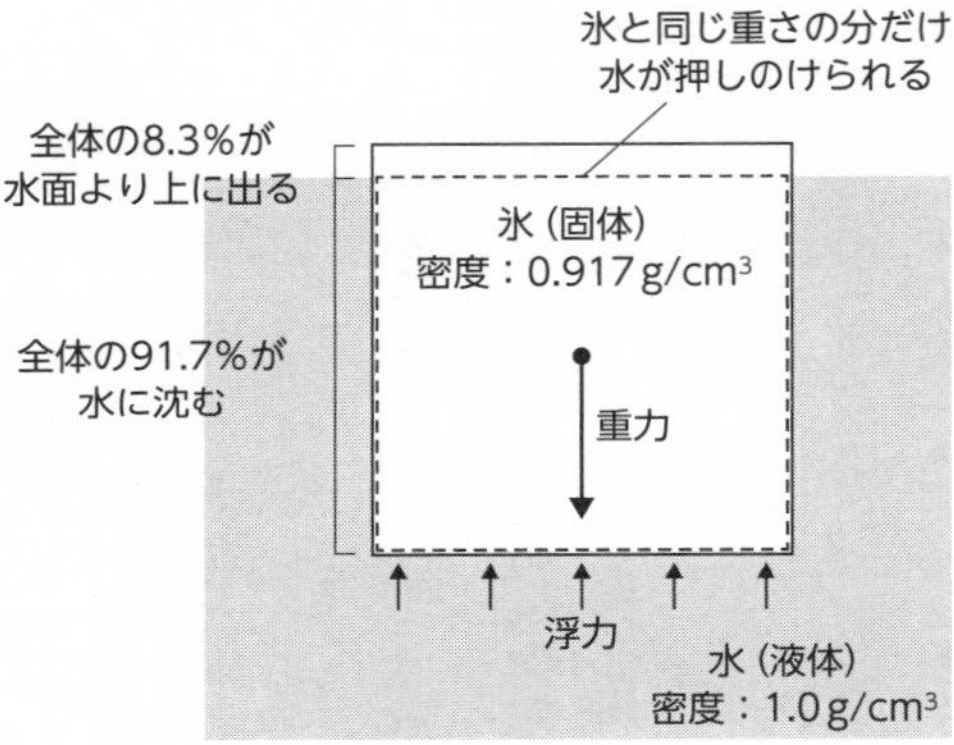

図1.8 浮力の原理

その理由を理解するうえでは、〝浮力の原理〟あるいは〝アルキメデスの原理〟が重要です。

みなさんご存じのとおり、氷（固体の水）は（液体の）水に浮きます。これは、氷が水よりも軽い（密度が小さい）からです。ふつう、氷の密度は0・917g／㎤、水の密度は1・0g／㎤程度です。これは、同じ重さで比べると、水は氷の約0・917倍の体積をもつということでもあります。

図1.8に、四角い氷が水に浮いている様子を示しました。氷の底面には浮力（上向きの力）が働きます。この浮力は、氷に押しのけられた水が受けていた重力が上向きに働いたものと考えてください。それは、氷にかかる重力（下向きの力）と釣り合います。

氷と水の密度のちがいから、氷の体積の8・3％が水面より上に出ることになります。

アイソスタシーの原理は、浮力の原理を地球内部に適用したものです。つまり、地殻はマントルを押しのけて浮いているようなもの、という見方です。すでに述べたとおり、地殻は（大陸領域も海洋領域も）その下のマントル（上部マントル）よりも軽い物質で構成されています。また、マントルは固体ですが、長い時間をかけて流動します（時間スケールは大きく異なりますが、液体の水と同じような挙動を示すということです）。地殻はマントルを押しのけた分だけ浮力を受けて、上部が地表に出てきているのです。

ところで、大陸地殻の厚さは場所によって大きく異なるのでした。アイソスタシーにもとづいて、大陸地殻がどのようにマントルに浮いているか考えてみましょう。

厚い大陸地殻は当然、薄い大陸地殻よりも重いです。したがって、厚い大陸地殻ほど多くのマントルを押しのけて、より深く沈みます。押しのけたマントル分の浮力を受けるので、マントルの上に出る部分の厚さも、厚い大陸地殻ほど大きくなります 図1-9 。

アイソスタシーの発見

アイソスタシーはどのようにして見つかったのでしょうか？　ヒントは重力にありました。

重力の大部分は万有引力――つまり質量をもつ物体どうしが引き合う力です。その大きさは引き合う2つの物質の質量に比例し、2つの物質の間の距離の2乗に反比例します。地球も質量をもつ物質ですから、地上の物質は地球に引っ張られます。

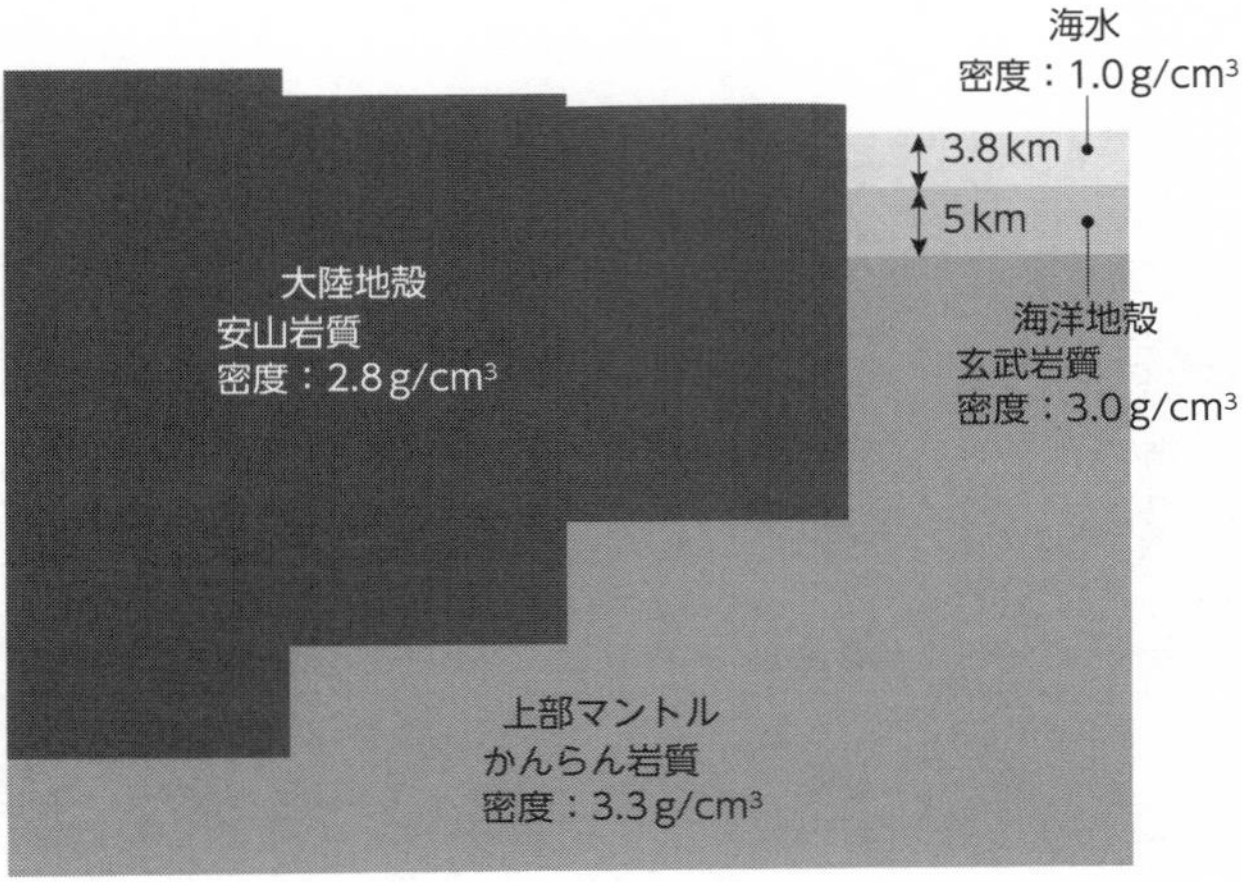

図1.9 厚い大陸地殻ほど根が深い

地上の物質に働く重力の大きさや向きは、じつは一定ではありません。地球内部で質量の分布が均一ではないからです。そして、もし地球内部に周囲より大きな質量をもつ領域があると、その質量に引っ張られて、物質に働く重力の向き（鉛直線）はやや傾きます。

アイソスタシーの発見以前、巨大な山脈の周囲では、その質量の影響で鉛直線の向きが傾くと予想されました。その予想を確かめるため、１８５５年に、ヒマラヤ山脈の麓で重力（鉛直線）の測定がおこなわれました。

鉛直線はたしかに傾きました。しかし、その傾きは事前の予想よりもずいぶんと小さなものでした。この結果を説明するには、ヒマラヤの下には比較的軽い物質が大量に詰まっていると考えるしかありません。現代では、ヒマラヤ山脈の下には、ぶ厚い大陸地殻がマントルを押しのけて存在すると理解されています。地表だけ見れば質量に大きな差がありそうなヒマラヤと低地でも、地殻の厚さが異なるので、地下もふくめた質量には大差がないということです。

こうした知見にもとづき、アイソスタシーの原理が確立されていきました。

では、ヒマラヤのような巨大山脈付近以外の場所ではどうでしょうか？　アイソスタシーは成り立っているのでしょうか？

アイソスタシーは成り立っているか？

ここで、われわれの研究成果を紹介します。2014年、当時JAMSTECの同僚だった佐藤壮（現在は気象庁）に、これまでのデータをもとに[1]、伊豆小笠原弧に沿って海底地形（海の深さ）と地殻の厚さを調べてもらいました。伊豆小笠原弧は、伊豆半島の南の海に南北にのびる海底火山（火山島）の列です 図1-10 。

海底火山は周囲より高まっている地形なので、アイソスタシーが成立しているならば、地殻が周囲より厚くなっているはずです。つまり、伊豆小笠原弧に沿って、地形の高さ（海では水深）と地殻の厚さには関係が見いだせると予想できます。

地下構造の探査は海底地震計によりおこなわれます。といっても、近くで地震が発生するのを

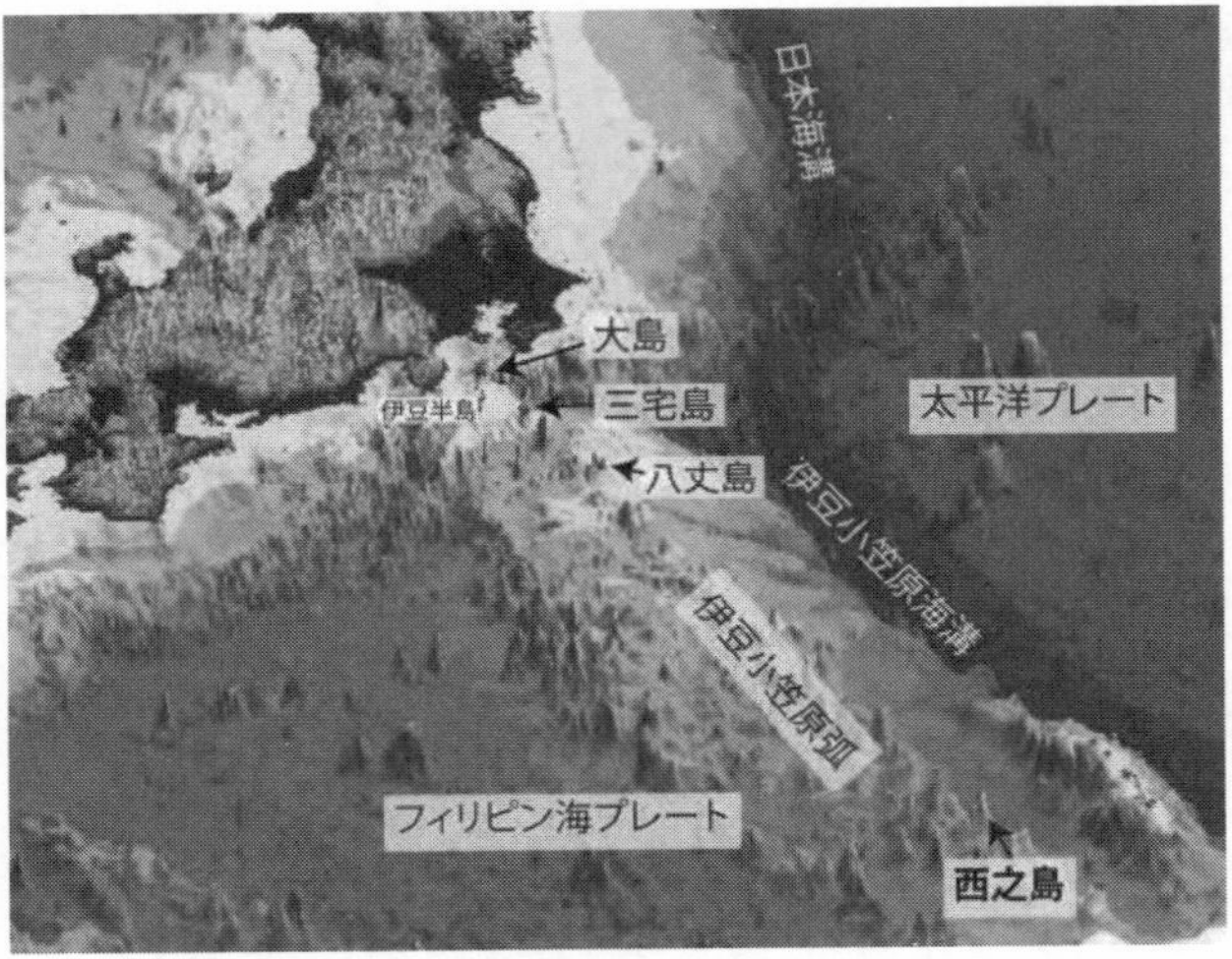

図1.10 伊豆小笠原弧

待つわけではありません。船につないだエアガンから圧縮空気を押し出すことにより、人工的に音波を発生させます。その音波が地下を伝わり、地殻－マントル境界で反射して海底に戻ってくる様子を地震計でとらえるのです。

地震計の設置場所は火山の山頂から少しずれていたため、山頂部の地殻の厚さは測れませんでしたが、おもしろいデータが得られました（図1.11a）。このデータをもとに、地殻の厚さ（横軸）と海底の水深（縦軸）の関係を整理すると、図1.11bのようになります。プロットがほぼ一直線に並んでいます。つまり、伊豆小笠原弧沿いの火山と火山の間の海底では、水深と地殻の厚さとがみごとに相

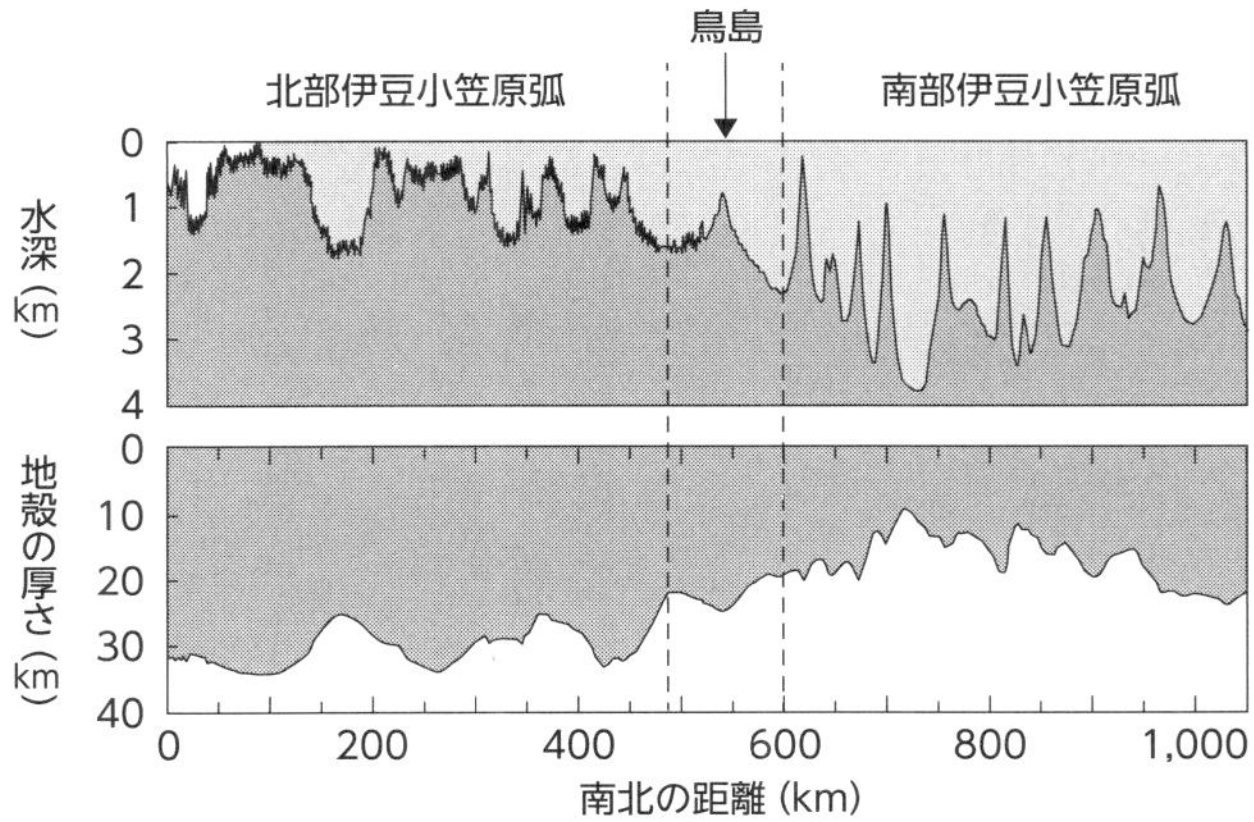

(a) 伊豆小笠原弧に沿って計測した水深と地殻構造

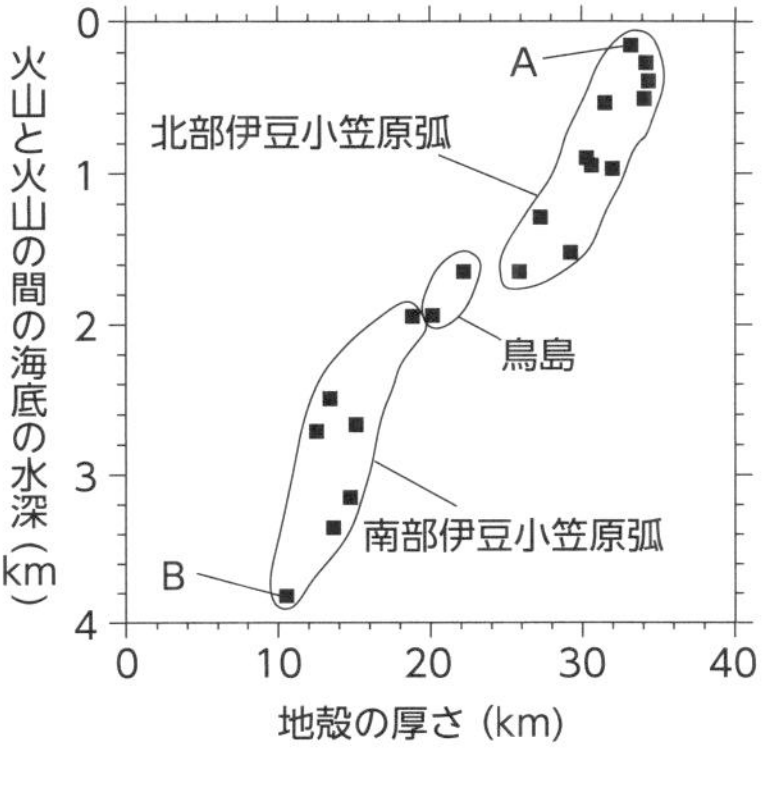

(b) 水深と地殻の厚さとの関係

図1.11 伊豆小笠原弧の地殻構造[2]

関していました――地殻が厚いところでは水深が浅く、地殻が薄いところでは水深が深いのです。図1.11b を使うと、簡単な計算で地殻の密度が求められます。地殻が34㎞の厚みをもつ地点Aは水深がゼロ、地殻の厚さが11㎞の地点Bの水深は3・8㎞くらいです。深さ34㎞（地点Aの地殻の底の深さ）を均衡面と考えると、地点Aと地点Bでの均衡の式を立てられます。それを使ってマントルの密度を3・3g／㎤として地殻の密度を計算すると、海洋地殻と大陸地殻の中間の値を得ます。この「中間の値」の意味は、本書の後半で明らかになります。

この計算から、アイソスタシーが成り立っていると理解できます。もっというと、伊豆小笠原弧と同様の海洋島弧であれば、水深から地殻の厚さを予想できるはずです。後の章で、世界のほかの海底火山列と比較します。

盛り上がる火山

ただし、細かく見ると、個々の火山体ではアイソスタシーが成り立っていません。断面図 図1.11a を見れば、個々の火山の高まりと地殻の厚さとが完全には対応していないことが、すぐにわかります。たとえば西之島は海面上に顔を出していますが、地殻は約20㎞しかありません。火山の高さと地殻の厚さとの間には、関係がないことになります。

この観測事実は、火山の高まりがアイソスタシーだけでは説明できないことを意味します。これは、火山直下ではマグマが貫入していて、地形を盛り上げているためです。アイソスタシーの成立（マントルの流動）には時間がかかる一方で、現在マグマ活動が起きている火山（活火山）ではつねにマグマが貫入してくるので、アイソスタシーとは無関係に地形を盛り上げてしまうのです。マグマの貫入が終了すると、西之島はアイソスタシーにしたがって沈降するでしょう。

アイソスタシーの成立に向けて地形が変化する場所は、マグマの貫入を終えた火山だけではありません。代表例は、気候の変化などにより陸上の氷床が増減する地域です。寒冷な気候のために大陸地殻の上にぶ厚い氷床が形成されると、その重量によって地殻は押し下げられます。そして、気候が温暖化するなどして氷床が減る（薄くなる）と、地殻を押し下げる効果が弱まり、マントルの流動により地形が隆起するのです。氷床の増減にともなう地形の沈降や隆起は、いずれもアイソスタシーの原理で説明できます。現在この理由による隆起が観測されている場所として、スカンディナヴィア半島が有名で、年に数センチというペースで隆起が進んでいます。

もう一度、伊豆小笠原弧の地殻と水深の関係を見てみましょう（図1.11a）。地殻の厚さが北部と南部ではっきりと異なっていることにも気づきます。山を除いた部分（火山と火山の間）の水深が浅い北部では地殻が厚く、水深が深い南部では地殻が薄いのです。この地殻構造は、大陸地殻をつくる〝生の安山岩マグマ〟の生成メカニズムにとって本質的に重要です。このことについては、第3章でくわしく議論します。

1・3 岩石とは何だろう？

地形の二分性が生まれるのは、地殻が大きく2種類に分かれ、それぞれにアイソスタシーが成り立つからでした。すでに簡単に触れましたが、地殻やマントルを構成する岩石のちがいが重要です。「岩石とは何か」なんて、あらためて考える必要はないと思われるかもしれませんが、本節で岩石についての基礎知識を身につけましょう。

相と成分

本節では、岩石についてくわしく見ていきます。その中で、〝相〟と〝成分〟という概念が重要となるので、ここで簡単に説明しておきます。

相とは、物質から理論的、物理的に分離して取り出せるものです。岩石にとって、それを構成する鉱物が相です。2種類の鉱物（たとえば、輝石とかんらん石）から構成される岩石は、「2相の岩石」といいます。また、マグマ中にふくまれる液体とガスも、それぞれ独立した相として数えます。

成分とは、すべての相にふくまれている元素のまとまりです。2種類の元素が各相に同じ比率でふくまれている場合、そのまとまりが一成分とみなされます。たとえば、ケイ素（Si）と酸素（O）が1：2の割合で存在するのであれば、SiO_2がひとつの成分となります。

少々ややこしく感じるかもしれませんが、もうひとつ〝**化学組成**〟という言葉も説明しておきます。これは、岩石全体に対する元素の割合を重量パーセントで表したものです。ここで注意したいのは、酸素の扱いです。酸素は岩石にもっとも多くふくまれる元素ですが、ほかの元素と結合して酸化物をつくります。そこで、岩石に多くふくまれる元素（〝主要元素〟といいます）は酸化物の重量パーセントとして表されます。これが化学組成です。岩石に微量にふくまれる〝微量元素〟の組成を表す際にはパーセントではなく、100万分の1を表す「ppm」という単位を使います。1ppmは0・0001％です。

岩石は鉱物の集合体

岩石は鉱物の集合体です。たとえば、溶岩を観察すると、全体に白い粒々や黒い粒々が見られますが、これらが鉱物です（図1・12）。鉱物とは、自然の物質のうち、物理的・化学的にほぼ均一な無機質の固体物質です。鉱物の大部分は規則的な原子配列（結晶構造）をもちます。

鉱物はその化学組成や結晶構造のちがいによりさまざまに分類されますが、本書でとくに重要なのはケイ酸塩鉱物というグループです。ケイ酸塩鉱物とは、ケイ素（Si）を中心に4つの酸素（O）が結合してつくるSiO_4四面体を構造の基本単位とする鉱物です図1.13。ほとんどの岩石は、ケイ酸塩鉱物を主体とします。

SiO_4四面体が結合して結晶をつくるとき、その配置はさまざまで、鉱物によって異なります。SiO_4四面体は、隣接する四面体と4つの頂点（酸素）を共有して結合していきます。その

図1.12 **溶岩**

トンガのフンガ火山で採取されたもの。白っぽい斜長石を主体とする

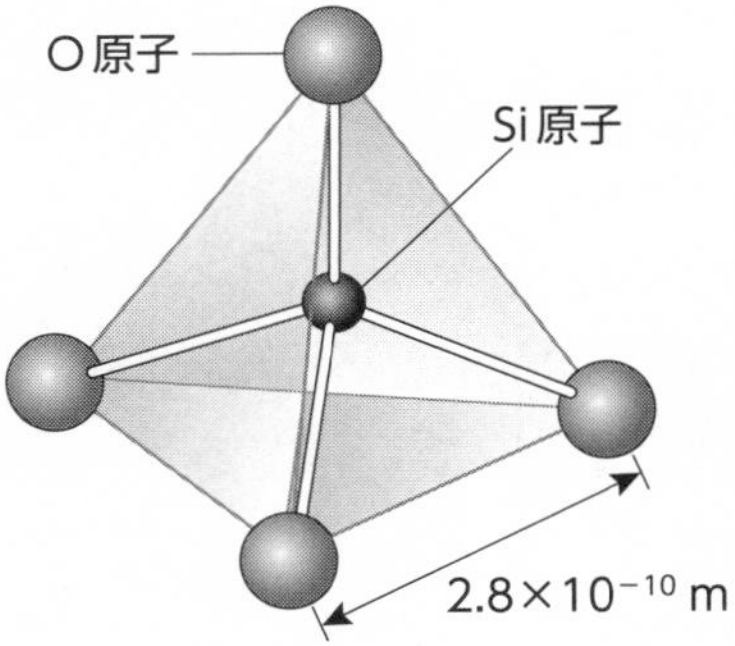

図1.13 **SiO_4四面体**

結果、一次元的な鎖状構造や、数種の特徴的な構造を形成します。

本書で登場する鉱物について、分類と具体例を簡単に紹介しておきましょう。火成岩を構成する鉱物は、大きく無色鉱物と有色鉱物に分けられます。

無色鉱物はSi（ケイ素）、Al（アルミニウム）、Ca（カルシウム）、Na（ナトリウム）、K（カリウム）などの元素に富みます。無色鉱物の代表例は石英や斜長石です。

有色鉱物は無色鉱物よりもSiが少なく、Fe（鉄）やMg（マグネシウム）に富みます。かんらん石、輝石、角閃石《かくせんせき》、黒雲母などが有色鉱物の代表例です。輝石は日本の火山岩によく見られる鉱物で、単斜輝石と直方輝石の2種類をふくみます。単斜輝石は直方輝石よりもCaを多くふくみ、黒っぽく見えます。直方輝石はビール瓶のような色をしていて、見た目で容易に識別できます。

地殻とマントルの岩石の大きなちがいは、無色鉱物の有無です。地殻下部の岩石には斜長石がはいっています。一方、大部分のマントルの岩石は無色鉱物をふくみません。圧力の低いマントルには、まれに少量の斜長石が現れますが、地殻の斜長石の量と比べると無視できるレベルです。地殻とマントルのちがいは一目瞭然なのです。

構成する鉱物の種類や組み合わせなどによって、岩石の姿形は異なります。ただし、岩石がさまざまな見た目をしている理由は、鉱物の組み合わせだけではありません。すでに岩石の名前をいくつか紹介してきましたが、分類について次項で説明します。

岩石の大分類——火成岩、変成岩、堆積岩

岩石はそのでき方によって大きく火成岩、変成岩、堆積岩に分類されます。

地球上で最も多く存在するのは火成岩です。これは序章で述べたとおり、マグマが冷え固まってできる岩石です。高温の液体であるマグマの温度が低下するにしたがって、多くの鉱物が晶出してきます。その鉱物の集合体として、火成岩ができるのです。

大陸や海底を構成する岩石は火成岩です。本書ではおもに火成岩に注目するので、次項でもっとくわしく説明します。

堆積岩は海底などに堆積した物質からできる岩石です。堆積物はもともと砂や泥が中心です。多くの物質が堆積することで、しだいに高い圧力を受けるようになり、粒間の水が絞り出され、やがて固い岩石となっていきます。砂岩や泥岩と呼ばれる岩石が堆積岩の代表例です。昔の生き物の遺骸や痕跡（巣穴や這い跡など）が化石として保存されることもあります。

変成岩は、岩石が最初にできたときと異なる温度・圧力条件にさらされ、鉱物の組み合わせが変わってできる岩石です。地表の変動により、地下深くもぐり込んで高い温度と圧力にさらされ

たり、マグマとの接触によって高温にさらされたりすることで変成岩になります。もともとは火成岩や堆積岩であっても、その後の環境変動によって変成岩へと変化していくということです。

変成岩にもいろいろな種類があります。本書でのちほど登場する変成岩として、片麻《へんま》岩《がん》を紹介しておきましょう。

片麻岩は粗粒な鉱物からなる変成岩です。不均質に引き伸ばされたように見えるものもあります（図1.14）。じつは、地球上でこれまでに見つかっている最も古い岩石はカナダで発見された片麻岩で、アカスタ片麻岩と呼ばれます。これは40億年前にできた岩石で、当然変成を受けていますが、分析すると安山岩に近い組成を示しました。もともと（変成前）は大陸をつくっていた火成岩だったと考えられています。

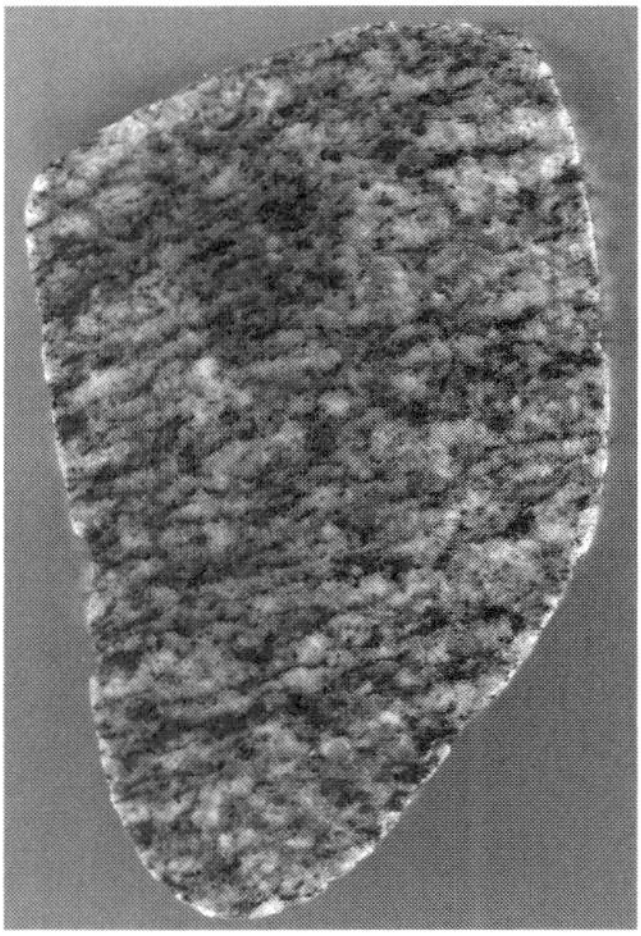

図1.14　飛騨《ひだ》片麻岩

火成岩の分類

この先出てくる火成岩の分類を説明します（図1.15）。火成岩の分類は多岐・詳細にわたりますが、本書では特異な岩石や珍し

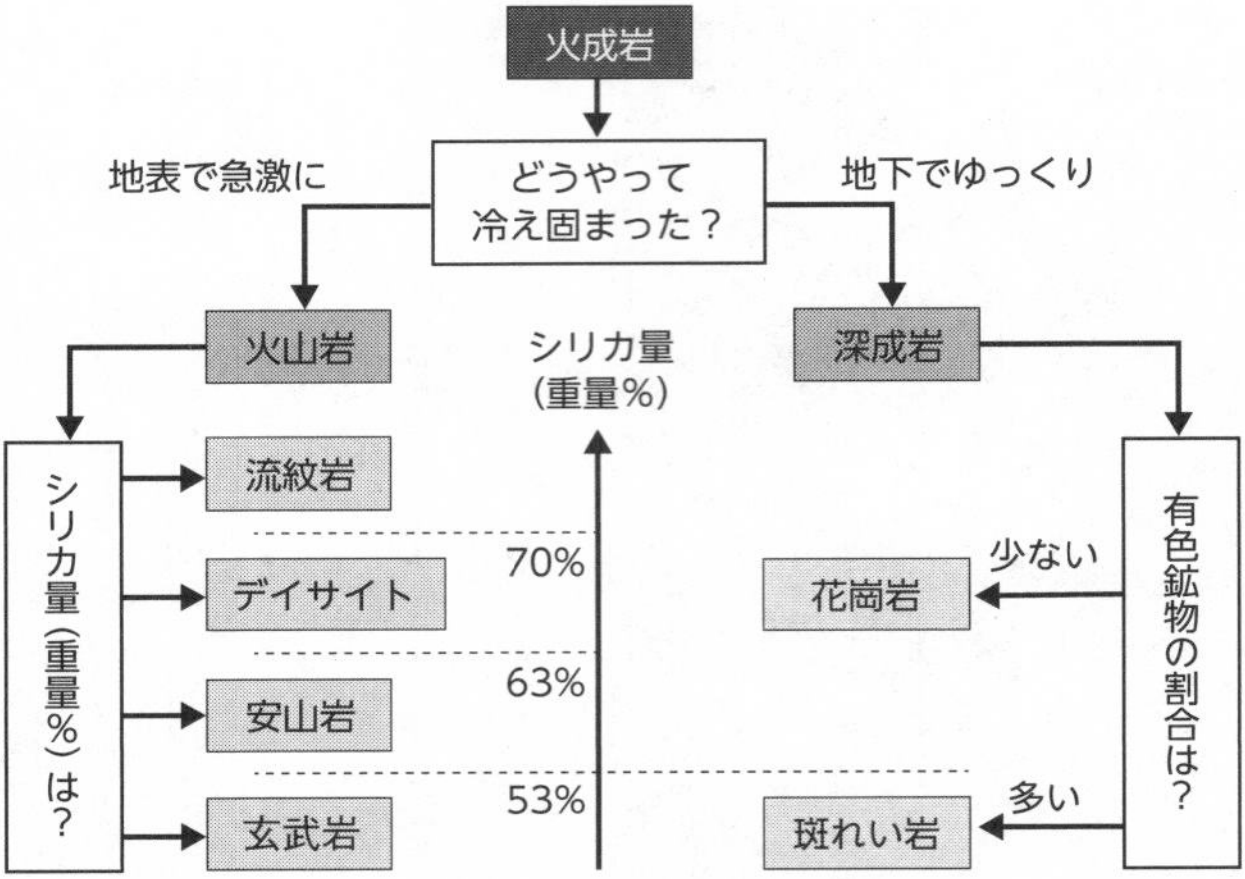

図1.15 火成岩の分類

い岩石は扱わないので、分類はかなり単純です。

火成岩はまず、もとになるマグマが冷え固まる場所（深さ）によって分類されます。地表に噴出したマグマが急激に冷やされてできる火成岩は〝火山岩（類）〟です。マグマが地表や海底を流れて固まったものが溶岩で、溶岩は火山岩でできています。マグマは地下でゆっくりと冷え固まる場合もあり、そうしてできる火成岩を〝深成岩（類）〟といいます。深成岩の代表例は斑れい岩（ガブロ）や花《か》崗岩《こうがん》です。

火山岩類はシリカ成分の量（SiO_2重量％）でさらに分類されます。シリカ量が53％以下のものを玄武岩、53～63％のものを安山岩、63～70％のものをデイサイト[※2]、70％以上のものを流紋岩と呼びます。境界の値自体は人為的なもので、研究者によってやや異なる値を採用することもあります（玄武岩と安山岩の境界を52・5％、デイサイトと流紋岩の境界を69％とする人もいます）。大ざっぱに、シリカ量が50％前後のものが玄武岩、シリカ量が60％前後のものが安山岩と覚えてください。

深成岩類の分類基準は結晶の種類です。かんらん石、輝石、角閃石などの有色鉱物の多いものを斑れい岩、石英、アルカリ長石、斜長石などの無色鉱物が多いものを花崗岩と大別します。この深成岩の大分類はシリカ量とも対応しており、その点で斑れい岩は玄武岩と対応します。ただし、結晶が集積した斑れい岩はさらにシリカ量が低くなります。花崗岩はシリカ量でみると安山岩からデイサイト、流紋岩に対応します。ひと口に花崗岩といっても、シリカ量は大きなバリエーションをもつのです。

深成岩類よりもさらに深いところにあり、マントルを構成する岩石がかんらん岩です。かんらん岩類は地殻の下のマントルを構成する岩石です。かんらん岩にふくまれるおもな鉱物はかんら

※2　デイサイトは以前、石英安山岩と呼ばれていました。しかし、石英結晶をふくまないものも多くあり、岩石名とその岩石の実体との整合性をとるため、このシリカ量（63〜70％）の火山岩はデイサイトと呼ばれるようになりました。

ん石、直方輝石、単斜輝石の3つで、これらの割合で岩石名が決まります。上部マントルはおもにレールゾライトとハルツバージャイトからできています。レールゾライトは、かんらん石が40%以上、ほかがほぼ直方輝石と単斜輝石でそれぞれ5%以上を占める岩石です。ハルツバージャイトはかんらん石が40～90%、ほかがほぼ直方輝石で単斜輝石が5%以下の岩石です。マントルが融解することによって、レールゾライトからハルツバージャイトへと変化していきます。また、本書でこの先たびたび登場するかんらん岩類として、ダナイトも紹介しておきます。この岩石は鉱物の割合が極端で、90%以上がかんらん石です。

地殻内部の層構造

重要な火成岩をいくつか紹介できたので、ここまでごまかして説明していたことをひとつ明らかにします。じつは、地殻の内部にも層構造があります。深さによって構成する岩石が異なるのです。海洋地殻が玄武岩で、大陸地殻が安山岩であるというのは、それぞれの平均組成を見ているととらえてください。

海洋地殻と大陸地殻では構造が少し異なります。

海洋地殻は、上部地殻が玄武岩やその貫入岩、下部地殻が斑れい岩で構成されています。一方、大陸地殻は組成のバリエーションが大きく、はっきりした成層構造は見られません。平均組

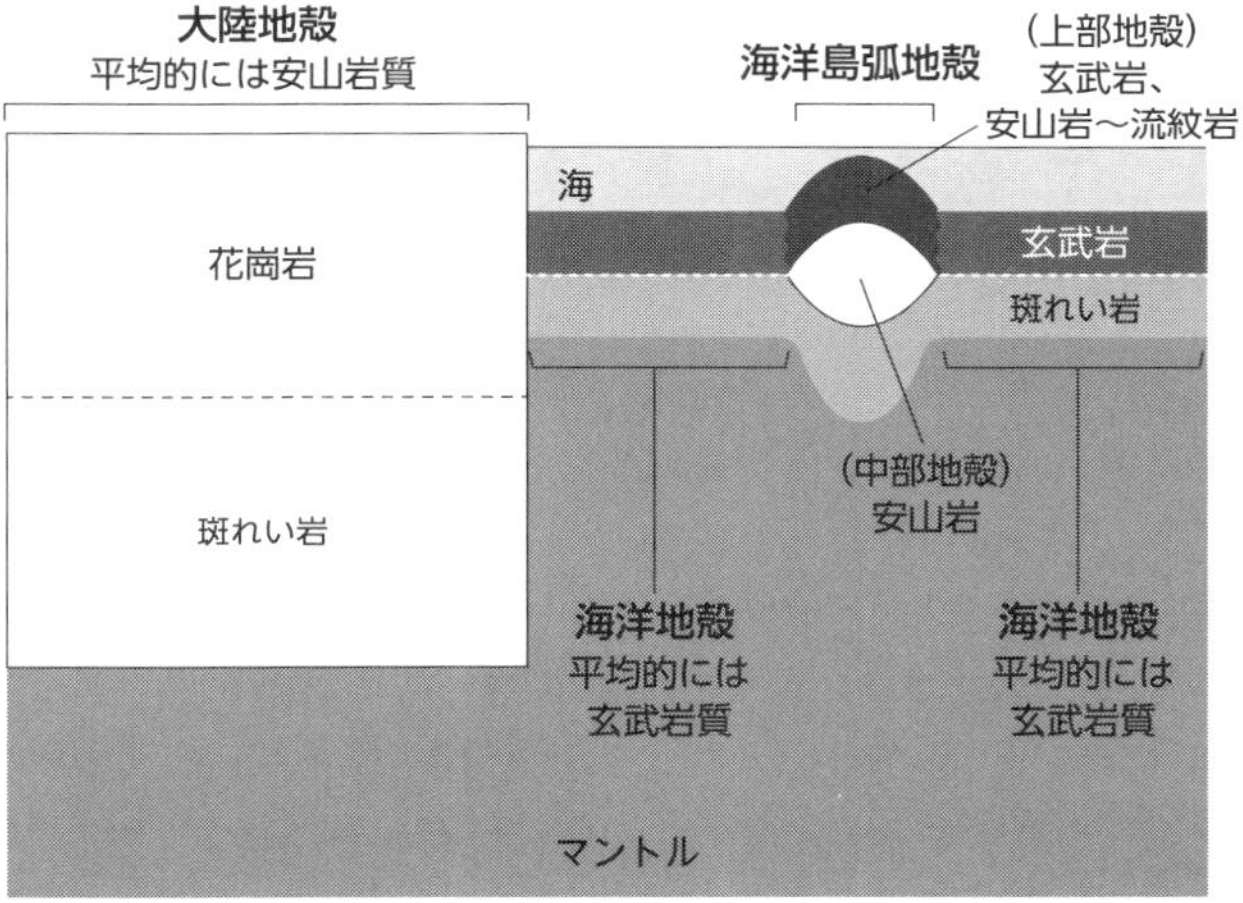

図1.16 **地殻の層構造**

成は安山岩で、上部地殻は花崗岩、下部地殻は斑れい岩が多いと考えられています。ただし、一般化できるほど均質ではなく、地域差も大きいということが重要です。

じつは、海洋地殻と大陸地殻の中間の組成をもつ地殻もあります。それは、海洋島弧の地殻です 図1.16 。上部地殻、中部地殻、下部地殻の3層に分けられて、上部地殻は玄武岩や安山岩の組成をもち、下部地殻は玄武岩組成の斑れい岩から構成されます。特筆すべきは、中部地殻が大陸の平均組成と同じ、安山岩で構成されていることです。なぜ海洋島弧の中部地殻が大陸地殻の組成なのかは、この本の中で解き明かされていく大陸の成因と大きな関係があります。

ともあれ、重要なことは、地殻がおもに火成岩で構成されているという点です。大陸の謎に挑むためには、火成岩について理解を深める必要があります。そこで次章では、火成岩のもととなるマグマの生成について見ていきましょう。

第2章

地殻の材料はどうやって生まれる？

―マグマの生成条件を知ろう―

前章では、地球科学における大陸、すなわち大陸地殻について学びました。それは、地球表面を海洋地殻と二分する存在です。また、いずれの地殻もその下のマントルとは異なる岩石により構成され、その岩石はマグマが冷え固まってつくる火成岩でした。

本章では、前章でくわしく説明しなかった火成岩の源、マグマに注目します。マグマはどこでできるのでしょうか？　マグマを理解するには、マントルに目を向ける必要があります。マグマは多様に変化していきますが、まずはマグマの発生に注目します。

2・1 岩石はどのように溶ける？

マグマは、地下で岩石が溶けることにより生じます。頭では理解していても、岩石が溶けて液体になるというのは、イメージしにくいかもしれません。実際、岩石の融解は、特殊な実験装置の内部を除けば、地下深くでしか起こりえない現象です。簡単には観察できない出来事を、できるだけ簡単に説明してみます。

岩石はなかなか溶けない

前章で見たとおり、地殻の下にはマントルという岩石層があります。上部マントルはおもにかんらん岩で構成されています。

マントルの大部分は固体ですが、マントル由来のマグマ（液体）を噴出する火山があることも事実です。なんらかの理由で、マントルは局所的に溶けます。マントル（かんらん岩）が溶ける理由は、マグマの成因を理解するうえで重要です。

岩石が溶ける理由は、ひと言でいえば「その温度が融点を超えたから」です。岩石は氷（固体の水）と同じように、温めると溶けます。岩石を溶かすには最低でも1000℃以上にする必要がありますが、何度まで温めると溶けるのかを言い切ることはできません。なぜなら、岩石の融点には幅があるからです。つまり、固体か液体かの2つの状態だけではなく、固体と液体が共存する温度が数百度もの幅をもつのです。この点については、あとでくわしく述べます。

さらに、岩石に限らず、物質の融点は条件によって変化します。たとえば、氷の融点は0℃と思いがちですが、変化させることができます。条件しだいでは、水は氷点下でも液体の状態を維持するのです。大雪が予想される際などに道路にまかれる融雪剤は、氷の融点（凝固点）を下げるため（凝固点降下）、雪を溶かします。岩石の融点も下げる方法があります（後述）。

ともあれ、岩石が高温条件で溶けやすいことは間違いありません。そして、1・1節で示したとおり、地球内部では深さとともに温度が上昇します（図1-6参照）。温度が上昇するのであれば、地球深部でマントル（かんらん岩）が溶けるのも不自然ではない気もします。しかし、地下で深さとともに上昇するのは温度だけではありません――圧力も上昇するのでした。かんらん岩の融点は圧力の影響で変化し、深さとともに岩石は溶けにくくなります。結局、地温勾配（深さによる温度上昇）ではかんらん岩は溶けません。かんらん岩を溶かすには、なんらかの方法で局所的に融点を超える状態をつくり出す必要があります。

マントルの溶かし方を説明する前に、岩石が溶けるとはどういうことか考えておきましょう。

溶けはじめと溶け終わり——潜熱

固体が溶けて液体になる様子として真っ先にイメージするのは、氷から液体の水への変化でしょう。氷と水はいずれも1種類の分子（H_2O）でできています（前章で導入した用語を使えば、「相も成分も1つ」です）。氷と水の間の変化は、分子レベルで見れば、水分子どうしの結合状態の変化に相当します。液体の水がさまざまな形に変化できるのは、分子間の結合が比較的弱く、水分子どうしが集合したり、バラバラになったりできるからです。氷になると、水分子は動きを止めて、となりの水分子とがっちり結合（結晶化）します。

ふつう、水分子（H_2O）は氷点下（0℃以下）で結晶をつくり（氷となり）、その融点は0℃で一定です。氷の融点が一定とは、溶けはじめから溶け終わりまで温度が変わらないということです。氷を溶かすには周囲から熱（エネルギー）を供給する必要がありますが、それは氷自体の温度を上げることには使われません（図2-1）。では何に消費されるのかというと、分子間の結合を切り離す水分子の運動です。逆の過程、つまり水が冷えて氷になるときも、温度（凝固点）は一定です。周囲に熱（エネルギー）を奪われるものの、水自体の温度は下がりません。

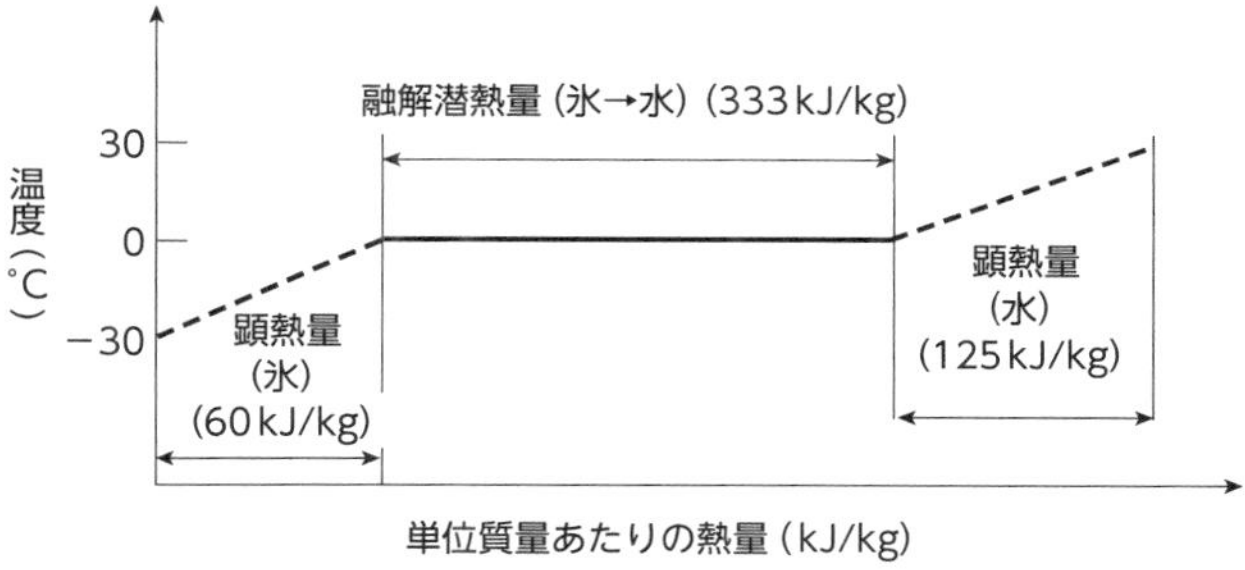

図2.1　氷の融解時の潜熱
−30℃の氷１kgを30℃の水にするために必要な熱量と温度の関係
［株式会社前川製作所サイエンスコラムより］

こうした、物質が温度を変えずに相変化のために消費（あるいは放出）する熱を〝**潜熱**〟といいます。潜熱はこの先たびたび登場する概念です。

ソリダスとリキダス——部分融解

岩石の融解に話を戻しましょう。岩石は氷とちがって、単相・単成分系ではありません。元素構成の多様な複数種の結晶（鉱物）からなる多相・多成分系であるため、話が少々複雑になります。

まず、岩石を構成する鉱物の融点はそれぞれ異なります。そして、ひとつの鉱物が単独で溶けるのと、複数種の鉱物の混合物（岩石）が溶けるのとでは、まるで様子が異なることにも注意が必要です。手っ取り早く結論を示せば、岩石は各鉱物の融点よりも大幅に低い温度で溶けはじめます。単相よりも2相、3相などの多相の物質のほうが、融点は低いということです。

温度⟶
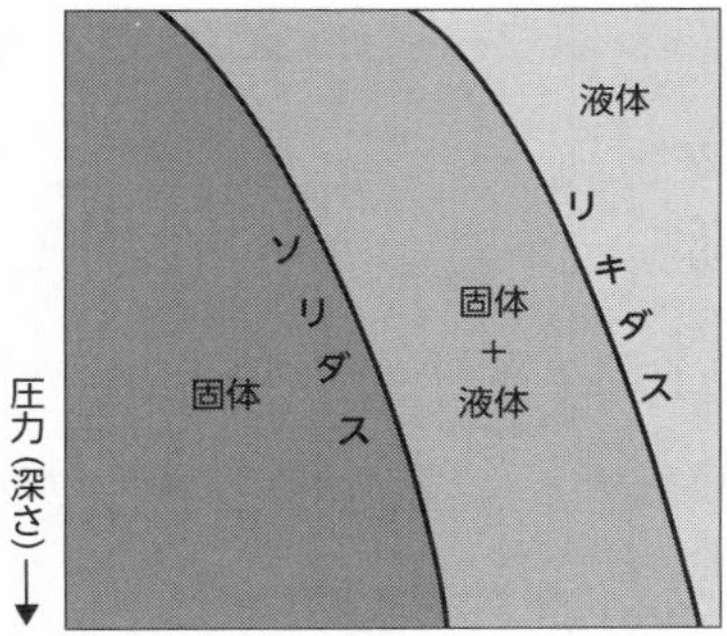

図2.2 岩石のソリダスとリキダス

さらに、融解がはじまると、液体という新しい相が増えることになります。

単純な例として、もともと2種類の鉱物でできている、つまり2相の岩石の融解を考えてみましょう。この岩石を熱していくと、ある温度に達した時点から鉱物が溶けはじめます。この溶けはじめの温度を〝**ソリダス**〟といいます 図2・2 。

さらに加熱しても、温度はしばらくソリダスのまま変化しません。また、ソリダスで生じる液体の組成は一定で、熱を加え続ける限り、同じ組成の液体が増えていきます。

しかし、融解によって、もともとの鉱物の比率が変化していき、どちらかの鉱物が先に溶けきるという現象が起きます。そのとき初めて、熱を加えることによって、ソリダスを超えた温度の上昇がはじまるのです。

もしそのまま岩石を加熱し続けることができれば、やがて完全に（すべての鉱物が）溶け終わり、液体だけ（固体が残っていない状態）になります。この溶け終わりの温度を**リキダス**といい

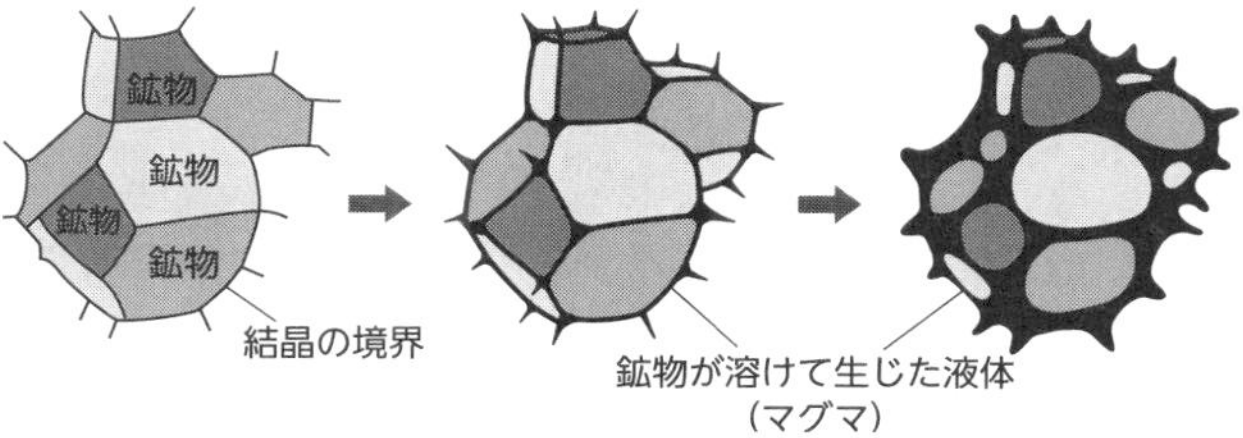

図2.3　岩石は鉱物の境界から溶ける

ます。溶けはじめ（ソリダス）と溶け終わり（リキダス）では温度が大きく異なり、その差は数百度にもなります。なお、各種岩石のソリダスとリキダスは室内実験により確認されています。

地球内部（地殻やマントル）では、岩石の温度がリキダスを超えて完全に溶けてしまうことはありません。つまり、地下で生じるマグマは、ソリダスとリキダスのあいだの温度で岩石の一部が溶けたものです。この状態を**部分融解**といいます。

部分融解とマグマの組成

岩石の部分融解は実験的に調べられています。部分融解はまず、その岩石を構成する鉱物どうしの境界で起こりはじめます（図2.3）。温度がソリダスを超えると、結晶の粒間でマグマが発生しはじめるのです。そうして、マグマは岩石中で網目状に分布することになります。

マントル（かんらん岩）の部分融解で生じるマグマの組成につ

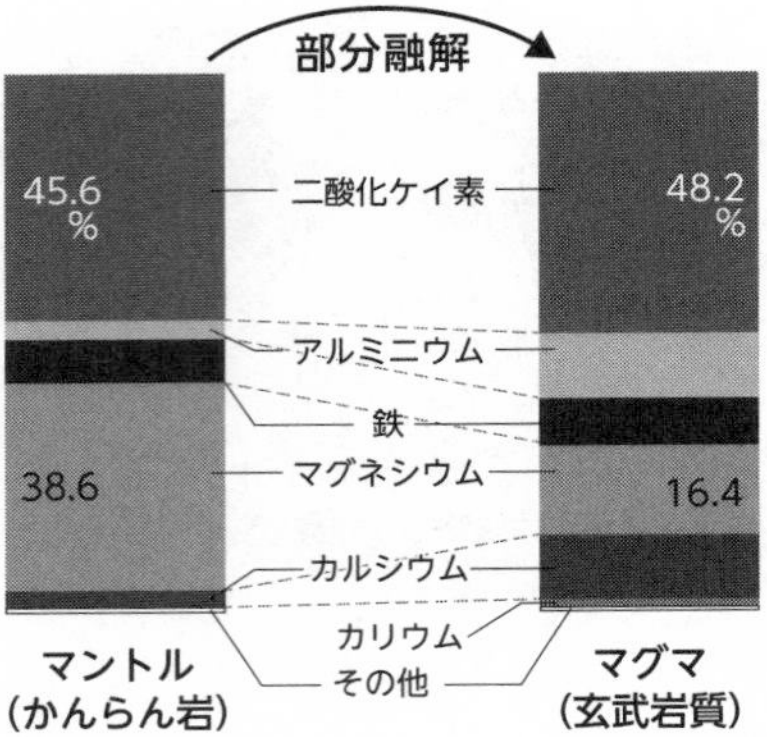

図2.4 マントルとマグマの組成比較
アルミニウムや鉄などの元素は、酸化物としての質量比が表されている
[Tamura et al. (2014) [1]]

いても、実験からいろいろとわかっています。マグマの組成は、もとの岩石の組成とはまったくの別物です(図2.4)。たとえば、かんらん岩の重量の約40%は酸化マグネシウム(MgO)で占められますが、かんらん岩の部分融解で生じるマグマにふくまれる酸化マグネシウムは20%以下です。また、マグマには通常、水蒸気や二酸化炭素などのガス成分が溶け込んでいます。このガス成分はもともと、岩石の割れ目や鉱物の粒間にふくまれていたものです。

岩石の部分融解にはおもしろい点があります。ソリダスは、岩石を構成する鉱物の種類で決まり、鉱物の量比では変化しません。たとえば、かんらん石と直方輝石の2種類の鉱物からなる岩石のソリダスは一定です。かんらん石と直方輝石の量比がそれぞれ8割と2割であろうと、2割と8割であろうと、ソリダスは変わりません。また、ソリダスで生じるマグマの組成も鉱物の組み合わせで決まり、それらの量比とは無関係です。そのため、地下にはいろいろな組成のマントルがあります（鉱物の組み合わせが同じでも、鉱物の量比がバラバラなため、全体の組成はバラバラです）が、だからといって、多様な組成のマグマができるわけではないのです。

それでも、地表に噴出するマグマの組成には多様性があります。マグマの組成に多様性をもたらす最大の要因は、圧力（深さ）によるマントルの溶け方のちがいです。圧力とマグマの組成との関係については、あとでまた考えます。

圧力が等しい場合、マグマの組成を変化させるのは**部分融解度**です。つまり、もとの岩石の何パーセントが溶けたかによって、マグマの組成が決まります。岩石の潜熱は大きいので、マントル内部の温度がソリダスを大きく超えることはありませんが、ソリダスとの差の大きさで部分融解度は変わります。

これまで研究されてきたマグマで、部分融解度が最大と考えられているものでも、その値は36％です。そのマグマはマントルで発生し、マリアナのパガン火山で噴出しました[1]。これだけ溶けると、かんらん岩中の輝石は溶け切り、残りはかんらん石のみになります。つまり、1・3節で紹介したダナイトという岩石ができるのです。かんらん石単体の融点は非常に高いので、ダナイトは地球内部でそれ以上溶けることはありません。したがって、マントルの部分融解度の上限は約40％と考えられます。

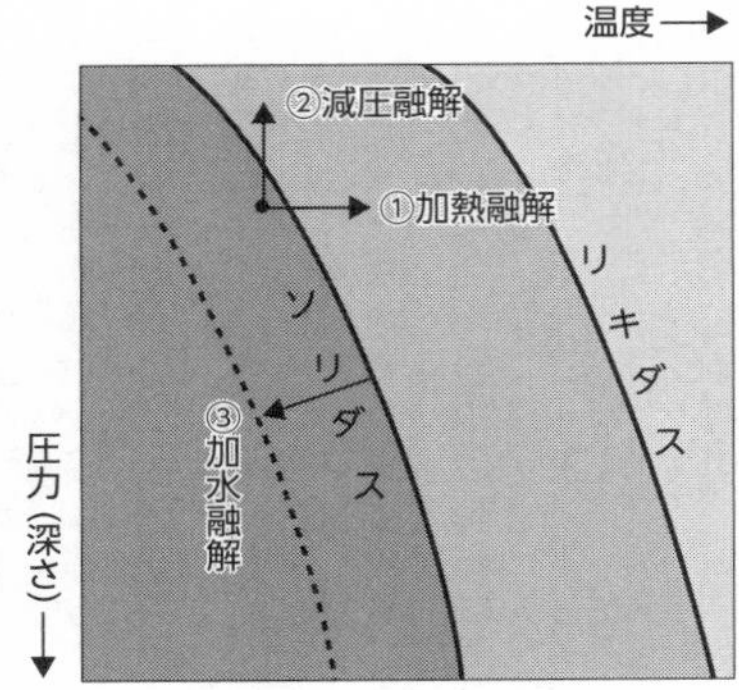

図2.5 岩石の温度をソリダス以上にする方法

加熱融解――岩石の溶かし方①

ここから、序章で掲げた2つ目の謎「マグマはいかにして生じるか？」の解決編として、岩石の部分融解を起こす方法を紹介していきます。岩石を溶かす方法、つまりその温度をソリダス以上にする方法には、大きく2つの方針があります。「加熱して岩石自体の温度を上げる」か、「ソリダスを下げて岩石の温度以下にする」です。

まず、加熱して岩石の温度をソリダスまで上げること（**加熱融解**）を考えましょう（図2.5①）。地下に熱源が必要になるので、イメージしにくいかもしれません。

地球内部において熱源となりうるのは、深部の物質です。前に述べたとおり、地球内部は深部ほど高温です。したがって、深部の物質を上昇させれば、それは浅部で熱源となります。深部から上昇してくる高温物質とは、マグマです。

深部から上昇してきたマグマが、ある深さで停滞したとしましょう。マグマは周囲の岩石に冷やされ、結晶化していきます。一方、周囲の岩石はマグマの潜熱により温められます。その結果、岩石の温度がソリダスを超えれば、部分融解により新たにマグマを生じるのです。

この説明は、熱源となる深部でのマグマの発生理由を明らかにしていないので、問題の先送りではあります。それでも、一部のマグマは実際にこのメカニズムで生じていることがわかってきました。

マントル内部で加熱融解を起こすのはむずかしそうですが、地殻の加熱融解は可能です。マントルで生成したマグマのうち、地殻を貫通して地表に噴出するのはごく一部で、残りの大部分は地殻の中で固結すると考えられています。この地殻内で固結するマグマが加熱融解の熱源です。地殻を溶かし（再融解）、解凍マグマを発生させるのです。

減圧融解——岩石の溶かし方②

岩石を溶かしてマグマを生成する2つ目の方針は、岩石自体の温度は変えずに、ソリダスを下げるというものです。ソリダスを下げる方法は大きく2つ——圧力を下げること（減圧）と水を加えること（加水）です。

まずは圧力を下げることを考えてみましょう（図2·5②）。これは、岩石を地下の深部から浅部へ移動させること、と言い換えられます。前項で考えたのは、深部で岩石が溶けて生じたマグマの上昇でした。こんどは、岩石が固体のまま上昇することを考えます。

岩石のソリダスは圧力の影響を受けます。圧力が小さいほどソリダスは低いのです。つまり、地球の深部ほど岩石は溶けにくく、浅部ほど溶けやすいということです。

そのため、ある深さではソリダス以下の温度であった岩石を、温度を変えずに浅部へ移動させると、ソリダスを超えてマグマを生じることがあります。これを**減圧融解**といいます。

減圧融解はどこで起こるでしょうか？

まず挙げられるのは、中央海嶺《かいれい》の下です。中央海嶺は海底の火山列であり、つまりマグマを噴出する場所です。その下にはマントルの上昇流があり、１００～数百キロメートルの深さからマントル（かんらん岩）自体が持ち上げられています。そして、減圧融解によって生じたマグマが地表（海底）に噴出しています。

減圧融解はホットスポットという場所でも起きているようです。ホットスポットも火山ですが、中央海嶺のような〝列〟ではなく、ポツンと孤立した点として活動します。ここでも、深部の高温のマントルが上昇してきて、減圧融解で生じた玄武岩マグマが噴出しています。

中央海嶺とホットスポットはいずれも、プレートテクトニクスを理解するうえで重要です。そして、プレートテクトニクスは地球を理解するのに欠かせません。次節でくわしく紹介します。

加水融解──岩石の溶かし方③

ソリダスを下げるもうひとつの方法──加水──は、意外と身近な場所で応用されています。「岩石はなかなか溶けない」の項で言及した融雪剤です。

融雪剤の正体は塩化カルシウム（$CaCl_2$）で、この物質は水の融点降下を起こします。塩化カルシウムの混ざった氷は、純粋な氷よりも融点が低いのです。

同様のことがマントルでも起こります。マントルに水という物質が加わると、ソリダスが数百度も下がるのです（図2.5③）。つまり、水がはいり込んだマントルはマグマを発生しやすいということ──これを**加水融解**といいます。

マントルに水が溶け込むとは、マントルを構成する岩石に含水鉱物がふくまれるということです。含水鉱物とは、結晶構造の中に水酸基（ＯＨ）をふくむ鉱物で、無水鉱物（水酸基をもたない鉱物）と水が反応して形成されます。

なぜマントルに水が加わるとソリダスが下がるのか、イメージ重視の説明をしてみます。

マグマはケイ酸塩溶融体（負の電荷をもつ SiO_4 四面体がさまざまに重合して、そのすき間に

MgやFeなどの陽イオンが存在するもの）です。多数のSiO_4四面体の酸素（O）が連結して、大きな分子の集まりとなっています。この分子の集まりは、鎖状や枝状になったうえに、絡まり合うため、全体としては粘性の高い液体です。SiO_4四面体が重合すればするほど、粘性は高まり、固体に近づきます。

マグマに水がはいると、ケイ素と酸素の連結の間に水由来のOHとHイオンがはいり込み、はさみのように重合体を切っていきます。当たり前ですが、1つの重合体を切ると2つの重合体となります。つまり、水の影響で、重合体の数が劇的に増えていくのです。水は、SiO_4四面体の重合体を小さくして、マグマの構造をバラバラにし、より粘性の低い液体へと変化させます。この効果でかんらん岩のソリダスが低下しますが、これを納得するには熱力学の知識が必要です。幕間章で解説します。

といっても、マントルに水を加えるというのは、至難の業に思えます。これが実現できるのは、地球上でもごく限られた領域だけです。ひとつは、地表のプレートが地球内部へ沈み込む場所――〝沈み込み帯〟です。プレートの沈み込みと沈み込み帯でのマグマの生成については、次節以降でくわしく説明します。もうひとつの場所は中央海嶺で、ここに形成される正断層を通じて海水がマントルまで流入します。これはまったく新しいモデルです。第3章でくわしく説明します。

2・2 マグマはどこでできる？

マグマを発生させる方法、つまり岩石を溶かす方法は大きく分けて、加熱・減圧・加水の3つですが、いずれも簡単には実現しません。地球内部で特別な条件が整ったときに初めてマグマが発生しますが、条件が整いやすい場所があります。そのことを理解するには、プレートおよびプレートテクトニクスを知るのが近道です。

プレート――地表を覆う岩板

前節で、減圧により岩石の部分融解が起きている場所として、中央海嶺を紹介しました。ここでは玄武岩マグマが噴出し、それが冷え固まることで海洋地殻が形成されるのでした。中央海嶺で噴出しているのは基本的に玄武岩マグマで、これが冷え固まることで中央海嶺玄武岩となります。すなわち海洋地殻の形成です。

中央海嶺で形成された海洋地殻は、ゆっくりと水平方向に移動していくことが知られています。中央海嶺から離れていくのです。ただし、動くのは地殻だけではありません。そのすぐ下の

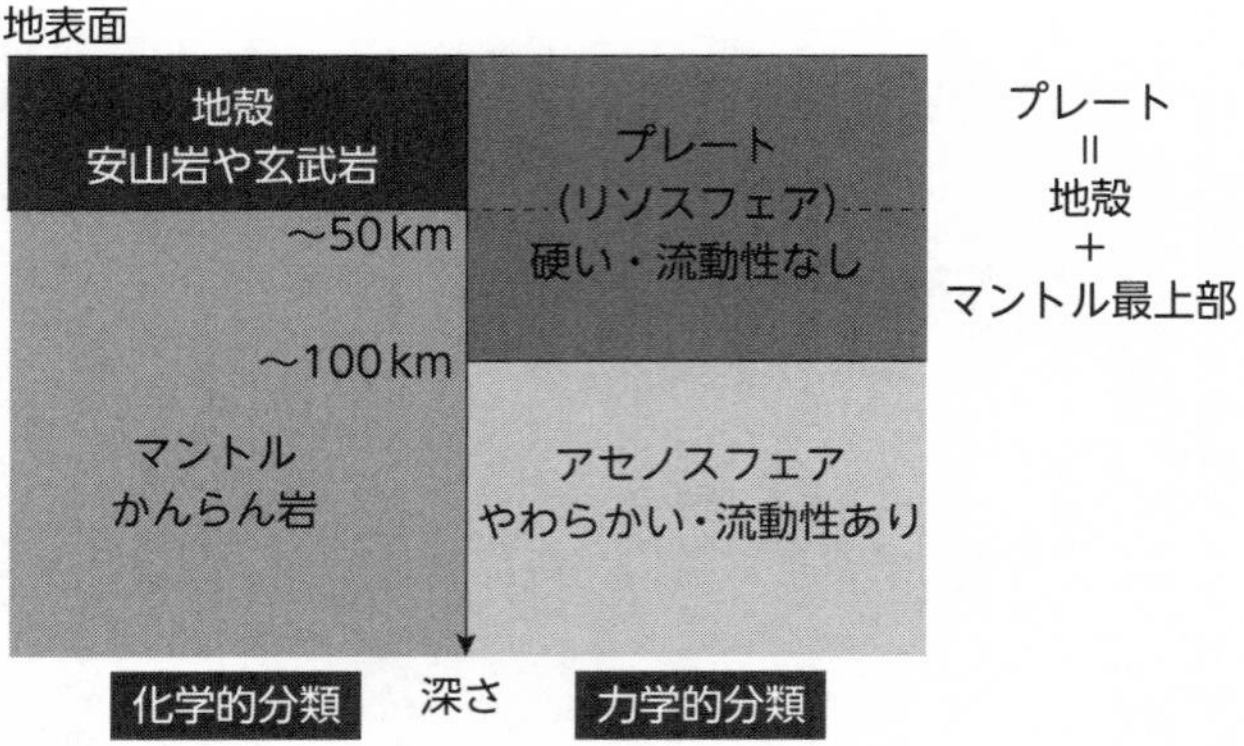

図2.6 プレートとは

マントルの一部も中央海嶺から遠ざかります。

この一体となって運動する地殻とマントル最上部をまとめて〝**プレート**〟と呼びます（図2.6）。前節で、中央海嶺を海洋地殻の形成される場所と紹介しましたが、プレートが形成される場所ともとらえられます。中央海嶺は、2枚のプレートが形成され、離れていく境界です。

プレートは硬い岩板で、いくらか流動性のあるその下の領域（アセノスフェア）とは区別されます。流動性のあるアセノスフェアに対して、流動性のない領域を〝リソスフェア〟と呼ぶ場合もありますが、プレート＝リソスフェアととらえて大きな間違いはありません。プレートを定義するのは力学的性質です（人間の感覚に近づけて表現すると、「硬いか、やわらかいか」ですが、やわらかいアセノスフ

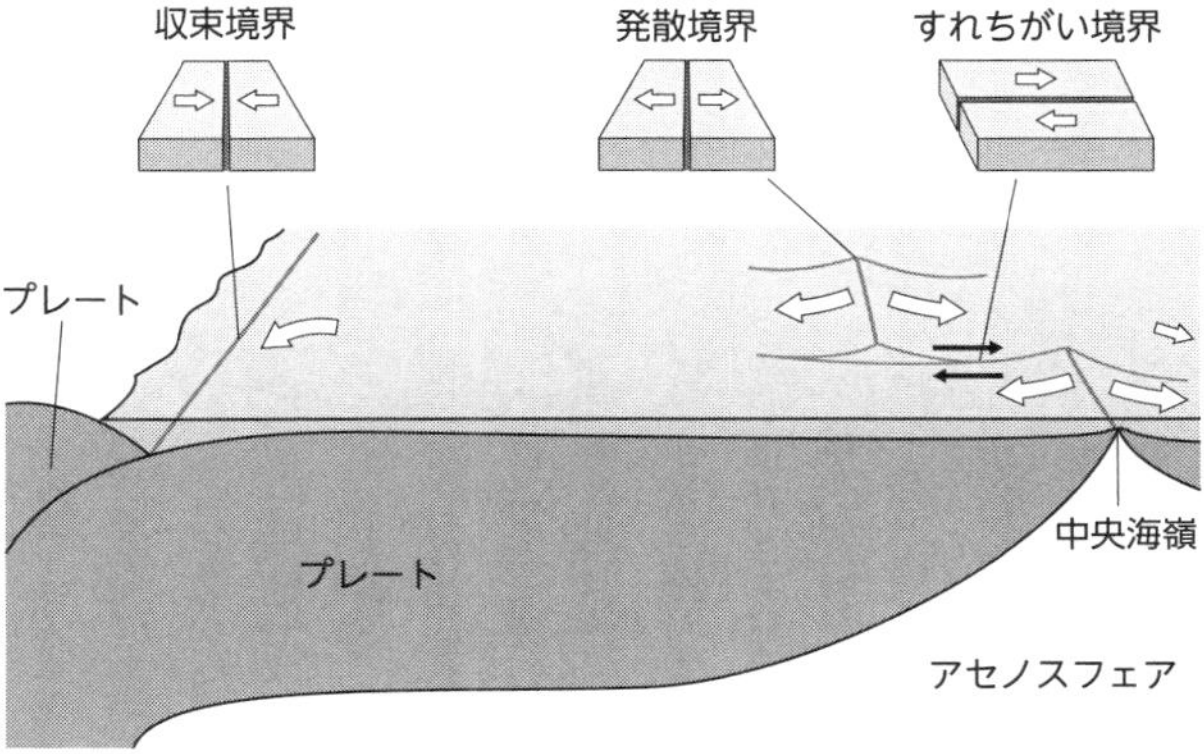

図2.7　**3種類のプレート境界**

ェアの岩石も、人間の感覚では十分に硬いです）。地殻とマントルを化学的性質にもとづいて区別するのとはまったく別のことなので、注意してください。

中央海嶺でつくられるプレートは海洋地殻（玄武岩）とマントル最上部（かんらん岩）で構成されますが、大陸地殻（安山岩）とマントル最上部からなるプレートもあります。これらを便宜上、〝海洋プレート〟と〝大陸プレート〟と呼び分けます。ただし、海洋プレートの上にも大陸地殻が存在する場合や、海洋地殻をふくむ大陸プレートもあるので、厳密な区別ではないことに注意してください。

プレートの境界は中央海嶺だけではありません。中央海嶺は、プレートどうしが離れようとする境界なので〝**発散境界**〟と呼ばれます。そのほかには〝**収束境界**〟と〝**すれ違い境界**〟があります（図2.7）。

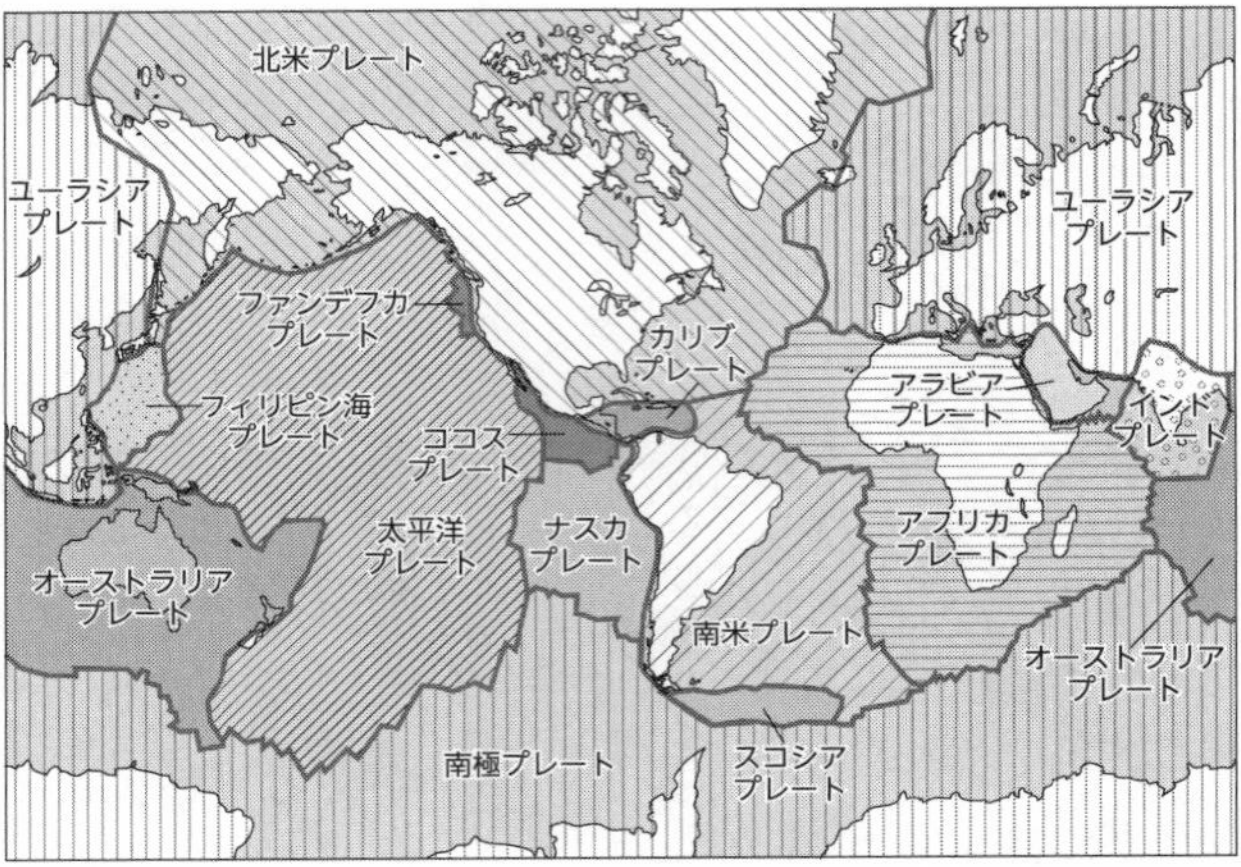

図2.8 世界のプレート分布

ここで重要なことは、地球には複数のプレートが存在し、それぞれバラバラに運動している点です。プレートの枚数は研究者によってやや意見が分かれますが、地表は十数枚のプレートに覆われていると考えるのが一般的です 図2·8 。では、十数枚のプレートがバラバラに動くとはどういうことでしょうか。

プレートの運動と沈み込み

中央海嶺に話を戻しましょう。ここでは、2枚の海洋プレートが形成され、離れていきます。したがって、海洋プレート上のある一点の中央海嶺からの距離は、その点の〝年齢〟に変換可能です――中央海嶺から離れている点ほど古いことになります 図2·9 。

また、海洋プレートは中央海嶺から離れる

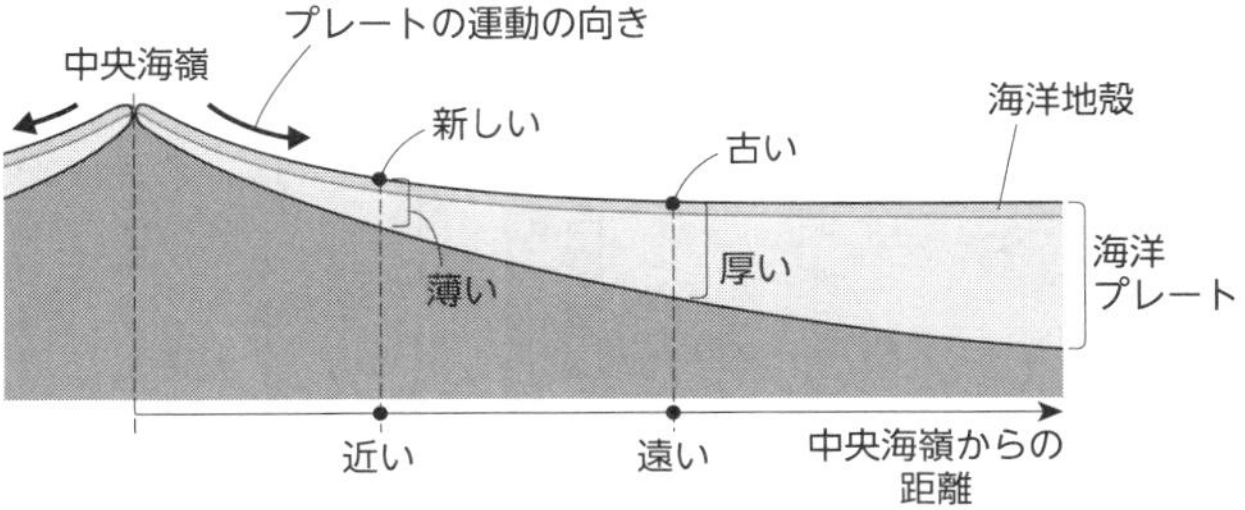

図2.9　中央海嶺と海洋プレート

にしたがって厚みを増していきます。つまり、海洋プレートは歳をとるほど厚くなるのです。ただ、海洋地殻の厚みは5～7㎞でほぼ一定です。ということは、厚みを増していくのは、プレートの中でも地殻の下のマントル部分です。

プレート（のマントル部分）が時間とともに厚さを増していくのは、冷えているからです。冷えれば冷えるほど、地表の硬い領域（プレート）がぶ厚くなるのです。

前項でプレートは運動していると述べましたが、図2.8に示したとおり、地表はすき間なくプレートに覆われています。したがって動く余地などなさそうなものですが、実際に動いていることは間違いありません。現在では、人工衛星と地表に設置された受信機を組み合わせた、衛星測位システム[※1]によりプレ

※1　米国のGPSや日本のQZSSなどがあり、GNSSと総称されます。

ート運動は実測されています。

海洋プレートが中央海嶺でつくられ続けているならば、逆にプレートが減る場所がなくては変です。地球の大きさは変わらず、地表の面積は一定なのですから。

プレートが減る場所、それは収束境界です。収束境界とは、異なるプレートどうしが近づく境界です（図2・7）。収束境界では、海洋プレートが折れ曲がり、地球の内部へと沈み込んでいます。プレートの沈み込みが起きている場所は〝**沈み込み帯**〟と呼ばれます。

沈み込み帯では、比較的重い（比重の大きい）プレートが軽いプレートの下に沈み込みます。海洋プレートと大陸プレートでは、地殻の岩石（玄武岩と安山岩）のちがいのために、海洋プレートのほうが重く、大陸プレートの下に沈み込みます。海洋プレートどうしが近づく収束境界の場合、中央海嶺でつくられてからより長い間海水に冷やされた、古くて厚いほうのプレートが沈み込みます。

1・1節で、海底の深い溝――海溝――を紹介しました。この地形はじつは、沈み込み帯の特徴です。海洋プレートが折れ曲がり、地球内部へ沈み込むために、海底に溝状の地形が形成されるのです。つまり、海溝は海洋プレートの沈み込み口です。

海洋プレートのすでに沈み込んだ部分を〝**スラブ**〟と呼び、区別することがあります（図2・10）。

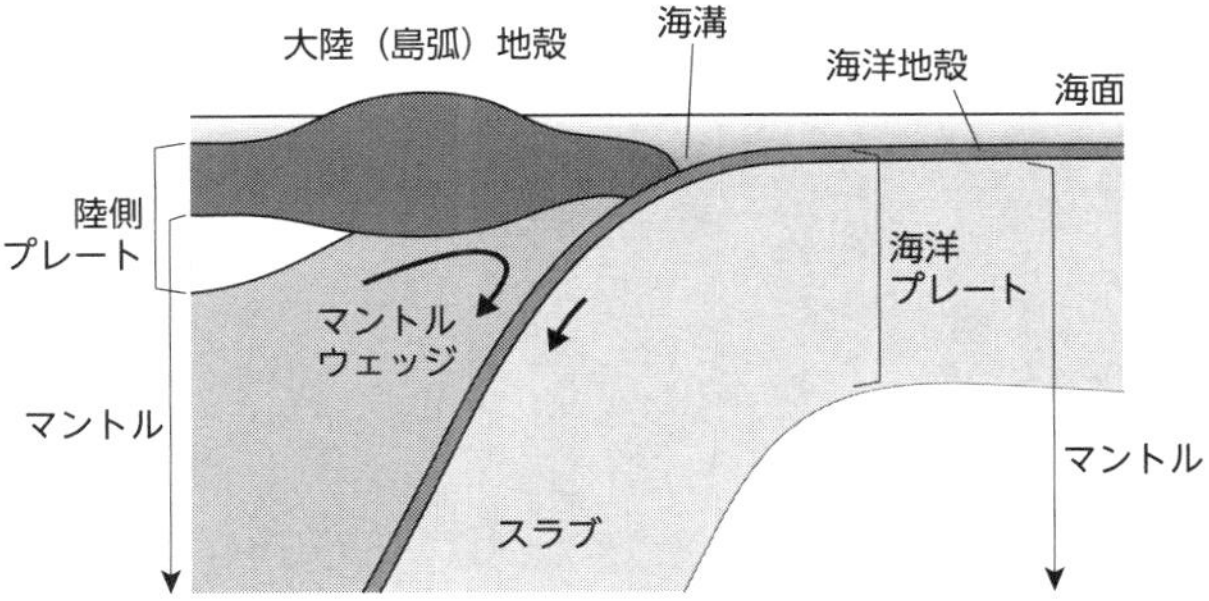

図2.10 海洋プレートとスラブ、マントルウェッジ

スラブの存在は地震学的な研究から明らかになりました。沈み込み帯で、上盤側プレートのマントルの断面はくさびのような形状になるため、〝**マントルウェッジ**〟と呼ばれます[※2]。

大陸プレートどうしが近づく収束境界もありますが、これを〝**衝突帯**〟と呼びます。大陸プレートは軽くて沈み込みにくいのですが、衝突帯ではいずれか一方がもう一方の下にもぐり込みます。そのまま沈み込み続けるプレートもあれば、沈み込みが止まってしまう場合もあるようです。衝突帯には、あとでまた目を向けることになります。

プレートテクトニクスとマントル対流

地表を覆う十数枚のプレートが運動し、相互に影響し合

※2　ウェッジ（wedge）はくさびを意味する英語です。

った結果として、さまざまな地形が形成されています。そのような例は海溝だけではありません。多様な地形（や地球科学的現象）がプレートの相互作用により生じると考えるモデルを〝**プレートテクトニクス**〟といいます。

プレートテクトニクスというと、地表の現象ばかりに目が向けられがちですが、前項で説明したとおり、プレートの運動は地球内部へと続いています。また、プレートの形成（中央海嶺におけるマグマ噴出）も、地球深部の物質が地表に持ち上がることで進むのでした（減圧融解）。地表のプレートの形成や運動、沈み込みは、地球内部のダイナミックな現象の一端にすぎません。

マントル全体を視野に入れてみましょう（非常に薄い地殻もマントルの一部とみなします）。マントルは、その下の高温のコアにより温められている一方で、地表では熱を捨てています。マントルが捨てた熱は、海洋や大気を温めたり、宇宙空間へ散逸したりします。マントル内部には放射性元素が存在するため、わずかに発熱もあります。それでも、おおまかな見方をすれば下（コア）から温められ、上（大気など）から冷やされているのです。

その結果、マントル内部には温度勾配が生じています。つまり、深部ほど高温で、浅部ほど低温です。この温度勾配が重力不安定をもたらし、マントル全体を上下にかき混ぜています。この上下の運動をともなう冷却過程を〝**マントル対流**〟といいます。

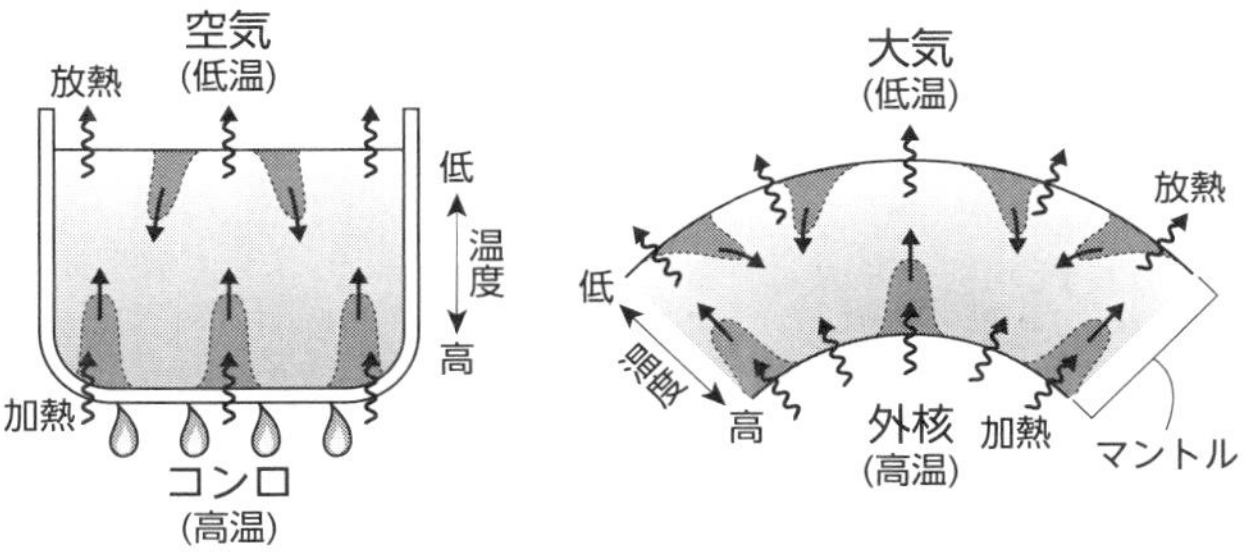

(a) 味噌汁の対流　(b) マントル対流

図2.11 対流とは

対流は身近な流体でも起こります。できれば、火にかけた鍋の中の味噌汁を観察してみてください。味噌汁は下から温められ、上から空気に冷やされているので、マントルと似た状況です——味噌汁がマントル、鍋の下の火がコアに対応します。味噌汁の表面を観察していると、ある場所では底のほうから浮き上がる動き、別の場所では表面から下のほうへ沈む動きが見て取れるはずです。鍋の底近くの味噌汁は温められて膨張し軽くなり、表面近くの味噌汁は冷やされて収縮し重くなります。上が重くて下が軽いという状態は、重力に対して不安定なので、上下をひっくり返すような動きが生じるのです（図2.11）。

対流の起こりやすさは、その物質の粘り気（粘性）に依存します。もちろん、味噌汁は粘性の小さい液体ですから、簡単に対流が起こります。他方、マントルは岩石なので想像しにくいかもしれませんが、地球内部の温度ではわずかに流動性をもちます。したがって、非常に粘性の大きい液体のように振る舞うのです。

プレートの沈み込みはマントル対流の一部です。地表の冷えて重くなった部分が沈んでいく過程に相当します。

ということは、マントルの底のほうから浮き上がってくる流れもあるのでしょうか。あります。前節で紹介したホットスポットは、まさにそのような上昇流がつくる火山です。ホットスポットはプレートの動きを理解するうえでも役に立ちます。

ホットスポット――マントルプルームに由来するマグマ活動

ホットスポットの代表例はハワイです。ハワイはもともと海の下の火山活動がつくった海洋群島です。この場所では長期にわたり、大量のマグマが噴き出し冷え固まる、というプロセスがくり返されてきました。そうして海底火山が成長し、海面から顔を出して島となりました。火山活動は現在も続いています。

ホットスポットをつくるマグマ活動は、〝マントルプルーム〟というマントルの上昇流が引き起こします。マントルの上昇にともない、減圧融解によりマグマが生成しています。マントルプルームとして上昇すると圧力が低下して、ソリダスが降下するのです。

ホットスポットはより広域なマントルプルームの一部とも考えられます。中央海嶺では線状のマントル上昇流の広がりが特徴的ですが、マントルプルームは面的に大きく広がった上昇流です。地震波トモグラフィーという手法――地球内部の地震波速度分布を3次元的に把握する技術――により、地球のマントルの最深部（コア-マントル境界）に由来するマントルプルームも存在することがわかりました。


前述のとおり、ハワイをつくったホットスポットは長期にわたり同じ場所で活動し続けています。一方で、ハワイの存在する太平洋プレートも北西向きに動き続けています。これらの独立した継続的な活動が、太平洋に特徴的な地形をつくりました。

海底地形をふくむ太平洋西部の地形図を見てください（図2・12）。ハワイ諸島の西側には海洋島や海山が列をなしています。これをハワイ・天皇海山列と呼びます。この列をなす海山はすべて、かつて同じホットスポットがつくった火山の成れの果てです。かつての火山は、プレート運動にともないホットスポットから離れ、活動を終えた海洋島となりました。成長が止まり浸食を受け続けるので、海洋島は小さくなる一方です。すでに海面下に没してしまったもの（海山）も多くあります。

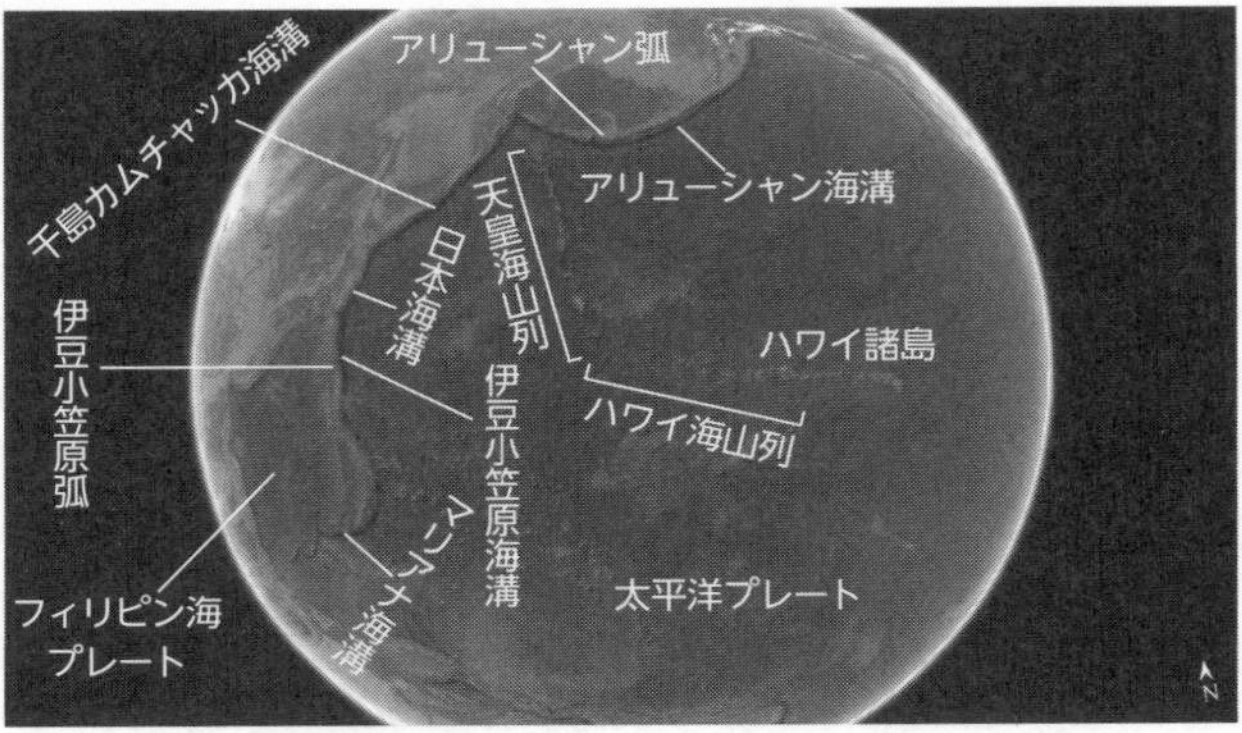

図2.12 **太平洋の海底地形**

この成因をふまえると、ハワイ・天皇海山列の並びから太平洋プレートの動きを復元できます。ハワイ・天皇海山列は途中で折れ曲がっています。現在活動中のハワイからしばらく（ハワイ海山列）は北西に向かって海洋島・海山が連なっているものの、天皇海山列は北北西に延びているのです。この折れ曲がりは、太平洋プレートの運動の向きが変わった証拠です。かつて（天皇海山列がつくられた時代）、太平洋プレートは北北西に向かって動いていました。それが約4000万～4500万年前に、なんらかのきっかけで運動方向を北西に変えたと考えられます。太平洋プレートが運動方向を変えた理由については、まだよくわかっていません。

ただし最近、ハワイ・天皇海山列の折れ曲がりは太平洋プレートの運動の変化の結果ではなく、ホットスポットの動きを反映しているとする説が提案されました。マントル内部の流れによって、ホットスポットの上昇流が曲げられた可能性があるというわけです[2]。この考えでは、ホットスポット自体の定義が曖昧となりますが、まだ検証が十分に進んでいないので、今後の研究に期待しましょう。

2・3 沈み込み帯のマグマはなぜできる？

2・1節で紹介した3パターンの部分融解のうち、減圧融解が実際に起きている現場を前節で紹介しました。本節ではおもに、加水融解が起きている現場として沈み込み帯に注目します。沈み込み帯におけるマグマの生成は、大陸とも密接にかかわっています。そして、沈み込み帯では加熱融解も起きています。

沈み込み帯の火山列

私たちの住む日本列島は多くの火山を有します。狭い国土の中に、111もの活火山（約1万年以内に噴火したことのある火山と、活発な噴気活動がみられる火山）があるのです 図2·13。しかし、日本列島はホットスポットでも中央海嶺でもありません。

プレートの分布をもう一度見てみましょう 図2·8。日本列島は、ユーラシア・北米・太平洋・フィリピン海の4枚のプレートがひしめき合う場所にあります。ユーラシア・北米の2枚は大陸プレートで、太平洋・フィリピン海の2枚は海洋プレートです。

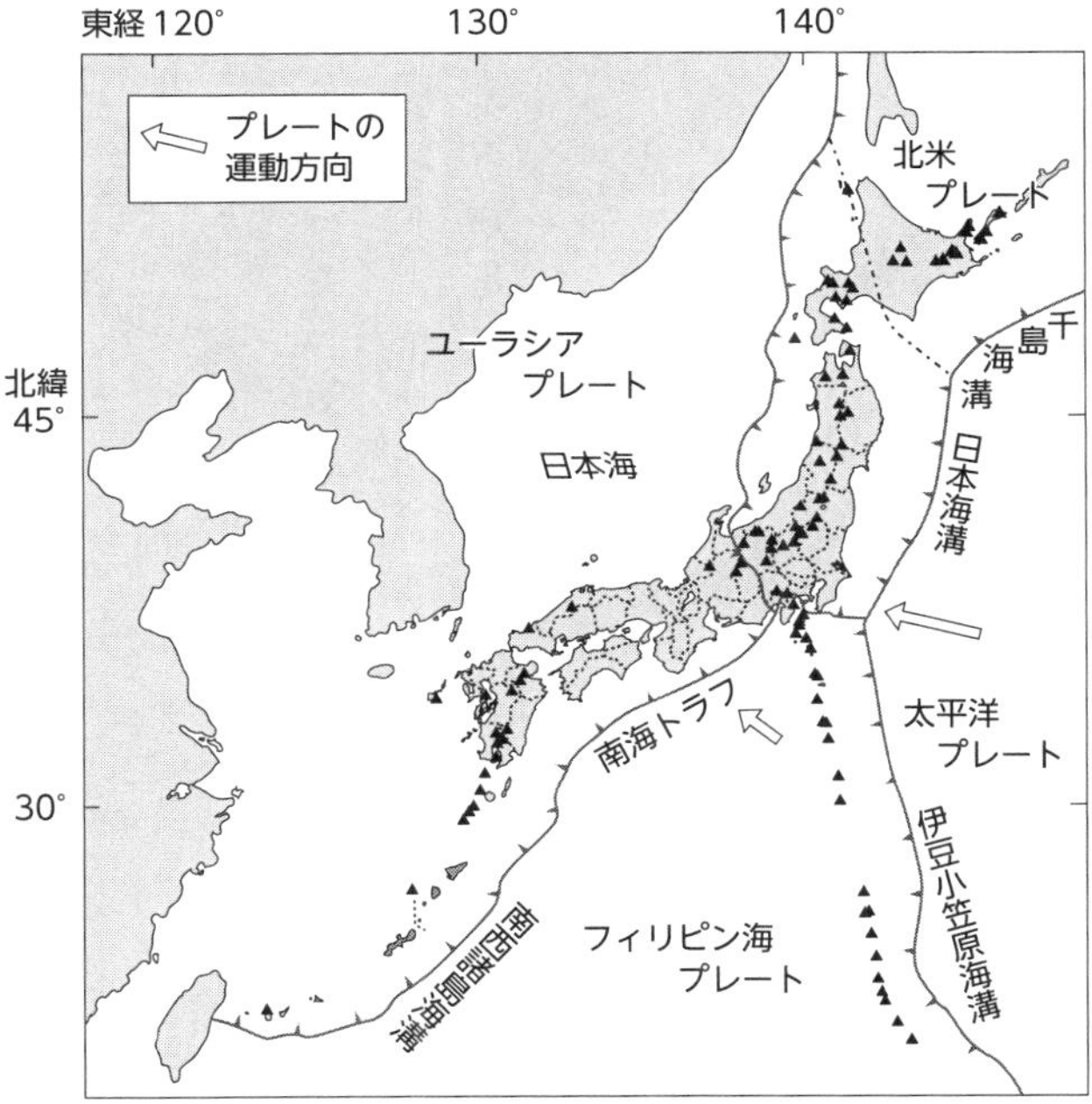

図2.13 日本列島の活火山分布

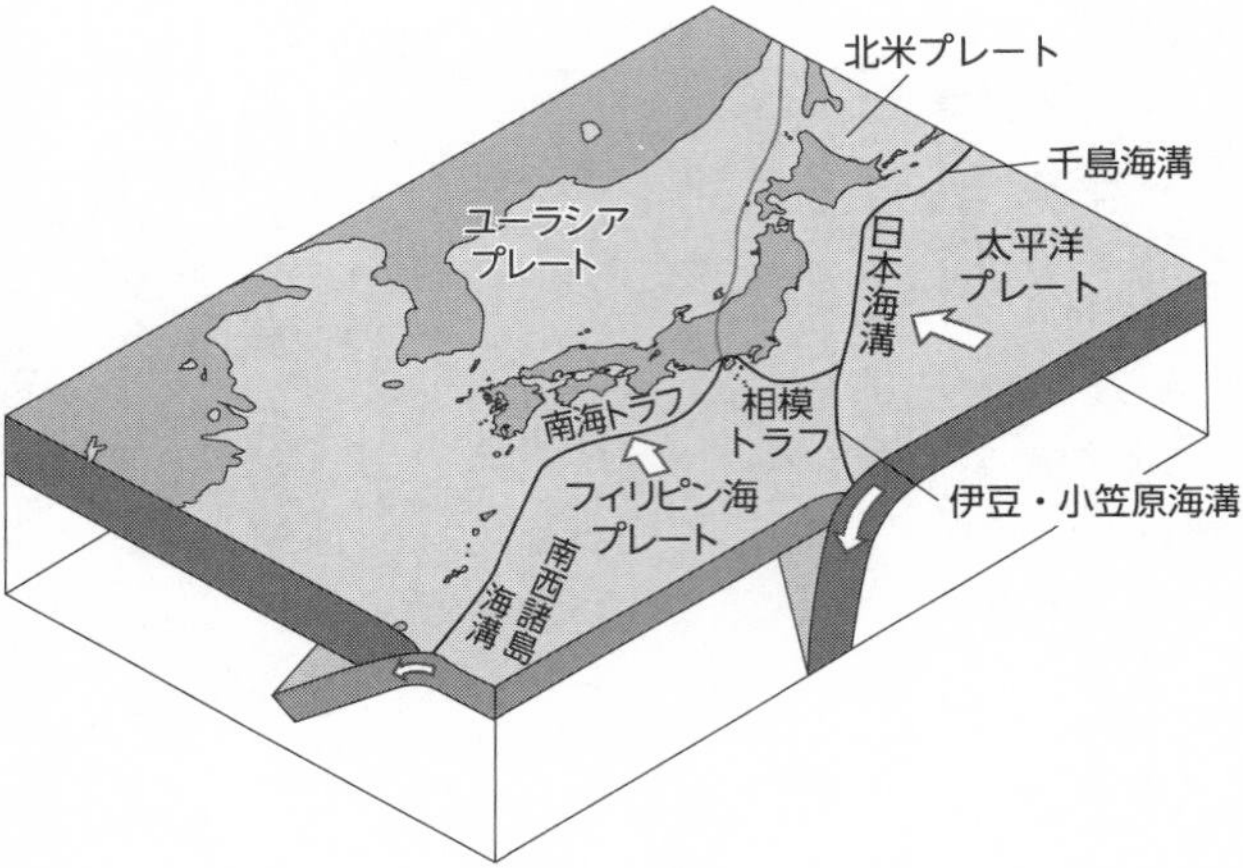

図2.14 日本列島周辺のプレート分布

日本列島の大部分はユーラシアプレートと北米プレートの上に乗っています。したがって、太平洋プレートとフィリピン海プレートは列島の下に沈み込んでいるようなものです。そのため、日本列島の周辺には海溝が多く、日本は領海の面積のわりに深い海の体積が大きくなっています。

日本列島周辺のプレートの上下関係を立体的に表せば、図2.14のようになります。南東から来る太平洋プレートが北米プレートの下に、南から来るフィリピン海プレートがおもにユーラシアプレートの下に沈み込んでいます。また、太平洋プレートの一部はフィリピン海プレートの下に沈み込んでいて、その領域では大陸プレートと2枚の海洋プレートが重なっています。

このプレートの分布や重なり方（沈み込み方）をふまえて、日本列島の火山分布を見てみましょう 図2-13 。火山はランダムに分布しているわけではなく、かなり整然と並んでいます。しかもその火山列は、海洋プレートの沈み込み口である海溝と平行に並んでいるようです。

日本列島周辺だけでなく、世界中の沈み込み帯で同様の火山列が形成されています。必ず海溝からやや離れたところ、上盤側のプレート上に、です。これは決して偶然ではありません。海洋プレートの沈み込みが火山をつくっている、もっといえばマグマ活動を起こしているのです。このマグマ活動のカギを握るのは〝水〟です。

水の運び込みと二次的な流動——沈み込み帯で起きること

海洋プレートの沈み込みは、地球内部に水を運び込むプロセスでもあります。海洋底を構成する海洋プレートには、水が染み込んでいます。その水は海洋プレートを構成する無水鉱物と反応し、含水鉱物をつくります。含水鉱物がプレートの一部として沈み込むことが、地球内部への水の運び込みに相当するのです。

海洋プレートに水が染み込むとは、どういうことでしょうか。海溝から沈み込む直前の海洋プレートには、折り曲げるような力が働くので、海溝の手前で多数の断層（亀裂）が形成されます。そこを伝って水がプレート内部にはいり込むのです。その一部は海洋地殻を通過して、マントルまで染み込むと考えられています。

海洋地殻の下のマントル最上部を構成する主要鉱物はかんらん石です（1・1節参照）。かんらん石が水と反応すると、蛇紋石[※3]という含水鉱物になります。海溝付近の海洋プレートでは、大量の蛇紋石が形成されているのです。

海洋プレートを構成するかんらん石が蛇紋石に変化し、海溝から地球内部へ沈み込んでいきます。蛇紋石はいわば〝水の運び屋〟として働くのです。

プレートの沈み込みとともに、蛇紋石には高温と高圧がかかるようになります。そして、ある程度以上高圧な環境では、蛇紋石の脱水が起こります。脱水は、蛇紋石ができる反応の逆であり、蛇紋石からかんらん石と水ができる反応です。一度は海洋プレートとともに沈み込んだ大量の水が、地球内部で搾り出されるイメージです。

蛇紋石の脱水反応は、一定の温度と圧力の条件がそろったときに起こりはじめます。したがって、同じ沈み込み帯であれば、この脱水反応が起こる深さは一定です。では、蛇紋石が沈み込み帯で吐き出す大量の水はどうなるでしょうか。

沈み込むプレート（スラブ）は表層の堆積物、玄武岩質の海洋地殻、その下のマントルからできています。堆積物の多くは海溝ではぎとられ、上盤側に付加されますが、一部は地殻・マントルとともに沈み込みます。マントルの蛇紋石から吐き出された水は、その上の海洋地殻と堆積物を通り抜けて、上盤側のプレートのマントル（マントルウェッジ）に加わります。

2・1節で説明した加水融解を思い出せば、沈み込み帯の上盤側のマントルが、ある深さでマグマを生じやすくなっていることがわかるはずです。水が加わったマントルはソリダスが下がって、溶けやすくなるのでした。

さらに、海洋プレートの沈み込みに起因する、上盤側のマントルウェッジ内部での二次的な動きも重要な効果を果たします。マントルウェッジの下部では、その下の海洋プレート（スラブ）に引きずられ、下向きの流れが生まれます。反動として、マントルウェッジの中央部では上向きの流れ（とそのための減圧）が生じるのです。

こうして、マントルウェッジの中では加水と減圧が起こり、二重の効果で岩石の融解が起こりやすくなる（ソリダスが下がる）のです。

※3　蛇紋石にはアンチゴライト、リザーダイト、クリソタイルの3種類があります。アンチゴライトは600〜250℃の比較的高温で、リザーダイトはそれより低温の300〜50℃でかんらん石が水と反応して生成します。クリソタイルは準安定な相で、岩石の亀裂を満たす繊維状の鉱物（アスベストの原料）です。

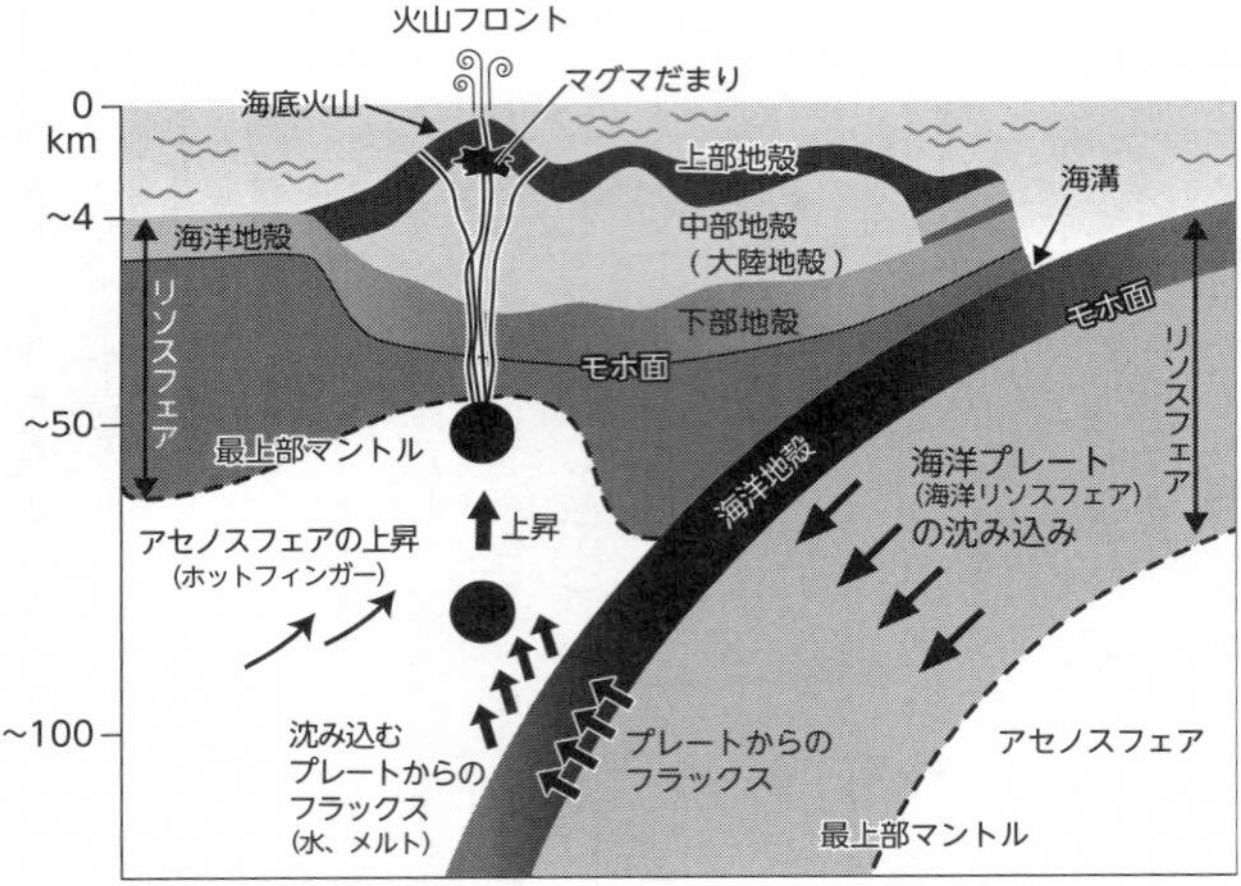

図2.15 **火山フロントの形成**
伊豆小笠原弧（海底火山）の例

火山フロント

沈み込み帯の地下で起きていることがおおよそつかめたところで、ふたたび地上に目を向けてみましょう。火山列は海溝と平行に並んでいるのでした。東北日本では、日本海溝から200〜300㎞ほど離れたところに火山列があり、それよりも海溝に近い領域にはまったく火山がありません——この領域の地下では、マグマ活動が起きていないのです。

　このように沈み込み帯では、海溝から一定の距離を置いて、つまり海溝と平行な火山列が形成されます。これを指して、1960年に神戸大学（当時）の杉村新《あらた》教授が〝**火山フロント**（火山前線）※4〟と呼びました[3]。

少々わき道にそれますが、新しい用語をさらに2つ導入しておきます。海溝と火山フロントの間の（火山がない）領域を〝前弧《ぜんこ》〟といい、火山フロントから見て海溝とは反対側の領域を〝背《はい》弧《こ》〟といいます。定義上、前弧と背弧は必ずセットで形成されます。それぞれに特徴的な地形などが知られていることもあり、頻出する地学用語です。

火山フロントの話に戻ります。沈み込み帯の火山フロントの場所を決めているのは、海溝からの距離ではなく、その下に沈み込んだスラブ（上面）の深さです。どの沈み込み帯でもスラブが地下100km付近まで沈み込んだところの直上に火山フロントができる、というのが正しい理解です 図2.15。この深さ以上で、つまり火山フロントから背弧側のマントルウェッジで、前項で説明した2つの条件（加水と減圧）がそろいます。

スラブの（蛇紋石の）脱水反応とマントルウェッジへの水の供給に関しては、前弧領域（つまり100kmより浅部）でも起こっていることが知られています。その証拠に、前弧の海底に蛇紋岩海山が形成されていることがあります。これは、スラブから水を受け取った上盤側のマントル

※4　気象学で使われる〝前線（フロント）〟にヒントを得た命名でした。この名称は世界的に通用する用語となっています（英語ではvolcanic front）。

（かんらん岩）が蛇紋岩化してできた地形です。この領域では、マントルに水が加わっても、マントルの温度が低すぎて溶けることはなく、蛇紋岩となってしまうのです。

沈み込み帯の火山列はすき間だらけ

ここまで、もっともらしい説明をしてきましたが、火山フロントである東北地方の火山列をよく見ると、不思議なことに気づきます。おおざっぱに見れば、たしかに海溝と平行に火山が並んでいるのですが、ところどころに火山のない領域があります。また、火山がある領域自体も、やや東西に広がりをもっています。

日本の東北地方の火山分布をくわしく観察してみましょう。

以前は、東北地方には那須火山帯と鳥海火山帯という2つの火山列があるとされていました（すくなくとも私が子どものころには、そう教えられたものです）。2つの大きな火山列が南北にのびていて、どの火山もいずれかの火山列に属している、というのが従来の考えでした。しかしよく見ると、火山が多く分布している領域とそうでもない領域とが混在しています。南北に（日本海溝と平行に）のびているはずの火山列はすき間だらけです。

「2つの火山列」という見方を忘れて東北地方の火山分布を眺めると、異なる特徴に気づきます。火山の〝空白域〟と〝密集域〟が見えてくるのです。距離にして30㎞以上、火山のない空白域が9ヵ所あり、それらを境にして10個の火山グループが形成されています（図2.16）。隣り合う火山グループ間の距離はほぼ均等です。

空白域は東西にのびています。この領域は、東北地方の太平洋側と日本海側をつなぐ交通の要

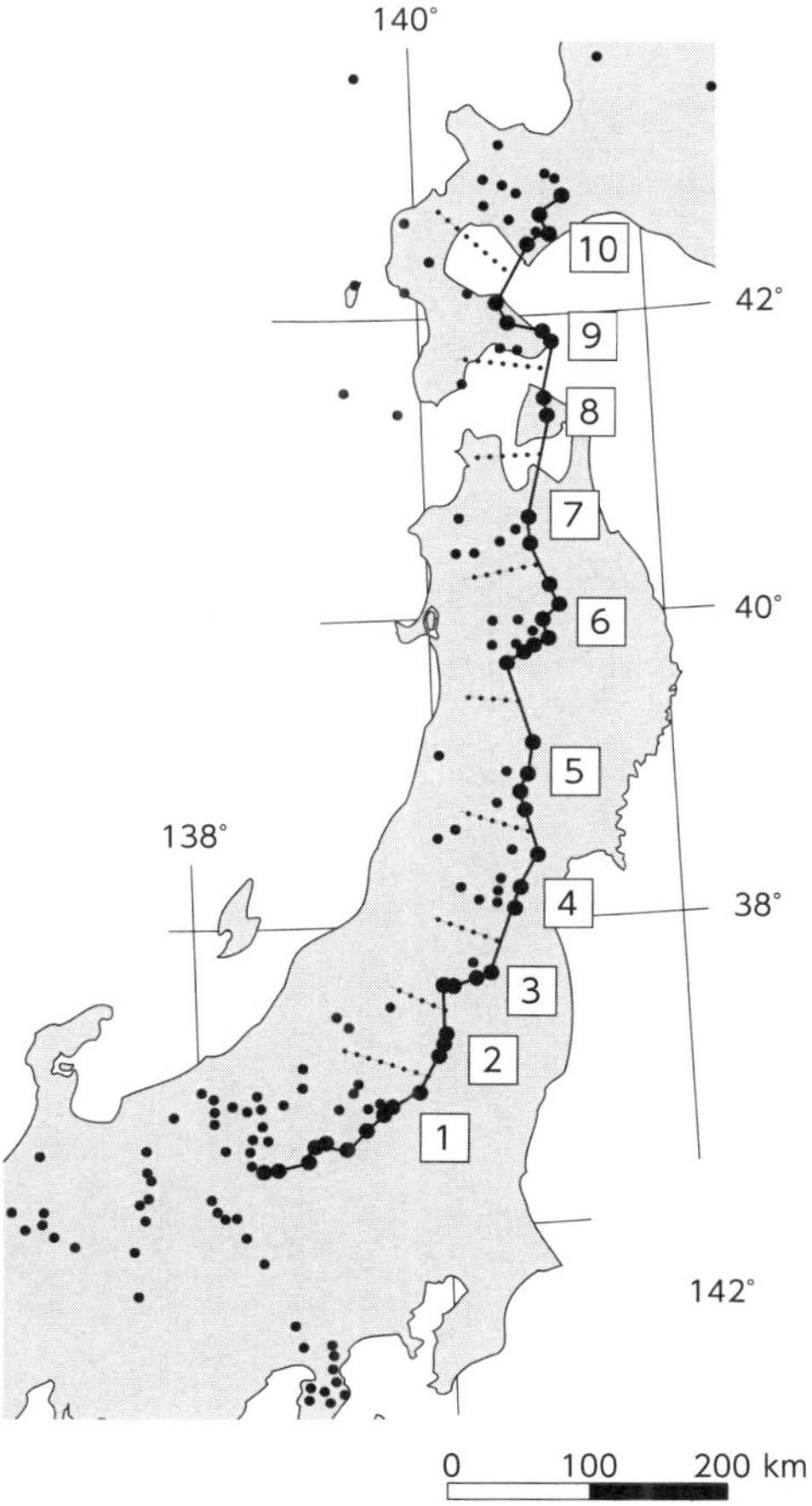

図2.16　東北日本の火山分布

東西にのびる10個の火山列が南北に並んでいる

[Tamura et al., 2002[4]より]

衝になっています。

まとめると、東北地方の火山は南北方向に分布しているというより、東西に分布しているととらえるべきでしょう。東西にのびる火山列が10本、一定の間隔を空けて南北に並んでいるのです。東北日本の火山は、海溝と平行な2つの列をつくっているのではなく、海溝と平行な大きな列の中にそれと直交する小規模な列がいくつもある、ととらえられます。つまり、沈み込み帯の火山列をよく見ると、海溝からの距離（つまりスラブ上面の深さ）が等しいのに、火山がある場所とない場所があるというわけです。北米のカスケードやアリューシャンの火山においても火山の分布に空白域が存在しているので、沈み込み帯で共通の現象と考えられます。

マントルウェッジ内の上昇流

すでに述べたとおり、沈み込み帯の火山を形成するには、高温のマントルを深部から持ち上げる上昇流が不可欠です。東北日本の不思議な火山分布の鍵を握るのは、この上昇流（マントルウェッジ内の対流）にちがいありません。

先に見たとおり、スラブの沈み込みにともなってマントルウェッジの下部が下向きに引きずられ、その反動としてマントルウェッジ内部で上昇流が生じます。スラブの上面はおおよそ均質で極端な凸凹はないと考えられるので、上昇流はその面に沿って一様に発生するとされていまし

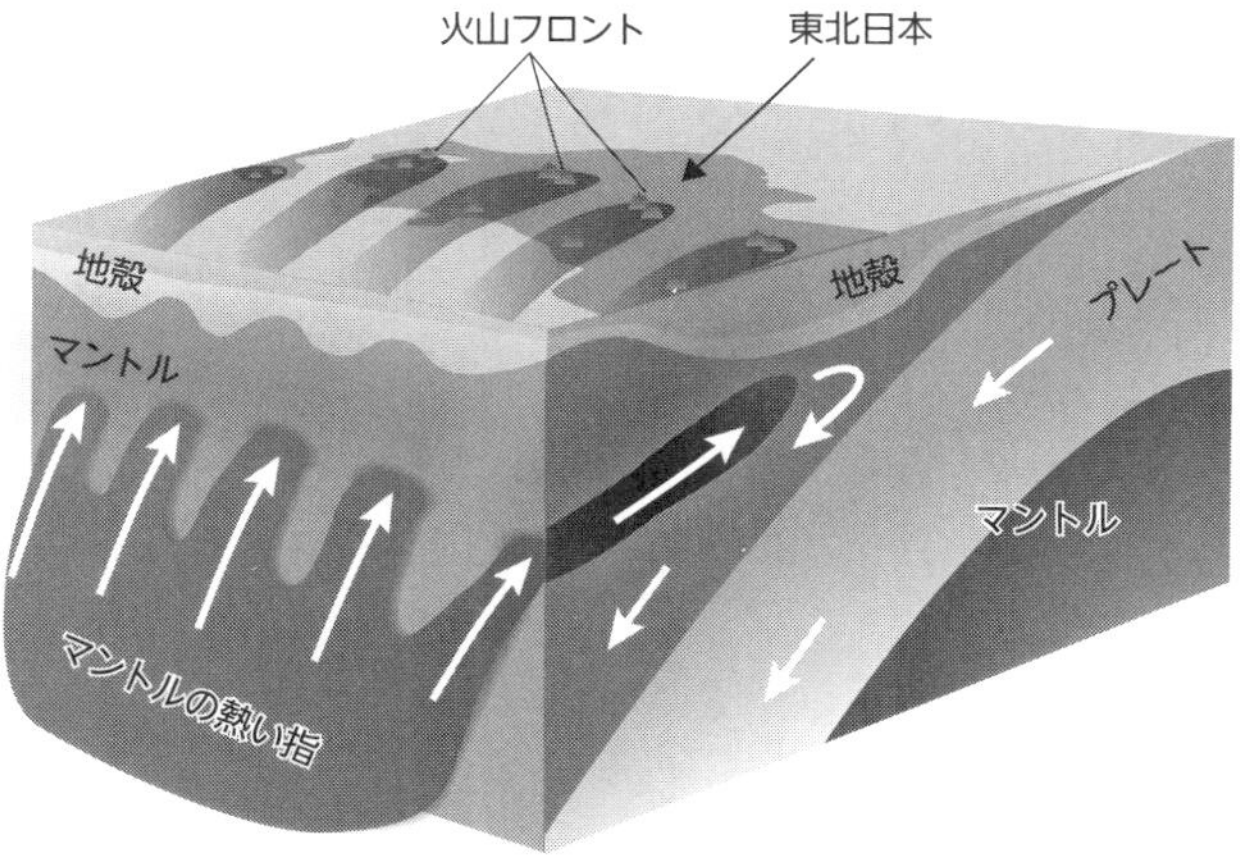

図2.17 マントルウェッジの上昇流
ホットフィンガー仮説——東北日本のマントルウェッジでは10本の指状の上昇流が生じている

た。すなわち、マントルウェッジ内の上昇流は面状に生じるというイメージです。

しかしこの考えは、東北日本の火山フロントがすき間だらけで、むしろ東西に広がっている事実と合いません。この点を重視したわれわれは、沈み込み帯の火山をつくるマントル上昇流について、新しい仮説を提案しました[4]。

われわれは、上昇流が面状ではなく、分岐して柱状になっていると考えました（図2.17）。その様子が人間の手の指のように見えることから、この考えを〝ホットフィンガー仮説〟と名づけました。マントルウェッジ内で10本の指状の上昇流が生じており、それらと東北日本の10個の火山グループとが対応しているというわけです。

この仮説を採用すると、なぜ上昇流が柱（指）状になるのかという新たな謎が出てきますが、もっとも直感的な説明は、次のとおりです。

面状に沈み込むスラブはリソスフェアで、上昇する上盤側の物質はアセノスフェアです。また上昇流は、比較的低温のマントルウェッジに高温のアセノスフェアを無理矢理貫入させるイメージです。アセノスフェアはリソスフェアに比べて高温でやわらかい岩石ですから、リソスフェアのように面状で上昇してくることができません。部分的に上昇した結果、抵抗を減らすために指状になるのです。

また、それぞれの指が小規模な対流に対応しているという考えも提案されています[5]。冷たい物質の中に熱い物質が挟まれるという構造自体が不安定で、対流を起こしているというわけです。上昇する熱いアセノスフェア（ホットフィンガー）の内部で、二次的に小規模な対流が生じているのかもしれません。

陸上の火山が噴出する安山岩マグマ

本節ではここまで、沈み込み帯のマントルウェッジで生じるマグマに注目してきました。最後に、沈み込み帯に位置する大陸地殻で生じるマグマ活動に目を向けます。ここでは、加水・減圧とは異なる理由、すなわち加熱融解でマグマが発生します。

具体例を挙げましょう。序章で紹介した、私がかつてフィールドにしていた鳥取県の大山は、現在活動していませんが、かつてのマグマ活動が形づくりました。大山を形成したマグマは、マントルから上昇してきた高温の玄武岩マグマが地殻に貫入し、その潜熱で地殻が再融解[※5]することにより生じた解凍マグマです（２・１節参照）。その組成は安山岩やデイサイトだったことがわかっています。

大山の安山岩には際立った特徴があります。結晶（斑晶）をほとんどふくまないのです。その原因として、部分融解ではなく全融解が起きた――固体がすべて溶けて液体だけになった――と考えられています。大山の地下を構成していた安山岩体は１１００℃まで熱せられ、全融解したことがあるようです[6]。

※５　地殻の再融解はリモービライズと呼ばれることがあります。これは、融解により生じた液体とまだ溶けていない結晶とが一体となり、マグマとして再活動する現象です。リモービライズしたマグマが冷え固まった岩石は、結晶を見ると一目瞭然です。生マグマから晶出した結晶ではなく、溶け残りの結晶であるため、非平衡な状態、たとえば周辺や内部が溶けた斜長石や、内部から外部に向かって温度の上昇を示すような組成を持つ輝石が記録されるのです。リモービライズという融解現象は、第５章でふたたび考えることになります。

序章でも触れましたが、日本の陸上の火山が噴出する安山岩マグマは解凍マグマです。大山に限らず、大陸地殻上に噴出するマグマのほとんどが安山岩質で、いずれも地殻の再融解により生成したものです。

大陸地殻上の火山活動は安山岩マグマを噴出しますが、大陸地殻を形成しているとはみなせません。あくまでも再融解で生成したマグマですから、もともと大陸地殻だった岩石を溶かしてしまっています。安山岩は増えていないのです。

私たちの目標である〝大陸の成因〟は、まず、地表に安山岩を増やす過程を必要とします。解凍ではなく生の安山岩マグマが生成する場所を突き止めなければなりません。次章では、生の安山岩マグマの生成について、理論的な検討を進めてみます。

第3章

大陸地殻の材料はどこでできる？
―安山岩マグマの生成条件を知ろう―

第1、2章で、マントルの岩石の部分融解により生じたマグマが、地表で冷え固まって地殻の岩石ができること、地殻は岩石の種類により大陸地殻と海洋地殻に分けられることを学んできました。大陸地殻はおもに安山岩、海洋地殻はおもに玄武岩でできているのでした。できる方は共通なのに、できる岩石が異なるのはなぜでしょうか。本章では、マントルの岩石の部分融解についてくわしく検討しつつ、大陸地殻の材料（安山岩）ができる条件を探ります。

3・1 大陸は当たり前の存在か？——岩石惑星の地殻

地球だけを見ていると、地球をうまく理解できません。地球の特殊さに気づけないからです。そこで本節では、地球をほかの惑星と比較する視座を導入します。太陽系の岩石惑星の中でも比較的調査が進んでいる金星と火星に注目して、地球の特徴をあぶり出します。おもに岩石でできている点は共通ですが、ちがいも少なくありません。

金星や火星の地殻

金星と火星も、内部に地球と同様の層構造があることがわかっています。中心に鉄・ニッケル合金でできたコアがあり、その外側をともにケイ酸塩からなるマントルと地殻が覆う3層構造です。地球の内部構造を明らかにしたのは、地震波の伝わり方でした（第1章参照）。探査機を送り込むことも簡単ではない火星と金星について、地球のようにたくさんの地震波を観測して内部構造を推定することはできません。そのため、これらの惑星の内部構造の理解はまだまだ不確かな部分が多く残っています。

２０２１年に、ＮＡＳＡの火星探査機「インサイト（InSight）」が火星で起きる地震（火震）を検出して、火星の内部構造を明らかにしたと話題になりました[1]。その報告によると、火星のコア（核）は従来考えられていたよりも大きく、軽く、ドロドロに溶けている、という驚くべきものでした。今後の詳細な研究が待たれます。

地震計をもつ探査機を送り込めず、地震波が使えない場合、質量、半径、平均密度、磁場などの情報から天体の内部構造を推定します。金星の直径は地球の０・９５倍、質量は地球の０・８２倍です。金星は大きさ、重さとも地球とよく似ているので、その内部構造も地球と似ていると予想されています。

地球の地殻は2種類（大陸地殻と海洋地殻）で、それらが地形の二分性を生んでいました。金星や火星はどうでしょうか？

これらの惑星の表面にも凸凹はありますが、ヒプソメトリック・カーブは図3-1のようになります。まず、金星には地形の二分性は見られません。このデータから、金星の表面を覆う岩石は一様であることが予想できます。

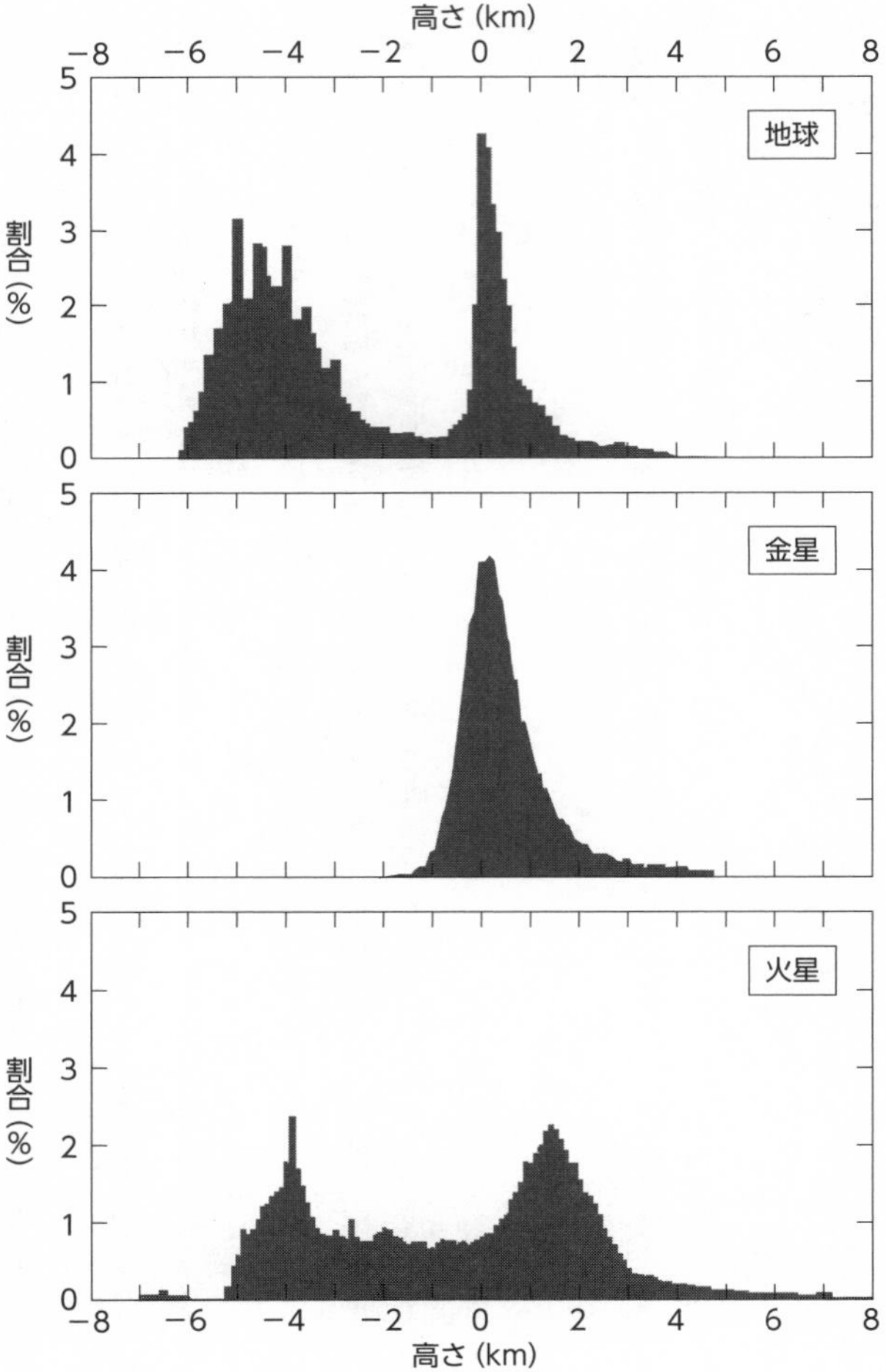

図3.1 地球・金星・火星のヒプソメトリック・カーブ[2,3]

火星のヒプソメトリック・カーブには2つの極大が見え、地球のものと似ています。ただし、火星の地形の二分性は、おもに北半球と南半球の地形のちがいに相当するようです。火星の北半球は地形的に低く、南半球の標高は平均して数キロも北半球より高いことが知られています。なぜ火星では南北の半球で地形が明確に異なるのか、はっきりしたことはわかっていません。

火星は、探査機によって表面の岩石の化学分析がおこなわれました[4]。地殻を構成する岩石はシリカ成分50％前後の玄武岩でした。つまり、地球でいう海洋地殻しかありません——火星に大陸地殻はないのです。金星も、地形から玄武岩で覆われていると考えられますが、今後の調査が期待されます。

いまのところ、安山岩からなる大陸地殻がある惑星は地球のみです。地球は〝水の惑星〟といわれますが、岩石に注目すると〝大陸（地殻）の惑星〟といえるかもしれません。

もうすこし、金星・火星と地球との比較を続けましょう。次に注目するのはプレートテクトニクスです。

プレートテクトニクスの起こらない惑星

地球の中央海嶺や海溝（あるいは火山フロント）に相当する線状の地形の高まりや窪みは、金

図3.2 火星のオリンポス山

星や火星では見られません。このことは、金星と火星ではプレートテクトニクスが生じていないことを示唆します。

火星でプレートテクトニクスが起きていないことを示す証拠がもうひとつあります。それは、太陽系で最大の火山――オリンポス山――の存在です（図3.2）。その標高は約26kmで、エベレスト山のおよそ3倍もあります。また、オリンポス山の裾野は円形に広がっていますが、その直径は550kmにもなります。

これだけ巨大な火山が形成された理由は、ひとつには火星の引力が弱いからです。火星は半径が地球の53%ほどの小さな惑星で、質量も地球の約10分の1しかありません。つまり、惑星表面の物質に働く引力の強さは、火星では地球の40%ほどです。もし火星のサイズが地球並みだったら、オリンポス山ほど高い地形は形成できません。

もうひとつの理由は、長期にわたり同じ場所でマグマが噴出してきたことです。地球にも、ハワイ・天皇海山列を形成したホットスポットのように、長く同じ場所で活動してきたマグマは存在します。しかし、プレートが動くために、火山が形成されるプレート上の位置はずれ、いくつもの海山（海山列）ができているのでした（2・2節参照）。火星ではプレートが動かないため、ひとつの火山がずっと成長することになりました。

プレートテクトニクスは、惑星の表面に変化を起こすもっとも大きな原動力です。惑星の表面を移動させ、更新する役割をもっています。プレートテクトニクスのない金星や火星の地殻は、火山活動にともなう局所的な変化を除くと、惑星形成当初からほとんど変化していないと考えられます。2・2節で述べたように、地球では、初期のあるタイミングでプレートテクトニクスがはじまり、継続してきました。地球表面ではさまざまな変化が起きてきたということです。

プレートテクトニクスには海が必要

地球で長く続いているプレートテクトニクスが、金星や火星で起きていないのはなぜでしょうか？

2・2節で述べたとおり、プレートの運動はマントル対流の一部です。上から冷やされ、下から温められたマントルに生じた重力不安定を解消するために、上下をかき混ぜる対流が生じるの

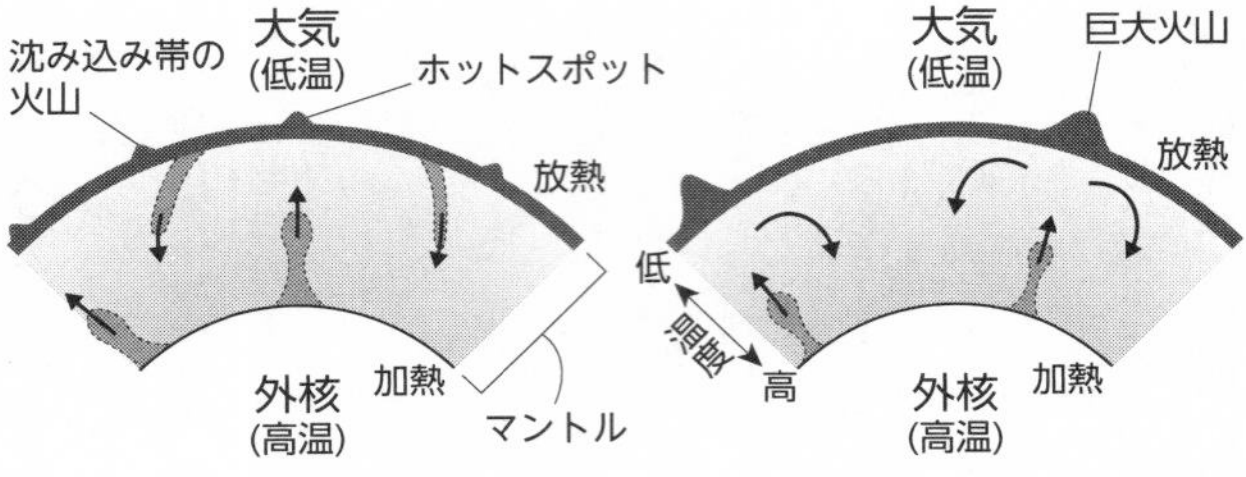

(a) 地球の場合
プレートが沈み込む

(b) 火星や金星の場合
表面(リソスフェア)は
沈み込まない

図3.3 2パターンのマントル対流

でした（図3.3a）。

金星と火星のマントルも、上（大気）から冷やされ、下（コア）から温められています。したがって、金星や火星でもマントル対流は生じているはずです。また、表面の硬いリソスフェアと、その下の流動性のあるアセノスフェアとに分かれているでしょう。しかし、リソスフェアが表面に居座ったまま動かない状態になっています（図3.3b）。表面の物質が内部へ沈み込んでいないのです。

プレート運動が継続するには、冷えて重くなったプレートの沈み込みが起こる必要があります。そして、プレートが沈み込むためには、収束境界におけるプレートどうしの摩擦を弱める必要があります。沈み込もうとするプレートの上面と上盤側のプレートの下面との間の摩擦が強すぎると、下のプレートは動けなくなってしまうのです。地球では、プレート境界にスメクタイトという粘土鉱物が形成され、これがプレート間の摩擦を緩和しています。そして、粘土鉱物の形成には海が必要です。

結局、海のない金星・火星では、たとえ表面に割れ目が生じてリソスフェアがプレート状に分裂したとしても、プレートが別のプレートの下に沈み込むことができません。プレートどうしがぶつかり合っても、プレート境界の摩擦を緩和する要因がないので、定常的に沈み込むことができないのです。地球を見ても、プレートの発散境界は海底にも陸上にも存在する一方で、収束境界は基本的に海にしか存在しません。プレートの沈み込みには海が必要なのです。

収束境界が海にしか存在しないというルールには、例外があります。それはヒマラヤ山脈です。ヒマラヤの成り立ちについては、第５章で説明します。

火星は寒すぎて、金星は暑すぎる

現在の金星と火星に海がないからといって、これらの惑星で過去に一度も海が形成されなかったとは限りません。長い期間海が存在していないことは間違いないものの、はるかむかしに短い期間だけ海があった可能性は否定しきれないでしょう。

とくに火星は、その表面の構造（とくに液体の水が表面を流れたような地形）から、かつて一時的に海が存在していたと考えられています。現在の火星の平均気温はマイナス55℃と低く、表面で液体の水を維持することはできません。火星の気温が低いのは、大気が薄いせいです。火星表面の大気圧は地球の1％に満たず、そのため大気による温室効果が弱いのです。しかし、初期にはもっと厚い大気に覆われていて、温暖だった時代もありました。今後、火星の探査がさらに進めば、かつての海についてもいろいろとわかってくるでしょう。

金星でも、初期には海があったかもしれませんが、惑星科学者の間で結論は出ていないようです。過去のことはさておき、現在の金星には海は存在できそうにありません。暑すぎるのです。金星は非常に厚い大気に覆われていて、その圧力は地球の大気圧の90倍にもなります。そのうえ、大気の大部分が二酸化炭素で占められていて、温暖化が進んでいます。表面の気温はなんと460℃！　液体の水が存在できる環境ではありません。先ほど、金星（の大きさや重さ）は地球と「よく似ている」と書きましたが、大気に注目すると大違いです。

水、プレートテクトニクス、安山岩――地球だけの特徴

ここでは惑星の大気に限定して議論しましたが、惑星表面の温度は多くの要因で変化します。たとえば、中心星（太陽）の温度や惑星の中心星からの距離、光を反射する雲の量なども重要です。これらの話題は本書の範囲を超えるので、興味のある方は惑星科学の本を読んでください。

地球と金星、火星を比べてみた結果、地球の特徴が見えてきました。ここで整理します。まず、表面に水（海）があること。金星・火星にも、初期には海が存在した時代はあったかもしれませんが、その期間はごく短かったはずです。地球では、初期にできた海が現在までずっと存続しています。

つぎに、プレートテクトニクスが起きていること。金星と火星では、現在プレートテクトニクスが起きている証拠は見つかっていません。地球では、初期から現在までプレートテクトニクスが継続しています。この特徴は、1つ目の特徴（海の存在）と直結します。先に述べたとおり、海が存在しなければ、プレートテクトニクスは起こらないと考えられるからです。

そして、安山岩があること。金星・火星の表面を覆う地殻はすべて玄武岩、つまり海洋地殻です。地球の地殻には、玄武岩で構成された領域（海洋地殻）だけでなく、安山岩の領域（大陸地殻）もあります。海洋地殻と大陸地殻はまったくの別物なので、大陸地殻の存在も地球の際立った特徴といえます。

水・プレートテクトニクス・安山岩という、地球だけがもつ3つの特徴はすべてつながっています。水とプレートテクトニクスのつながりはすでに説明したとおりです。では、安山岩はどうつながるのでしょうか――次節で検討します。

3・2 安山岩マグマはどうやってできる？——マントルの融解条件とマグマの組成

前章で、地殻の形成プロセスをざっくりと説明しました。マントルの部分融解により生じたマグマが上昇して地表で冷え固まる、という流れでした。しかし、何度も述べていますが、大陸地殻（安山岩）をつくるマグマと海洋地殻（玄武岩）をつくるマグマは別物です。安山岩のもととなるマグマは、どのように生じるのでしょうか？

2段階融解による安山岩マグマの生成

第1章の復習になりますが、玄武岩と安山岩、それからマントルを構成するかんらん岩のちがいを確認しましょう。いずれも火成岩ではありますが、化学組成、とくにシリカ成分の割合が異なります。シリカの重量%で比較すると、かんらん岩では45%以下、玄武岩で約50%、安山岩では60%です。

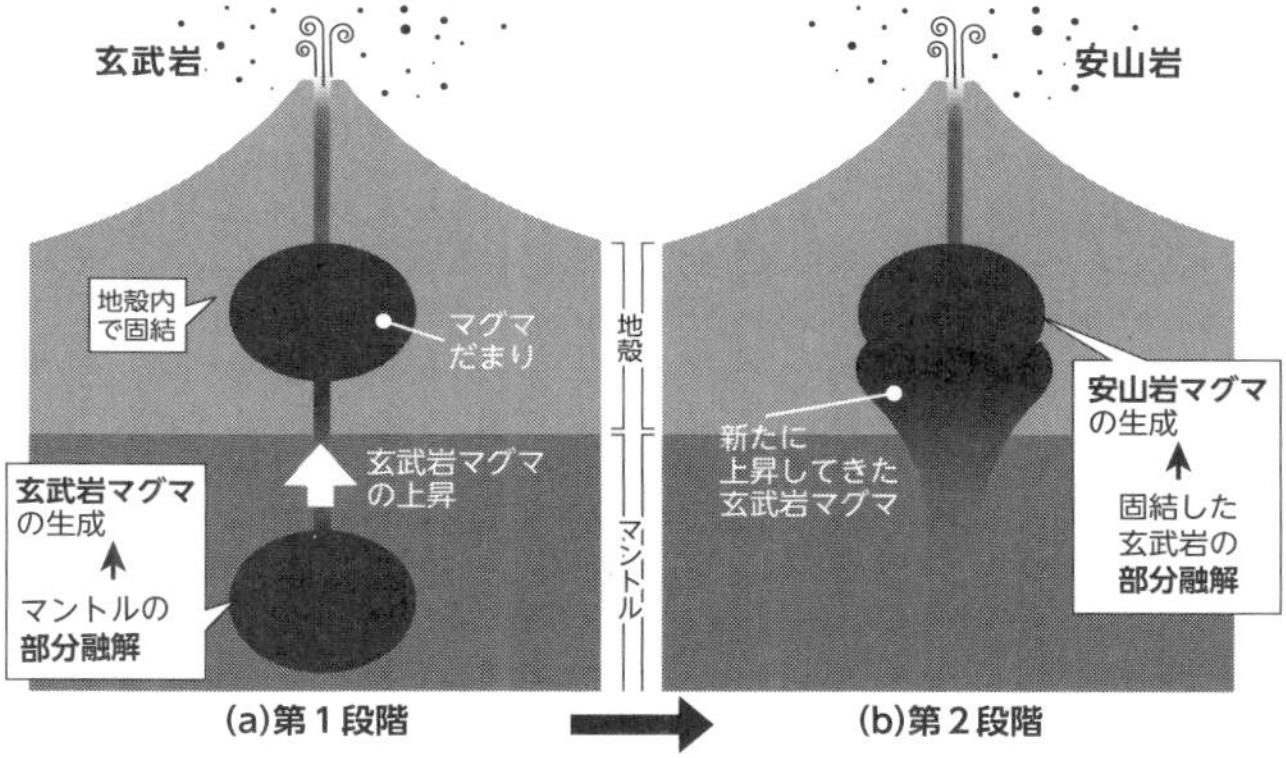

図3.4　安山岩マグマを生成する2段階の部分融解

かんらん岩が部分融解すると、もとの岩石よりもシリカの濃いマグマが生成します。ただ、融解条件によって、生じるマグマのシリカの濃さは異なります。その濃さのちがいが、玄武岩マグマになるか安山岩マグマになるかを分けるのです。

従来、安山岩マグマ——シリカに富むマグマ——をつくるには、2段階の部分融解が必要だと考えられてきました 図3・4 。

中央海嶺やホットスポットで起きる減圧融解が第1段階です。この部分融解では、マントルを構成するかんらん岩からシリカ50%の玄武岩マグマが生成します。そのマグマが海洋地殻やハワイ島などの海洋島をつくります。

玄武岩質の地殻が形成されたあとも、その下のマントルではかんらん岩の部分融解と玄武岩マグマの上昇が続きます。玄武岩マグマが上昇して海洋地殻内に貫入すると、地殻の岩石（玄武岩）はマグマに加熱されることになります。その結果、玄武岩地殻の部分融解——地殻の再融解——が引き起こされるのです。これが第2段階の部分融解です。

このとき、玄武岩地殻が半分ほど溶けると、シリカ60%の安山岩マグマが生成します。それが冷え固まることで安山岩地殻をつくった、というのが従来の常識でした。

しかし、この常識に対して、素朴な疑問もわいてきます。

なぜ火星と金星には玄武岩しかないのでしょうか？　これらの惑星の表面は玄武岩地殻で覆われ、その下にかんらん岩からなるマントルがあります。そして、火山活動が起きています。たとえば、火星のオリンポス山では大量の玄武岩マグマが噴出しており、その潜熱は膨大です。玄武岩地殻で第2段階の部分融解（再融解）が起きて、安山岩マグマが発生していてもおかしくなさそうです。

また、地球においても、ハワイでつねに玄武岩マグマが噴出する理由がわかりません。巨大な山体の地下から継続的に高温の玄武岩マグマが上昇しているのですから、第2段階の融解が起きて、安山岩マグマが生成してもよさそうなものです。

常識を疑ってみる必要があるのかもしれません。じつは、この「安山岩は2段階の部分融解で生じる」という考えの背後には、ひとつの前提がありました。それは、「かんらん岩の一度の部分融解では、シリカ60％の安山岩マグマは生成しえない」というものです。

2段階融解は必要か？——久城育夫の先見

かんらん岩の一度の部分融解により安山岩マグマが生じることは、本当にありえないのでしょうか？

かんらん岩の融解については、室内実験から多くの知見が得られています。地球内部の高温高圧環境を室内（実験装置内）で再現し、その環境下で実際に岩石を溶かすという実験（高温高圧実験）です。どのような条件でどのようなマグマが生じるか、直接的に確認することができます。

この高温高圧実験において、日本人研究者は世界をリードしてきました。とくに中心的な役割を果たしたひとりが、序章でも紹介した久城育夫——私の指導教官——です。

久城は1970年代から、安山岩マグマの生成について新しい考えを提案していました[5]。それは、マントル（かんらん岩）に水を加えると1段階の部分融解で安山岩マグマが生じる、というものでした。私が言い出すまでもなく、常識の前提には疑いの目が向けられていたのです。マン

トルと平衡共存する高マグネシウム安山岩の存在も報告されていました。[6・7]

じつは、高温高圧実験により、かんらん岩の溶け方が水の量によって大きく変わることもわかっていました。[8] かんらん岩に水を加えると、主要鉱物であるかんらん石の安定な温度・圧力領域が広がっていくのです。そのため、ある温度・圧力条件では、輝石からかんらん石とマグマができる反応へと移行します。この反応でできるマグマのシリカ濃度は安山岩レベルとなります。

このような実験結果が出ていたものの、実際に大量の水が加わってマントルが溶けているはずの伊豆諸島の火山――これらも沈み込み帯の火山列の一部――では、安山岩マグマではなく玄武岩マグマが噴出しているのも事実です。安山岩マグマを生成するのに、水を加えるだけでは不十分でした。久城の〝安山岩成因論〟は95％完成していたものの、まだ不完全だったのです。

じつはその後、マントルの岩石（かんらん岩）に水を加えて高温高圧実験をおこなった例も出てきます。[9] この実験では、1GPa（約1万気圧）という比較的低圧の条件のもとで安山岩マグマが生じました。「比較的低圧の条件」が重要なポイントです。

従来のマントル融解実験は、厚さ30㎞以上の大陸地殻の下のマントルを想定していたため、1GPa以上の圧力条件下で実施されていました。このような圧力では、水を加えてかんらん岩を部分融解させても、玄武岩マグマしか生じません。

水とともに重要な条件は圧力でした。マントルに水を加えて、地表に近い低圧条件下で溶かすことで、初めて安山岩マグマが生じるのです。この先は、圧力条件によって変化するかんらん石の融解について、細かく見ていきます。

相平衡図の読み方

ここで、理論的な考察をしてみましょう。マントルの大部分はかんらん石と輝石で構成されています。そこで、これらの鉱物組成の端成分である Mg_2SiO_4 と SiO_2 のみからなる系[※1]の溶け方を考えます（現実のマントルは多成分からなるので、もっと複雑です）。この2成分系の溶ける条件は実験的に確かめられており、相平衡図が描かれています。

図3.5 の相平衡図を見てください。横軸に成分（シリカの組成比）、縦軸に温度をとっています。相平衡図はマントルの環境を単純化して表すものととらえてください。定量的な温度や圧力の値は現実のものとは多少異なりますが、マントルの溶け方、マグマのでき方をわかりやすく示してくれます。

※1　〝系〟とは、実験室で再現される単純化された空間・システムのことです。

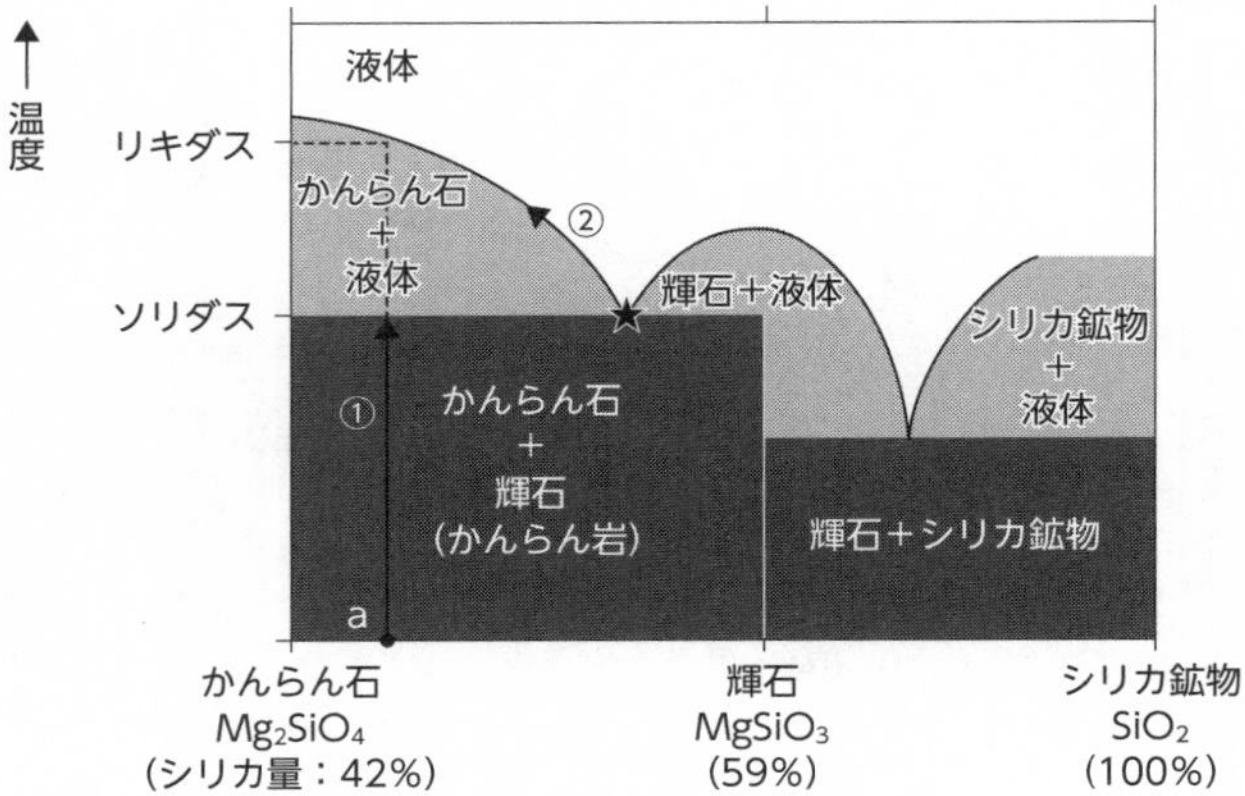

a：もとの岩石の組織（かんらん石：輝石＝8：2）
★：ソリダスで生じる液体の温度と組成
①：かんらん岩の温度上昇（ソリダスまで）
②：かんらん岩が溶けて生じる液体の温度（ソリダス以上）と組成の変化

図3.5 相平衡図の見方

横軸の下には、左からかんらん石、輝石、シリカ鉱物と3種の鉱物が並んでいます。これは鉱物中のシリカの組成比の順です。各鉱物名の下にはそのシリカ組成比（重量％）が示されていて、かんらん石では42％、輝石では59％、シリカそのものであるシリカ鉱物では100％です。かんらん石と輝石にはマグネシウムのほかに鉄もふくまれるので、天然の鉱物のシリカ組成比はこれらの値よりもすこし小さめです。

この図では、温度の低い領域では固体の状態です。図の左下の――「かんらん石＋輝石（かんらん岩）」と記した――領域が溶ける前の（固体の）マントルを表しています。

例として、かんらん石が8割、輝石が2割という組み合わせの岩石の融解を考えてみましょう。この岩石の横軸上での位置は、かんらん石と輝石の間を2：8で内分する点aです。温度を上げたことを考えて、点aから上へ視点を動かしてみましょう。

点aから矢印①に沿って上に進むと、ある温度（ソリダス）までは固体（かんらん石と輝石の集合体）です。温度がソリダスを超えた領域では、一部が溶けた状態（かんらん石と液体の混ざった状態）が続きます。そして、温度がリキダスを超えると液体だけになります。

この図では、鉱物の組み合わせが同一であれば、その量比にかかわらず、ソリダス（「かんらん石＋輝石」の溶けはじめる温度）が一定であることが表現されています（2・1節で述べたとおり）。かんらん石（シリカ量42％）から輝石（59％）の範囲であれば、点a以外の点からスタートしても、同じ温度で融けはじめるということです。一方で、リキダス（「かんらん石＋液体」と「液体」の境界の高さ）はどこからスタートするかによって変化します。もともとの岩石にかんらん石成分が多いほど（図では左に行くほど）、リキダスは高くなるのです。

本書では、相平衡図上で星印を使って、ソリダスで生じる液体の組成を示すことにします。かんらん岩の温度がソリダスである間は、生じる液体の組成は星印の横軸上の位置から変化しません。かんらん岩を加熱し続け、温度がソリダスを超えると、生じる液体の温度と組成が変わりはじめます。この変化は矢印②に沿って、温度がリキダスに達するまで進みます。マントルの融解においては、リキダスは高温すぎて現実には達成しないので、ソリダスがもっとも重要です。

このように、図中の位置がマントルやマグマの組成と温度の状態を表しています。同じ図から、どのようにマントルが溶けて、どのような液体ができて、どのように固体の成分と液体の成分が変化するのかを読み取ることもできます。

次項から、圧力の高い場合と低い場合に分けて、さらにくわしく相平衡図を見ていきます。

高圧のマントルの溶け方

図3・6を見ながら、圧力の高いマントル（かんらん岩）の融解を考えましょう。この図は図3・5とほとんど同じ内容です。ソリダスをT_1、リキダスをT_2で表しました。

また、ソリダスで生じる液体の組成（星印の横軸上の位置）を点bとします。点bは、横軸上ではかんらん石と輝石の間を7：3で内分した位置です。つまり、この液体にはかんらん石が3割、輝石が7割溶け込んでいます（もしこの液体を冷やして固めると、かんらん石を3：7の割合でふくむ岩石となります）。

この相平衡図が示すように、岩石を溶かして生じる液体の組成は、もとの岩石の組成とは別物です。もともとの岩石のもつかんらん石と輝石の比より、輝石に富む（シリカが多い）液体が生

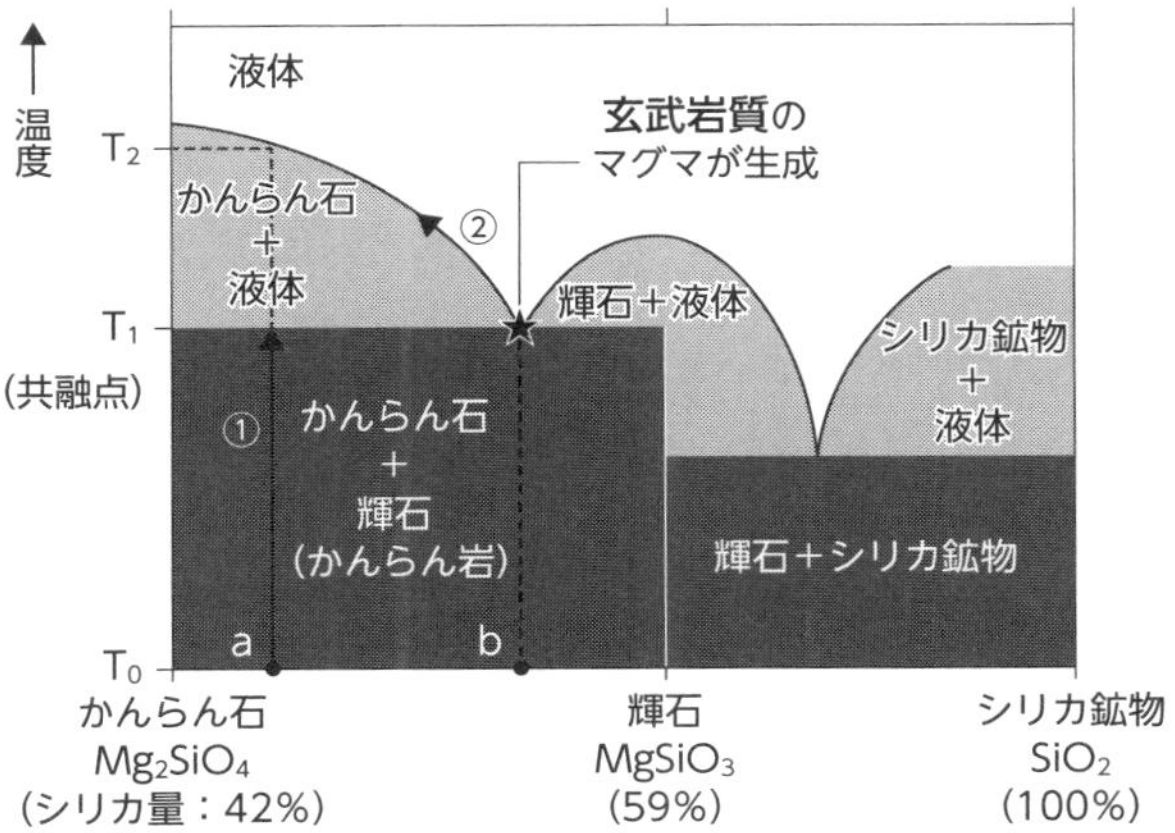

図3.6 高圧のマントルの相平衡図

じるのです（ほとんどのマントルでそうなります）。

ふたたび岩石の変化を考えましょう。温度がソリダスT_1に達したあと、かんらん石と輝石が残っているかぎり、さらに熱を加えても岩石の温度は上がりません。加えた熱は鉱物の融解に使われ、固体が減り、液体が増えていきます。そしてこの間、生じる液体の組成はｂのまま一定です。

しかし、もとの岩石の組成ａでは輝石が少ないうえに、輝石のほうが溶けやすい（液体の組成ｂはかんらん石より輝石成分に富む）ので、ある程度まで溶けると、マントル中の輝石が溶けきってなくなります。つまり、固体としてはかんらん石だけが残り、かんらん石と組成ｂの液体が共存する状態になるのです。

その後さらに熱を加えていくと、残ったかんらん石が溶けながら、温度が上がりはじめます。この間、固体の組成はかんらん石100%のまま変化しませんが、量が減っていきます。溶けるのはかんらん石のみなので、液体の組成は徐々に組成bよりもかんらん石に富んでいきます（矢印②）。

温度がリキダスT_2に達するまで熱を加え続けると、かんらん石もすべて溶けきって固体がなくなり、組成aの液体だけになります。

マグマは、固体であるマントルが局所的、一時的に溶けてできるものですから、その温度はマントルのソリダスと等しく、組成もソリダスで生じる液体に近いと考えられます。マントルの圧力が高い場合、ソリダスの液体のシリカ量はかんらん石（42%）と輝石（59%）の間、つまり玄武岩組成（b）です。この液体は、かんらん石と輝石の両方が溶けて形成されるので、この場合のソリダスは〝**共融点**〟とも呼ばれます。共融点をもつ相平衡図で表される系（ある圧力のマントルの状態）を〝共融系〟といいます。

ここで注意したいことがあります。それは、ソリダスがつねに共融点であるとは限らないということです。次項でくわしく見ていきます。

低圧のマントルの溶け方

ここからは、図3・7を見て、圧力の低いマントルの溶け方を考えましょう。図3・6と似ていますが、よく見るといくつかちがいがあります。

圧力のちがいによる相平衡図の変化として、まずはソリダスの温度T_3を見てください。図3・6と比べると、T_1より低い温度で溶け（液体を生じ）はじめることがわかります。

また、圧力が低いほど、ソリダスで生じる液体の組成はどんどんシリカに富んでいきます（つまり、星印が右側へと移動していくということです）。液体の組成が輝石よりシリカに富む場合もあり、図3・7はまさにそのような図です（液体を表す星印の横軸上の点cは、輝石のシリカ組成比よりも右側に位置しています）。この液体は安山岩質です。

この相平衡図のソリダスT_3は共融点ではなく、〝**反応点**〟と呼ばれます。なぜなら、この場合、溶けているのは輝石だけだからです。反応点では、かんらん石は溶けず、輝石が安山岩質の液体とかんらん石になるという反応が進みます。つまり、反応点ではかんらん石は減るどころか、増えていくのです。

このように、マントルの圧力の大きさがちがえば、ソリダス（共融点か反応点）で生じる液体

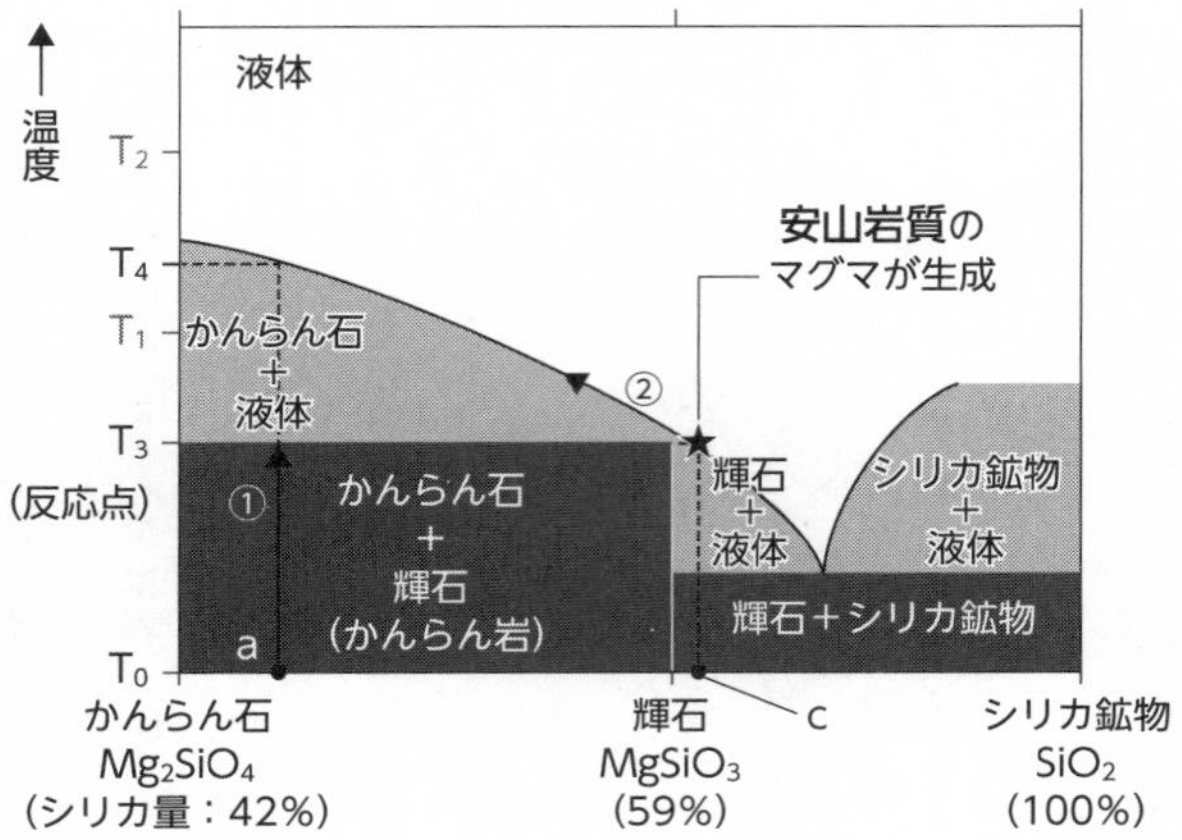

図3.7 低圧のマントルの相平衡図

は別物です。マグマの組成は2通りです――圧力が高い場合、共融点でできた玄武岩マグマ（シリカ成分が50％前後の組成b）が生じ 図3.6 、圧力が低い場合は、反応点で安山岩マグマ（シリカ成分が60％前後の組成c）となります 図3.7 。

図3.7 の読み解きをもう少し続けましょう。ソリダス（反応点）T_3に達してからも熱を加え続けると、輝石が全部溶けきるまで、温度一定のまま組成cの液体が生じ続けます。輝石が全部溶け、かんらん石と液体だけとなるのは、高圧の場合と同様です。その後は、温度の上昇とともにかんらん石が溶けるため、液体の組成は矢印②に沿ってかんらん石成分に富むものへと変化していきます。

ここまで、かんらん岩が溶けて生じる液体を中心に見てきましたが、固体側にもう少し注目してみます。前に述べたとおり、地球内部で岩石の温度がリキダスに達することはなく、固体が必ず溶け残ります。ソリダスで融解が続くと、まず輝石が溶けきるのでした。圧力が高く、ソリダスが共融点である場合も、圧力が低く、ソリダスが反応点である場合も、もともとふくまれる輝石が溶けきった時点で、固体はかんらん石のみとなります。この融け残りかんらん岩はダナイトです。

マントルの融解による安山岩マグマの生成

先に示した相平衡図（図3・6と図3・7）を見ると、安山岩のつくり方が2段階融解だけではないことがわかります。

圧力が1GPaより低くなると、かんらん石と輝石の共融関係は破綻し、反応関係へと移行します。つまり、かんらん石と輝石の粒間でかんらん石は溶けず、輝石だけが溶けはじめるのです。輝石が溶けると、かんらん石と液体が生じます。この条件でできるマグマは、輝石よりもシリカに富む安山岩マグマです。

まとめましょう。水をふくんだマントルが高い圧力で部分融解すると、シリカの少ない玄武岩マグマが生成します。一方で、低い圧力（1GPa以下）で部分融解すると、シリカに富む安山岩マグマが生成します。

玄武岩マグマと安山岩マグマのどちらが生成するかを分ける境界の圧力は1GPaですが、これは地球内部の深さに換算すれば30㎞に相当します。つまり、マントルの部分融解で生じるマグマは、30㎞以深では玄武岩マグマ、30㎞以浅では安山岩マグマなのです。

大陸地殻の材料ができる条件

安山岩マグマのできる条件がわかってきたので、いよいよ大陸地殻の材料の形成について考えましょう。第3の謎「大陸の材料ができる条件は何か？」の解決編です。

現在観察できる大陸地殻は、長い年月をかけて変成や変形といった作用を受けています。そのため、現在の大陸地殻に注意を奪われてはいけません。もともとの大陸地殻、つまり変成も変形も受ける前の大陸地殻の材料をどのようにしてつくるかが、最重要問題となります。大陸地殻の平均組成は安山岩なので、安山岩をいかにつくるか、という問題に帰結します。

大陸地殻の材料は、上部マントルで生成した安山岩マグマが地表に噴出し、冷え固まってできます。したがって、知りたいのは、上部マントルで安山岩マグマが生成する条件です。

その条件は、まず水があることです。マントルに水がふくまれるのは、沈み込み帯です。沈み込む海洋プレートが地球内部に水（含水鉱物）を運びますが、ある深さ（圧力）でその水を吐き出すため、上盤プレートのマントルウェッジに水が供給されるのでした。

もうひとつの条件は、圧力が1GPa以下であること、つまり海底面または地面から30㎞よりも浅い領域であることです。上盤側の地殻が30㎞よりもぶ厚い場所では、この条件を満たせません。すると、経験的な事実と食い違って、困ったことになります。

日本列島周辺では、「陸上の火山では安山岩マグマが噴出し、海洋では玄武岩マグマが噴出する」というのが経験的な事実でした。日本列島の大部分の地殻は厚さが30㎞を超えていて、大陸の一部であるといえます。そして、その火山の多くが安山岩マグマを噴出しています。一方、海洋プレートであるフィリピン海プレート上の伊豆の火山島は、ほとんど玄武岩マグマしか噴出しません。相平衡図を用いた考察によれば、安山岩マグマは薄い地殻の下のマントルで生じるはずなのに、日本列島の大陸地殻で覆われた領域で噴出しています。しかも、地殻が薄いはずの海洋で、玄武岩マグマが噴出しているのです。

この経験的な事実をもとに考えると、さらに困ったことになります。3・1節で考えたとおり、初期の地球が火星や金星と同じように玄武岩からなる海洋地殻に覆われていたとしましょう。「海洋では玄武岩マグマが噴出する」という常識が正しいならば、地球では（でも）安山岩マグマが噴出せず、大陸ができないことになってしまいます。これは、「大陸がなければ大陸ができない」という、因果性のジレンマです。

最近の研究成果から、このジレンマは解決されつつあります。

まず、日本列島の火山が噴出する安山岩マグマは、上部マントルの部分融解で生じたマグマではありませんでした。大陸地殻の再融解により生成しています（第2章参照）。新たに大陸地殻の材料がつくられているというより、大陸地殻がリサイクルされているようなものです。

また、伊豆小笠原弧はかつて考えられていたほど地殻の薄い場所ではありませんでした。地震探査から、大陸と同等の厚さ30㎞の地殻で覆われていることがわかってきました（1・2節参照）。伊豆諸島の下のマントルは、安山岩マグマを生成するには圧力が高すぎたのです。

さらにわれわれの新しい発見が、すべてのジレンマを解決することになりました。この発見については、次章でくわしく説明します。

3•3 初生マグマはどこにある？――結晶分化作用と海底火山

マントルでマグマが生じる条件がわかりましたが、いくらマグマが生成しても、上昇してこなければ海洋地殻や大陸地殻の材料にはなりえません。また、マグマが多様である理由として、「決して同じ状態では存在しないから」と序章で述べました。本節では、マントルで生じたマグマの変化と上昇過程をくわしく見ていきます。

マグマはどうやって地上に来るか？ ― マントルダイアピル

沈み込み帯の火山活動は１００万年以上継続することはほぼありません。火山には数十万年の寿命があるということです。このことは、ひとつの火山活動を継続させる有限の（無限ではない）マグマの源の存在を示唆します。このマグマ源はマントルウェッジ内に存在する、部分融解したマントルのかたまりです。それを**マントルダイアピル**と呼びます。一般的に火山の広がりから、マントルダイアピルは直径10㎞くらいのかたまりと推測できます。

マントルダイアピルが形成され、上昇する過程は、（第2章の復習もふくみますが）以下のように説明できます 図3-8 。

マントルウェッジは沈み込むプレート（スラブ）から水を受け取り、水の一部は含水鉱物をつくります。含水鉱物は、通常のかんらん岩を形成するかんらん石や輝石よりも小さな密度をもちます。さらに、水をふくんだかんらん岩の融点は劇的に低下するので、部分融解を起こします。含水鉱物をふくみ、部分融解したマントルは周辺のマントルよりも密度が小さいので、浮力を得ます。それがマントルダイアピルとして上昇します。ダイアピルの上昇速度は理論的に計算可能で、年50㎝くらいです。スラブ直上から地殻の下まで約10万年かけて上昇してきて、ある深さで停滞し、地殻に向かってマグマを供給することになります。上昇することによって、加水融解に加えて減圧融解も引き起こします。ただし、もとの温度が1000℃以下なら、マグマは生成できません。

できたばかりのマントルダイアピルの温度は、深さ約100㎞のスラブ直上の温度と等しいので、せいぜい1000℃くらいです。

マントルダイアピルが上昇するマントルウェッジは、上下から地殻とスラブに挟まれています。地殻もスラブも地表で冷やされた領域なので、マントルウェッジは上下から冷やされる形で

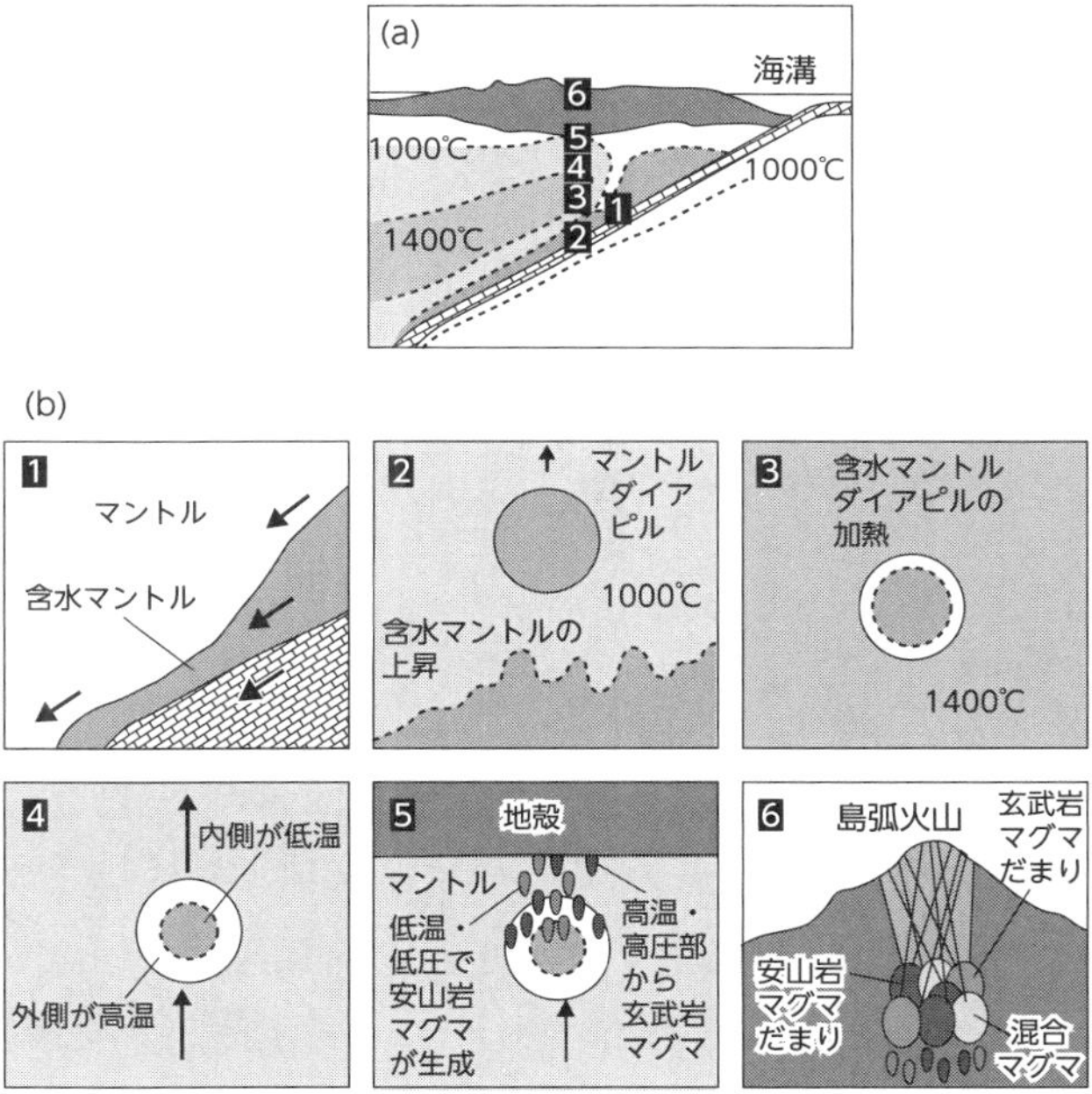

図3.8　沈み込み帯のマントルウェッジで起きるマグマ活動

スラブの直上でマントルダイアピルができて上昇する。それがマントルウェッジで、ホットフィンガーにより加熱される。マントルダイアピルからマグマが生成・分離する深さによって、玄武岩質か安山岩質かが決まる（深い高圧のマントルでは玄武岩マグマ、浅い低圧のマントルでは安山岩マグマを生成）。

す。その内部で最も高温となる深さは50～60㎞のあたりです。

沈み込み帯の火山活動を支えているのは、マントルダイアピルを加熱する〝ヒーター〟です。マントルダイアピルの内部まで加熱することはできませんが、外側は十分に熱されて、大量のマグマを生成することがあります。ヒーターと出合えなければ、マントルダイアピルはマグマを生じません。マントルダイアピルのヒーターとは、2・3節で紹介したホットフィンガーです。

ここで興味深いのは、マントルウェッジがスラブから受け取る水は高温・高圧状態のため、さまざまな成分を溶かし込んでいることです。そのため、マントルダイアピルに由来する沈み込み帯のマグマの化学組成は、スラブから供給された水の特徴を反映しています。

初生マグマと結晶分化作用

前節で相平衡図を使って発生条件や組成を見たのは、かんらん岩が溶けた直後のマグマでした。これを〝**初生マグマ**〟といいます。高圧のマントルで生じる初生マグマは玄武岩質で、低圧(1GPa以下)のマントルでは安山岩質の初生マグマが生じることがわかりました。

序章で登場した生マグマとまぎらわしいですが、初生マグマと生マグマは異なる概念です。生マグマは解凍マグマと区別されるもので、まだ一度も冷え固まっていないマグマのことでした。生マグマが初生マグマであるかというと、そうとは限りません。初生マグマが生じてから、生マ

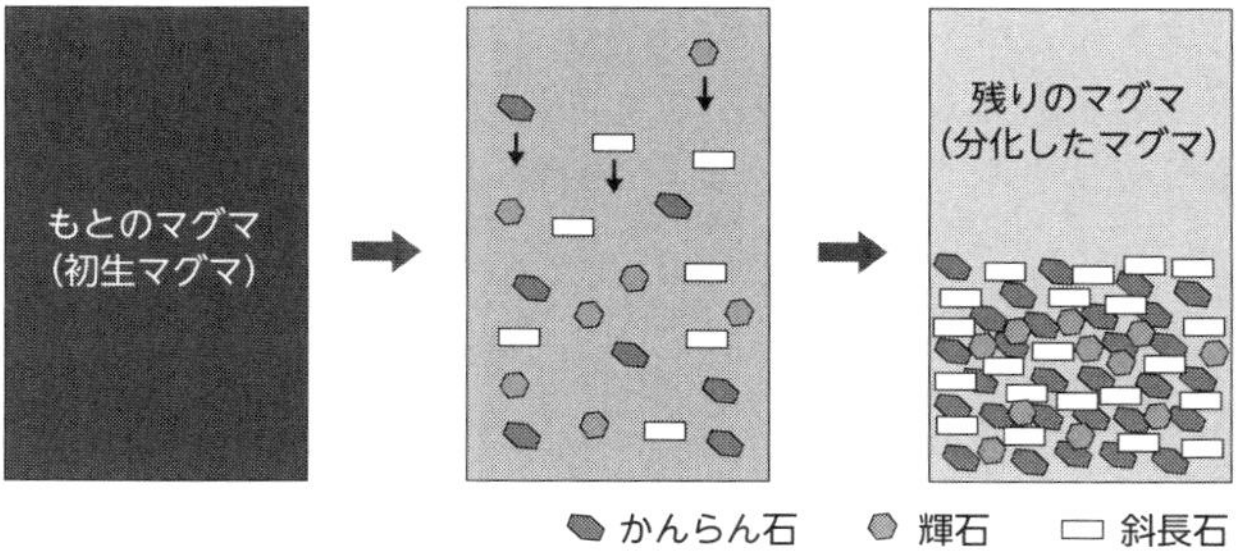

図3.9 結晶分化作用

グマとして冷え固まるまでの間に、必ず変化が起こるのです。初生マグマに起こる変化とは、**結晶分化作用**です。

マントルで生じた初生マグマがそのままいっきに地表へ上昇することはまずありません。噴出するまでの間に、たとえばマグマだまりなどで滞留します。マントルから地表にいたるマグマの通路を火道《かどう》といいますが、その途中でマグマが上昇を止めてしまうイメージです。

滞留中にマグマの温度は少しずつ下がっていき、結晶（鉱物）が晶出します。すると、結晶は液体よりも重い（比重が大きい）場合が多いので、沈んでいきます——晶出しやすい鉱物から優先的に、マグマから分離していくのです。この過程が結晶分化作用です（図3.9）。温度の低下とともに結晶分化が進み、マグマの組成は変化してしまいます。

結晶分化が進むほど、マグマ（液体）はシリカに富み、マグネシウムに乏しくなります。そのため、初生マグマとしては玄武岩質だったものが、滞留中に安山岩マグマへと変化することがあるのです。分化して安山岩質になったマグマは少量であり、かつ大陸地殻とは異なるマグネシウム量の少ない岩石となります。

われわれが大陸の謎に迫るために探すべきものが絞られてきました。それは〝生の初生（に近い）安山岩マグマ〟です。解凍マグマではなく、また結晶分化も進んでいない、安山岩質のマグマを探すということです。したがって、結晶分化を経てできた安山岩マグマと初生マグマとしての安山岩マグマとを見分ける必要があります。

未分化マグマが見つかる場所

とはいっても、初生マグマは基本的に手にはいりません。その定義上、初生マグマが存在するのはマントルです。1・1節で述べたとおり、私たち人類は地殻を掘り抜いてマントルに到達したことがありません。そのため、初生マグマを採取することは不可能だと考えられていました。

そんな中、私はJAMSTECで海底火山を研究しているうちに、不思議なことに気づきました。深海で採取した玄武岩の組成を見ると、陸上の火山で採取された玄武岩よりマグネシウム量が多い、つまり初生マグマに近いのです。初生マグマに近いマグマを〝**未分化マグマ**〟といいます。海底火山の周辺では、未分化マグマが冷え固まった溶岩が次々に見つかりました。

とくに、水深2000mより深い海底で噴出したマグマは、それより浅いところで噴出したマ

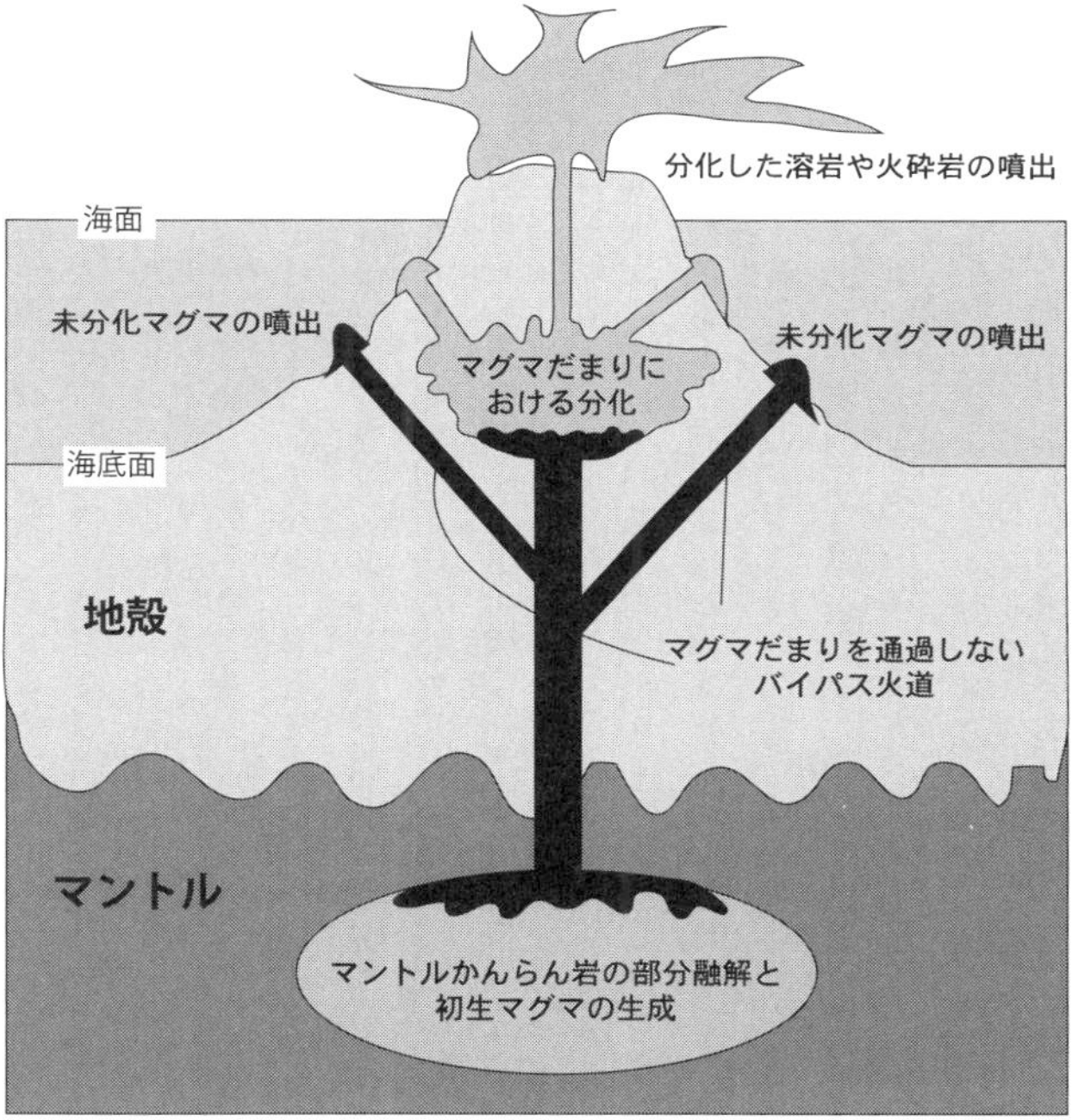

図3.10　海底火山の火道のバイパス

グマより分化が進んでいない、ということに、われわれは初めて気がついたのです。

このことから、海底火山の火道には、バイパスのようなものが存在しているのかもしれない、というアイデアを思いつきました 図3・10。つまり、初生マグマがマグマだまりを経由せず、未分化のまま海底に噴出しているということです。なお、大陸地殻はぶ厚いので、そうしたバイパスができるとは考えられません。もしこのアイデアが正しいとすれば、海底火山を調査することで生の未分化安山岩マグマ（がつくった岩石）を見つけられる可能性があります。

2010年、無人探査機を使ってマリアナ弧の海底火山を調査する機会を得ました。マリアナ弧は、フィリピン海プレート上の火山列——火山島となっているものも多く、それらはマリアナ諸島と呼ばれます——で、太平洋プレートの沈み込みにともなう火山フロントです。調査地域として、海底火山の中でもできるだけ深いものをターゲットとしました。

マリアナの海底火山周辺では枕状溶岩が採取されました。枕状溶岩とは、海底に噴出する特徴的な溶岩で、先端部が楕円体かそれに近い丸みを帯びた団塊の集合からなる溶岩流のことです。採取した枕状溶岩の表面には縄状のしわや、急冷され固まった表面が内部のドロドロの部分に押され、拡張したときにはいった割れ目などの特徴が見られました。

とくにパガン島という海底火山（火山島）で採取した枕状溶岩は、表面に堆積物もなく、非常に新鮮でした 図3・11。パガン島はマリアナ諸島で最大の火山島で、標高570mの活火山です。火山の本体の大部分は海面下にあり、麓は水深3000mまで続いています。

ここで採取した枕状溶岩は玄武岩でしたが、マグネシウム（MgO）が10％以上もふくまれていました。通常の玄武岩マグマのマグネシウム量は5~6％ですから、驚くべき組成でした。先ほども述べたとおり、マグネシウムが多いということは、未分化マグマが冷え固まったことを示唆します。パガン島では、沈み込み帯のマントルウェッジで生成した玄武岩質の初生マグマが、未分化マグマの溶岩流として噴出したことがわかりました。

われわれが発見した溶岩は、人類が初めて手にする、限りなく初生マグマに近い溶岩でした。この発見は、室内実験でしか初生マグマを調べられない状況を一変させました。

パガン島に続いて、未分化なマグマからな

図3.11 **枕状溶岩**

2010年7月10日、マリアナ諸島パガン島近くの海底で撮影
[提供／JAMSTEC]

る溶岩が世界中で見つかっています。一方で、陸上ではそうした溶岩は見つかりません。陸上で見つからない初生（未分化）マグマが海底では見つかるのです。

ミッション・イミッシブル仮説

パガン島で採取された、初生マグマが冷え固まった溶岩をくわしく紹介する前に、沈み込み帯のマントルウェッジにおける加水融解について、いままで以上にくわしく説明しておきます。ここまでは、沈み込む海洋プレートから上盤プレートのマントルウェッジに水が供給される、と述べてきました。この過程は実際にはかなり複雑です。

2・3節で説明したとおり、沈み込む海洋プレート（スラブ）のマントルを構成する蛇紋石が、圧力の効果で水を吐き出します。この水はマントルの上の地殻と海底堆積物の層を通り抜け、マントルウェッジに供給されます。ただし、水が何事もなく堆積物を通り抜けるわけではありません。堆積物はおもにケイ酸塩と炭酸塩ですが、これらは蛇紋石が吐き出した水に溶けていきます。

従来は、水と水に溶けた堆積物（メルト）とが、上盤側のマントルを溶かしてマグマを発生させる、と考えられてきました。水と堆積物メルトの混合物がマントルの融点を下げ、マントルを溶かしてマグマを生成するというわけです。この考えが正しいのであれば、沈み込み帯で発生するマグマには、必ず水とメルトの両方がふくまれるはずです。

われわれがパガン島で採取した溶岩から、冷え固まる前の未分化マグマの組成が明らかになりました。そして未分化マグマには、「水に富むマグマ」と「メルトに富むマグマ」の2種類があることがわかりました。これらの異なるマグマが、同時期に隣接した場所で噴出していたのです。このことはつまり、水とメルトが別々にマントルに加わり、別々にマグマを生成したことを示唆します。この観測事実には、従来の考えが通用しません。

われわれはこの2種類のマグマの共存を説明する、〝ミッション・イミッシブル仮説※2〟を提案しました[10]。イミッシブル（immiscible）は「混ざらない」という意味の言葉です。液体どうしがイミッシブルな状態を〝液体不混和〟といいます。ミッション・イミッシブル仮説は、水とメルトが不混和の液体としてマントルウェッジに供給され、別々にマントルの融解を促している、という考えです。海底で採取された2種類の未分化マグマは、これら2種類の液体の影響を受けて発生したのでしょう。ただし厳密には、メルトにも水がふくまれています。水とメルトに分けて考

※2　この仮説の名前は、トム・クルーズが主演を務めるスパイ映画のタイトルのもじりです。

えるよりも、水をふくむ媒体が2つあると考えたほうが正確です。

採取した溶岩を分析することで、マントルの融解を促した水をふくむ媒体の正体がわかります。一方は、シリカを多くふくんだケイ酸塩メルトであり、もう一方は、炭酸塩メルト（カーボナタイト）でした。スラブ直上の堆積物はケイ酸塩と炭酸塩ですから、2種類の媒体はこれらの堆積物に由来していると考えられます。沈み込み帯においては、沈み込む海洋スラブから上盤プレートへケイ酸塩メルトとカーボナタイトが不混和な状態で供給され、マントルウェッジの部分融解を促しているのです。ケイ酸塩メルトとカーボナタイトの不混和は実験的に検証されています。

こうして、海洋プレート、マントルウェッジ、マグマをつなぐ新知見が得られました。1つの火山に不混和なスラブ流体に由来する2つの初生マグマが存在するのです。

3•4 中央海嶺でも加水融解が起きている？ ——モホ面の謎

最近の研究から、中央海嶺でも安山岩マグマが生成する可能性が見えてきました。中央海嶺下のマントルは、沈み込み帯のマントルウェッジとちがって水がなく、玄武岩マグマしか生じえない、というのが従来の考えです。われわれの新たな発見がこれを覆しました。この話題は、地殻とマントルの境界に関する謎につながります。

中央海嶺における加水融解

従来の教科書的な説明では、中央海嶺のマグマ活動は「無水のマントルの減圧融解により、玄武岩マグマが生じ、中央海嶺玄武岩が形成されている」ということになります。ところが、中央海嶺の下のマントルには、沈み込み帯とは別の形で水が供給されていることが、次のようにわかってきました。

くり返しになりますが、中央海嶺は海底が拡大する場所です。ここでは、地殻に引っ張る力がかかります。そのため必然的に、正断層が発達します。この正断層に沿って海水が染み込み、その一部はマントルに達しているようなのです。

もともと減圧融解が起きている中央海嶺下のマントルに海水が沈み込むと、沈み込み帯と同じく低圧で加水融解が起きます。

中央海嶺においてマントルの加水融解が起こると、海洋地殻とマントルの境界にダナイトの層が厚く生成されます（この点は後ほどくわしく説明します）。われわれはこのダナイト層が海洋底におけるモホ面である、という新しい考えを2022年に提出しました[11]。

ここで、〝モホ面〟という新しい言葉が登場しました。地球科学においてたいへん重要な概念で、本節の主役といえます。名前は与えられているものの、じつに曖昧で謎めいた存在です。

モホ面とは何だろう？

モホ面は正式には**〝モホロビチッチ不連続面〟**といい、地殻とマントルの境界面のことです。その名称は、クロアチアの地震学者、アンドリア・モホロビチッチにちなみます。

モホロビチッチがモホ面を見つけたと説明されることがありますが、彼は面状の境界を見つけたわけではありません。彼は、地震波の走時曲線を調べました。走時曲線とは、横軸に観測点（地震計の設置点）の震央（震源を地表面に投影した位置）からの距離、縦軸に発震した瞬間から観測点に地震波が到達するまでにかかった時間をとった2軸グラフです。地震が一度発生すると、多くの地震計で地震波が観測され、このグラフ上に多数のデータがプロットされます。

モホロビチッチが走時曲線からまず見いだしたのは、地震波が到達するタイミング、すなわち震央から観測点まで伝わるのにかかる時間が、その距離に完全には比例しないことでした[12]。震源に近ければ、時間と距離は比例します。しかし、ある程度以上離れた観測点では、予想された時間よりも早く到達する地震波がありました。

身近な状況にたとえてみましょう。自宅から車で遠方に行く場合、最短距離の下道を使うよりも、少し遠回りして高速道路を使うほうが短時間で目的地に到着する場合があります。つまり、通る経路によっては、時間と距離は必ずしも比例しません。モホロビチッチは、地下（地殻の下）に〝地震波の高速道路〟を発見したのです。

多数の地震波を観測して描かれた走時曲線から、全球的に地表付近と深部とでは地震波速度が異なることがわかりました。このことは、地球内部が層状に分かれている証拠であるととらえられます。

地震波にはいくつかの種類があり、種類によって伝わり方が異なります。たとえば、縦波であ

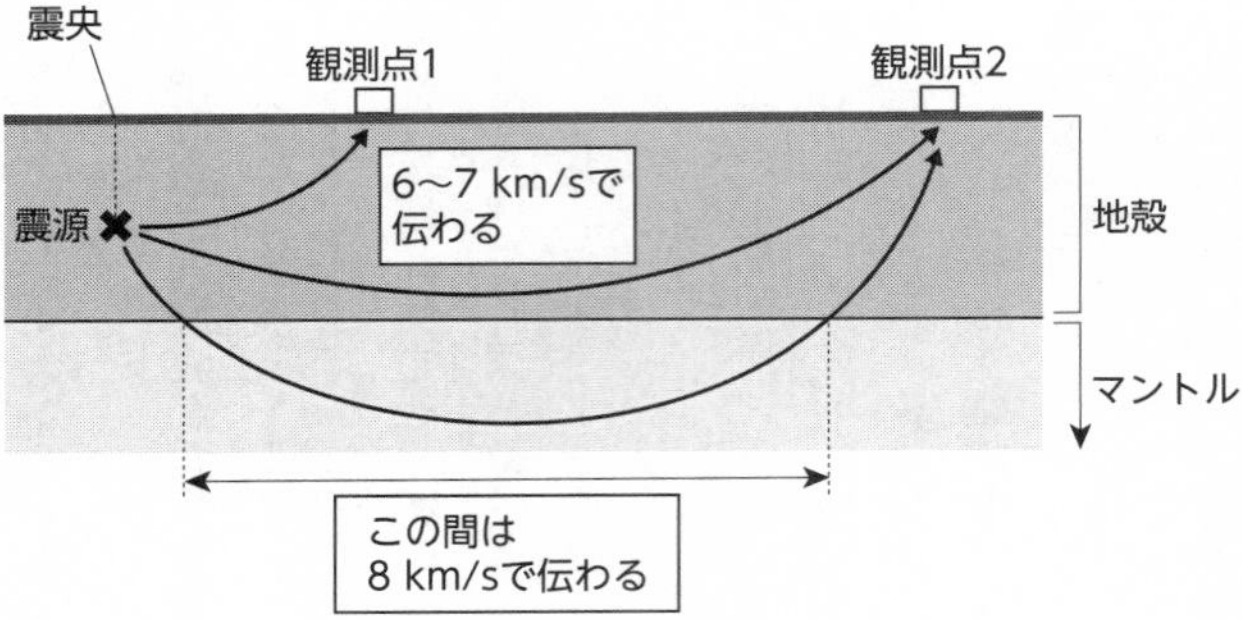

図3.12 地震波はマントルを高速で伝わる

るP波の伝播速度はその媒体（伝播する岩石）によっておおよそ決まり、地殻内で秒速6〜7㎞、マントル内では約8㎞だとわかっています。この差のため、震源からある程度以上離れた場所（地震計）には、地殻内だけを通る近道したP波より、一度マントルにはいって遠回りしたP波のほうが早く到達するのです 図3.12。

地球科学の本では、このように説明されていることが少なくありません。そのため、地震波の伝わる速度がある深さではっきりと（不連続に）変化し、そこで地殻とマントルがスパッと分けられる——その境界面がモホ面だと理解している人は少なくないでしょう。

しかし、モホ面の実態はかなりボンヤリしています。たとえば、地震学者が走時曲線にもとづいて太平洋の下の地殻とマントルの境界を描こうとすると、場所によっては1000mくらいの誤差が生じます。この誤差は地球全体の半径（約6400㎞）に比べれば非常に小さいですが、人間のスケール感からするとかなりの大きさです。つまり、地震波観測の結果から地殻－マントル境界を描くのは簡単ではないのです。

モホ反射面がない？

海底下のモホ面はおもに地震波の反射面として認識されます。地震波の伝播速度が変化するところで、一部の波が反射されるのです。1・1節では、異なる物質が接する境界で地震波が反射すると説明しましたが、もう少しくわしくいえば、音響インピーダンス（密度×地震波速度）の差が大きいところが反射面となります。密度が大きい岩石ほど地震波速度も大きいのが一般的です。地殻最下部が斑れい岩で、マントル最上部がかんらん岩であるならば、この2種類の岩石の音響インピーダンスには20％以上の差があるので、明瞭な反射面（モホ反射面）を形成するはずです。

もしプレート全体が海洋地殻で覆われているならば、その下のマントルとの境界、つまりモホ面においてもモホ反射面が普遍的に存在するはずです。しかし、実際に地震波の反射記録を見る[11]と、モホ反射面が明瞭な海洋底はまれです。ほとんどの海底面ではまったくないか、あっても不明瞭なのです。あったりなかったりするモホ反射面は、地殻－マントル境界とはみなせません。

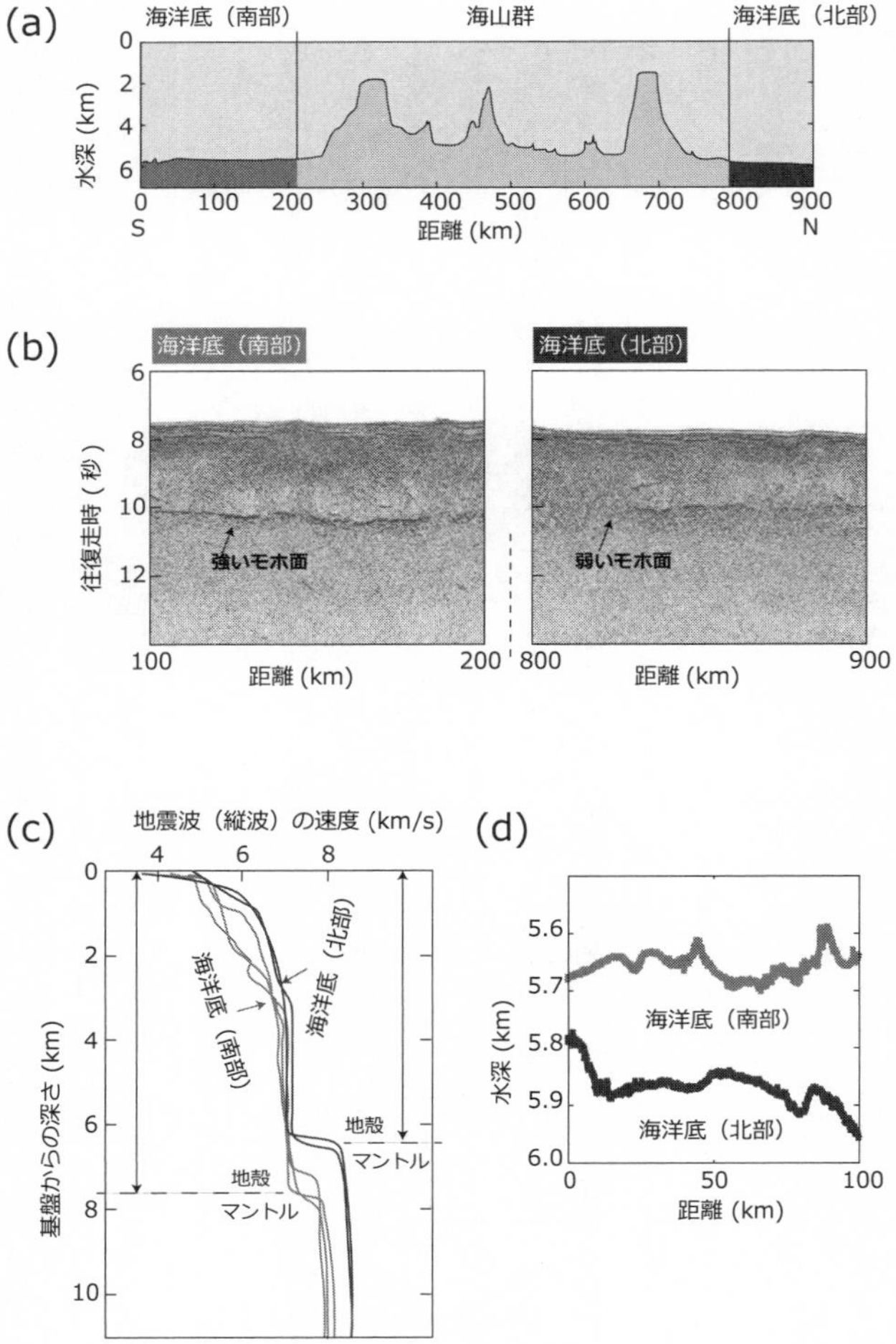

図3.13 **中央太平洋海山群のモホ反射面**

モホ反射面があったりなかったりすることの岩石学的な理由を知る必要があります。

ＪＡＭＳＴＥＣは北西太平洋において、合計で３０００㎞を超える測線で反射法地震探査と屈折法構造探査をおこないました。※3［11］その研究では、モホ反射面が明瞭な海洋底と反射面が見られない海洋底の両方が存在すること、そして、モホ反射面のない海洋底が測線上の大部分を占めることがわかっていました。新たに比較してみると、反射面の明瞭な海洋地殻は、そうでない地殻と比較して厚く、水深も浅いことがわかりました。なお、反射面の不明瞭な海域では、屈折法により地殻の厚さを決定しました。

図3.13は、中央太平洋海山群を横切る全長９００㎞の測線での探査結果です。この海山群の北部と南部はいずれも１億７０００万～１億６０００万年前（ジュラ紀）に形成された海洋底ですが、構造は明らかに異なります。南部の地殻は約７・５㎞の厚さをもち、水深は５・６～５・

※3　反射法地震探査：海面で発した音波が地下で反響して返ってきた反射波（エコー）を海面で観測し、はね返ってくるまでの時間（往復走時と呼ぶ）から、音波の反射面までの深さをとらえる調査方法。屈折法構造探査：事前に海底に設置した海底地震計に向けて海面から音波を発振し、地下深部を通って海底に戻ってくる波を受信することで深部の地震波速度構造をとらえる観測手法。

7㎞、そして明瞭なモホ反射面が見えています。北部では地殻がやや薄く（6・5㎞ほど）、水深はやや深く（5・9㎞）、モホ反射面は不明瞭かつ不連続でした[11]。

ほかの測線においても、共通する傾向がみられました。明瞭なモホ反射面を示す地殻は、そうでない地殻よりも厚く、それにともない水深が浅くなっていたのです。

ペンローズモデル

私は岩石学者として、「モホ面とは何か」を考えてきました。単純に考えると、前項でも述べたとおり、地殻下部の斑れい岩と上部マントルのかんらん岩の境界がモホ面となるはずです。しかし、地震学的なデータを精査した結果、岩石学者としての単純な考え方を改めるべきである、と自覚するようになりました。「モホ反射面がある場所とない場所がある」というデータ、とくに「海洋底の多くの場所には、はっきりとしたモホ反射面はない」というデータは、岩石学的にどのように解釈すればよいのでしょうか。

もちろん、岩石学の立場からモホ面の正体に迫ろうとする研究は、私が考えはじめるより前にはじまっています。代表的な成果を紹介します。

1・1節で紹介したオフィオライトを思い出してください。限られた場所にしかない特異な地質構造で、海洋地殻とその下のマントル最上部が陸上に露出したものでした。オフィオライトの構造は海洋地殻の普遍的な構造を示唆する存在です。ここでは、海洋地殻とマントルの境界、つまりモホ面が地表に現れているのですから、オフィオライトの観察から「モホ面とは何か？」に答えられないでしょうか。

1972年9月、広域的かつ断片的なオフィオライトの観察から海洋地殻、モホ面、上部マントルの一連の層序を確立しようという試み、「ペンローズ会議」が開催されました。このときに示された海洋地殻の模式図は〝ペンローズモデル〟と呼ばれ、現在も広く利用されています。

ペンローズモデルでは、海洋底を上位から枕状溶岩、シート状岩脈、斑れい岩、層状斑れい岩、ダナイト、ハルツバージャイトと分けています（図3.14）。このうち、枕状溶岩、シート状岩脈、斑れい岩、層状斑れい岩が海洋地殻を構成します。ダナイトとハルツバージャイトはマントル最上部を構成するかんらん岩です。

このモデルにしたがえば、層状斑れい岩とダナイトの境界こそがモホ面です。室内実験から、斑れい岩の地震波速度は5～6㎞／秒、ダナイトとハルツバージャイトでは7～8㎞／秒と知られています。地震学的に定義されたモホ面と合致しそうです。

ただし、オフィオライトは、海洋底が長い時間をかけて陸上に露出することで形成されたもの

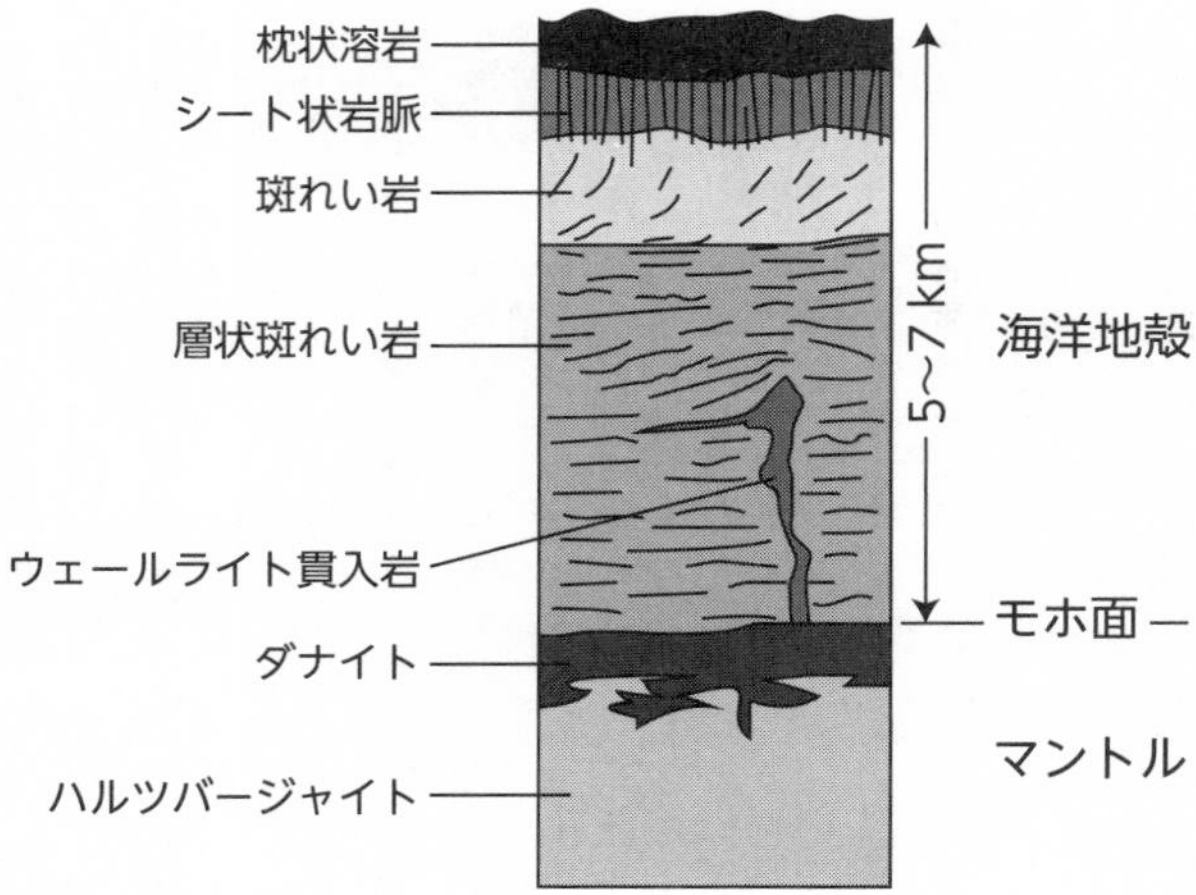

図3.14 ペンローズモデル[11]

なので、解釈に注意が必要です。大きな変形を受けているうえに、地表における水や大気の影響による風化・変質が激しいからです。オフィオライト岩体の一部を見るだけでモホ面を理解するのは、困難といえます。

そしてじつは、地上に現れた海洋地殻とマントルの境界にも、明瞭な部分と不明瞭な部分が混在しています。オマーンのオフィオライトには、地殻とマントルがダナイト層を挟んではっきりと分かれている領域と、マントルに地殻の岩石が貫入している領域があります。この2種類の境界が、地震波探査で見られた2種類の反射面に相当することは間違いないでしょう。厚いダナイト層は地震波を強く反射するため、明瞭なモホ反射面となります。他方、境界に貫入岩が多く存在すると、

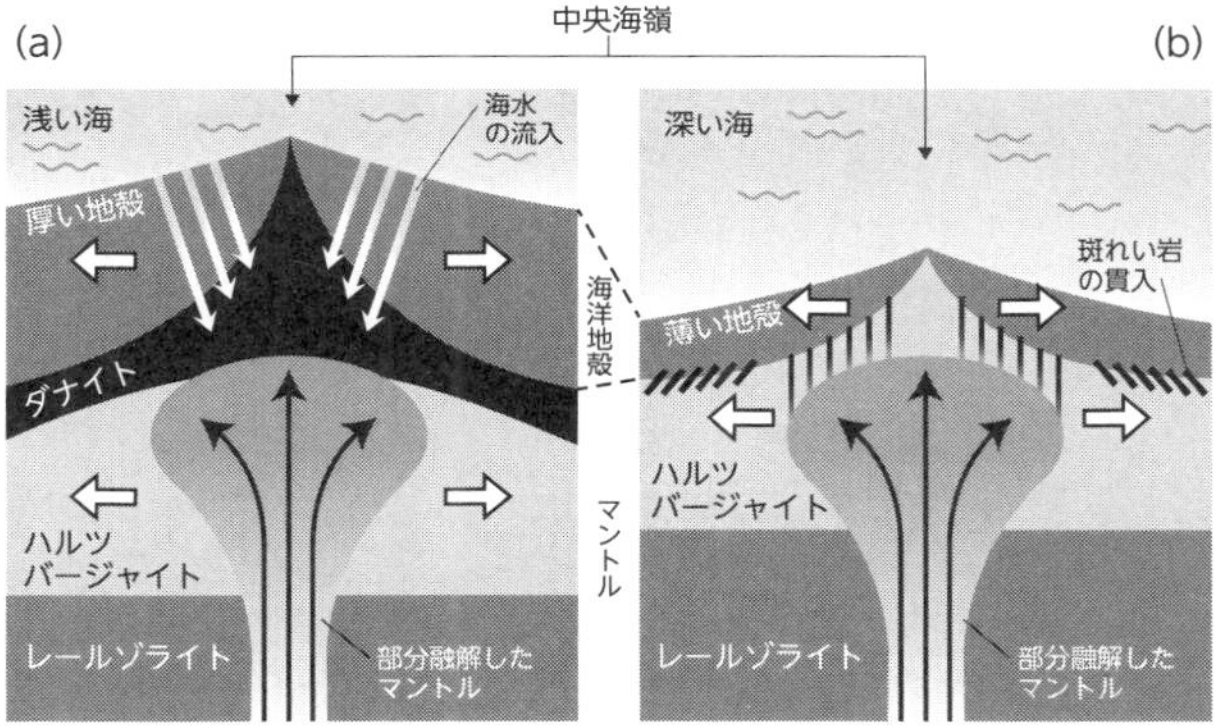

図3.15　中央海嶺における海洋地殻の形成プロセス

モホ反射面は不明瞭あるいはまったく見えなくなるのです。

モホ面の正体

これらの結果からわれわれは、中央海嶺における海洋地殻の形成プロセスが2種類存在することを提唱しました。一方は「ペンローズモデル」のような明瞭なモホ反射面をつくり、もう一方はモホ反射面が弱い構造をつくるプロセスです。この考えをふまえると、海洋地殻のでき方自体を見直す必要があります。

2種類の海洋地殻の形成プロセスの概略を図3.15に示します。(a)は、海洋地殻を形成する中央海嶺に海水が流入する場合です。この場合、図3.7の相平衡図で示した低圧条件下でのマントルの融解が起こり、安山岩マグマとダナイトが生成します。したがって、減圧融解により生成する玄武岩マグマに安山岩マグマが加わり、2種類のマグマが地殻を形成することになります。厚い海洋地殻が形成されるのです。そして、安山岩マグマと同時に生成するダナイトが、地殻の下で層をつくり、モホ反射面となります。このとき、地殻とマントルの境界は明瞭です。一方、海水が流入しない(b)の場合、地殻とマントルの境界に多くの貫入岩が生じるため、境界は不明瞭になります。

なお、(a)の場合において、海洋地殻の厚さとモホ反射面（地殻‐マントル境界の状態）の相関を説明するためには、従来まったく検討されていなかった、マントルへの海水の流入という偶発的なイベントを導入する必要があります。これは、オマーンオフィオライトでの研究では、マントルへ海水を流入するような断層が見出されたこと、さらには、地球内部の条件が同じ場合、厚い地殻、つまり、より多くのマグマとダナイトを同時につくるためには、海水の流入が岩石学的に不可欠である、という理由からです。

幕間章

溶けるのか、溶けないのか？
——岩石の融点について熱力学で考えよう——

第2、3章では、岩石が部分融解してマグマが発生するメカニズムを解説してきました。一般書であるため、かなり簡略化した説明にとどめましたが、ここでもうすこし発展的な内容——熱力学的な解説——を扱います。岩石が固体として存在するか、一部溶ける（部分融解する）か、完全に溶ける（液体になる）かといった状態はどのように決まるのか、簡単な式も使って説明します。もし難しく感じたら、読み飛ばしてもかまいません（第4章以降は基本的に、本章の内容を前提とはしません）。

見えない世界を覗く熱力学

2・1節で、路面凍結を防ぐために塩化カルシウムを融雪剤として使う、という話をしました。氷と融雪剤を接触させると、なぜ氷の融点が下がるのかという問いは、単純にみえて難解です。ネットなどで検索しても、なかなか納得できる答えは見つからないと思います。

氷が溶けることと岩石が溶けることは似た現象と思いにくいかもしれませんが、岩石においても、ほかの物質の存在により溶けやすくなることがあるのは、先に述べたとおりです。たとえば、かんらん岩に水がはいると、岩石の融点が下がり、マグマができやすくなるのでした。また、単一の鉱物よりも、複数種の鉱物からできている岩石のほうが、融点が低くなることも、前に述べました。

氷の融解と岩石の融解は、熱力学的に見ると、どちらも簡単な式で表すことができますし、融点が低下する理由も同じように説明できます。意外に思われるかもしれませんが、熱力学は岩石学を支えているのです。

熱力学における主要な概念として、まず挙げられるのは温度でしょう。温度は誰にとってもなじみが深く、気温や水温、体温など、感覚としてイメージしやすいものでもあります。しかし、温度とはいったい何なのかと、深く考えた経験は少ないのではないでしょうか。

温度とともに熱力学には欠かせない物理量として、自由エネルギー、エンタルピー、エントロピーが挙げられます。いずれも目に見えませんし、五感でとらえることもできないので、直感的な理解が困難です。これらについては、のちほど説明します。

熱力学とは、いま紹介した、イメージできる物理量とイメージできない物理量（しかしどちらも現実世界に存在する）を関係づける分野といえます。というのも温度は、エンタルピーとエントロピーの兼ね合いで決まっているのです。新しい世界を覗くような不思議な気持ちになるかもしれません。

自由エネルギー

自由エネルギーを学ぶために、まず、高校で学ぶ運動エネルギーや位置エネルギー（ポテンシャルエネルギー）を復習しましょう。

映画や漫画でよく見る、坂の上の巨石を転げ落として、下から登ってこようとする敵を追い払う場面を考えます。高いところにある巨石は、大きな位置エネルギーをもちます。巨石が坂を転がりだすと、最初の高さからの落差に応じて、位置エネルギーの一部が運動エネルギーへと変換されていきます。そうして生まれる運動エネルギーで、敵を蹴散らすのです。やがて、運動エネルギーはまた別の形のエネルギーへと姿を変えますが、エネルギーの総量自体は増えたり減ったりしません（熱力学の第一法則）。

坂の上の巨石が一度転がりだすと勢いを増すように、そもそも位置エネルギーは不安定なものです。不安定とは、変化しやすいことをいいます。つまり、きっかけを与えると、物体の位置エネルギーは別のエネルギーに変換され減っていくのです。先ほどの巨石の例でいえば、転がりきった坂の下で、位置エネルギーの低い安定した状態に落ち着きます。

重要なことは、物理・化学現象はより安定な状態に向かって進む、ということです。

物質の内部にも、この位置エネルギーに相当するエネルギーがあります。つまり、その物質の状態の安定性と直結するエネルギーで、**自由エネルギー**（〝ギブスの自由エネルギー〟とも呼ばれるため、Gの文字で表されます）と呼ばれるものです。位置エネルギーが外部に働きかける物理的なポテンシャルエネルギーだとすれば、自由エネルギーは、岩石や鉱物（固体）、マグマ（液体）、ガス（気体）などに内在する化学的なポテンシャルエネルギーです。

物質は自由エネルギーの高い状態から低い状態へと変化しようとします。自由エネルギーの高い状態は不安定であり、自由エネルギーが減ると安定するのです。

融点と自由エネルギー

物質の融点は、自由エネルギーと強く関連します。先に簡単な説明をしておきましょう。物質の温度が融点に等しいとき、液体と固体は安定に共存できます。このとき、液体のもつ自由エネルギーと固体のもつ自由エネルギーとが等しい状態です。これを、液体と固体が**平衡状態**にあるといいます。

物質の温度が融点より低いときは、固体の自由エネルギーが液体の自由エネルギーよりも低く、固体のほうが安定です。つまり、その温度で存在する液体は、より安定な固体に変化しようとします。逆に物質の温度が融点より高ければ、液体の自由エネルギーが固体の自由エネルギーよりも低いため、液体のほうが安定です。この場合、固体は溶けて液体になろうとします。物質が固体でいるか液体でいるか、はたまた固体と液体が共存するかを決めるのは、各状態の自由エネルギーの高さ、すなわち安定の度合いです。

もう少しくわしく説明しましょう。自由エネルギーGは、G＝H－TSという関係にあります（図I・1）。Hはエンタルピー、Tは絶対温度、[※1] Sはエントロピーです。エンタルピーとエントロピーの定性的な理解を目指します。いずれも、絶対量より変化量が問題となります。

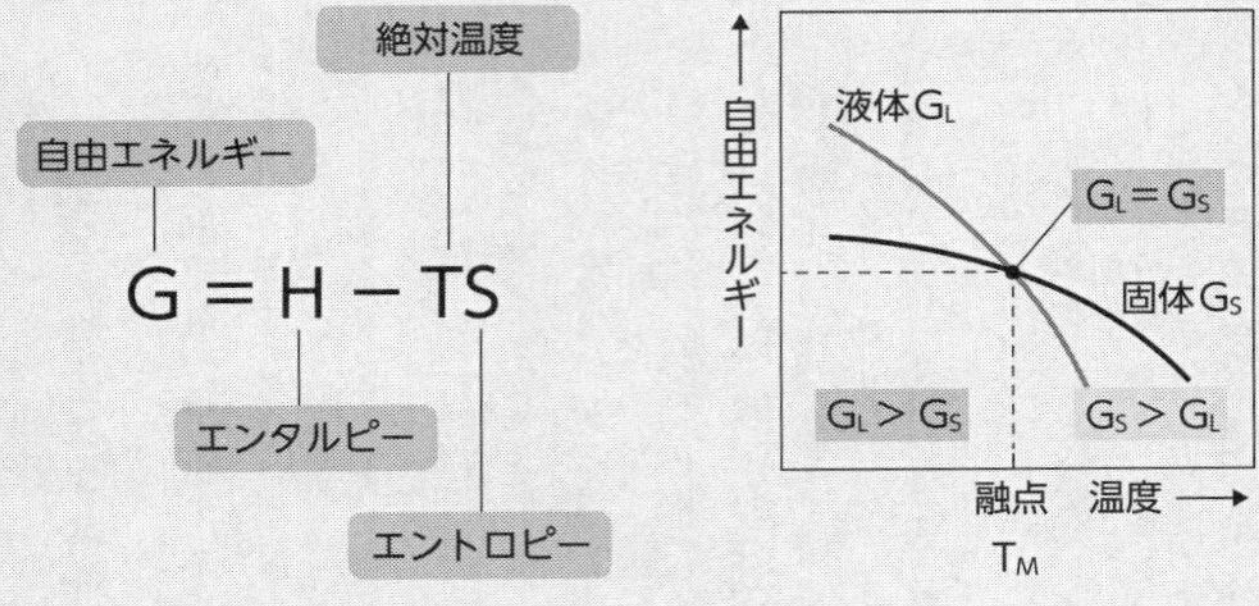

図I.1 自由エネルギー

エンタルピーとは、物質の原子、分子レベルの全運動エネルギーです。熱を加えると、このエネルギーに変換されるので、熱含量とも呼ばれてきました。原子、分子の運動で決まる物理量ですから、固体の場合と液体の場合で大きく異なります。

固体を構成する原子・分子レベルの運動がある程度以上激しくなると、それらは整然とした結晶構造から解放されて、自由な形をもつ液体となります。つまり、同じ質量で比べると液体は固体よりもエンタルピーが大きいのです。固体を液体にするために必要となる熱量、すなわち潜熱は液体と固体のエンタルピーの差に相当します。

エントロピーは物質内部の無秩序さ、乱雑さを示す物理量です。直感的にわかりやすい例として、固体から液体、液体から気体への変化にともなう、エントロピーの変化が挙げられます。これらの変化は、たとえば加熱により起こります。加熱されると原子・分子レベルの運動が激しくなりますが、それはまさに無秩序さや乱雑さ、すなわちエントロピーの増大です。また、固体や液体、気体において、混合物は単体よりも乱雑さが大きくなるため、エントロピーは増大します。同様に、不純物がはいるとエントロピーは高くなります。一つのものがバラバラになっても、たとえば水によってマグマの重合度が低下することでもエントロピーは増大します。

融点に関する熱力学的な解説

前項で、融点は固体の自由エネルギーと液体の自由エネルギーが等しくなる温度だと説明しました。これを式で表してみましょう。

融点をT_Mとします。自由エネルギーとエンタルピー、エントロピーはここまでと同じように、それぞれG、H、Sで表しますが、固体に関する量と液体に関する量とを区別したいので、添え字のSとLで表します。つまり、融点T_Mにおける固体の自由エネルギーG_S、エンタルピーH_S、エントロピーS_Sの関係は$G_S = H_S - T_MS_S$です。同じように、液体については$G_L = H_L - T_MS_L$と書けます。

※1　単位はケルビン（K）で、摂氏温度（℃）に273・15を加えた値になります。

先に述べたとおり、融点では固体と液体の自由エネルギーは等しくなるため、同じ量の固体と液体であれば $G_S = G_L$、つまり $H_S - T_M S_S = H_L - T_M S_L$ となります。移項すると、融点は

$$T_M = (H_L - H_S)/(S_L - S_S) = \Delta H/\Delta S$$

と表せます。つまり、液体と固体のエンタルピーの差（$= H_L - H_S$）を液体と固体のエントロピーの差（$= S_L - S_S$）で割ると、融点が求められるのです。

感覚的にイメージできる物理量（温度）と、イメージできない物理量（エンタルピーとエントロピー）の関係が示されたことになります。「温度」に対する印象が変わってきませんか。自分がよく知っていると思っていた幼なじみの友人が、じつは得体の知れない組織のスパイだった、くらいの衝撃があるかもしれません。

それでは、融点降下について、いくつか具体例を使って解説してみましょう。

氷に融雪剤をまくと融点が下がる理由のひとつは、融雪剤が水に溶け込むことによって発生する熱です。発生した熱のぶんだけ液体のエンタルピー H_L が小さくなるので、ΔH（$= H_L - H_S$）が小さくなります。さらに、水に融雪剤が溶け込むと、水分子に別の分子が加わるので、液体全体の乱雑さが大きくなります。つまり、液体のエントロピー S_L が大きくなるので、ΔS（$= S_L - S_S$）が増大します。ΔH が小さくなり、ΔS が大きくなるので、必然的に融点 T_M は下がります。

次に、なぜ多相の岩石のソリダスは各鉱物の単体のソリダスよりも大幅に低いのでしょうか。前項で述べたとおり、ΔHは潜熱ですから、鉱物の種類が増えたからといって、大きく変化するとは考えられません。一方、いろいろな鉱物が溶け込んだ液体のエントロピーS_Lは、1種類の鉱物が溶けた液体のエントロピーに比較して、確実に大きくなります。鉱物の集合体のエントロピー増大と比較して、いろいろな鉱物が溶け込んだ液体のエントロピー増大は桁違いであると予測されます。そのため、複数種の鉱物をふくんだ岩石の融点ではΔSが増大し、融点T_Mが低くなるのです。

水がマントルのソリダスを大幅に下げる理由

第2章で説明したとおり、水が加わったマントルは、融点（ソリダス）が大幅に低下します。本章で説明してきた熱力学的な考え方をふまえて、水がマントルのソリダスを下げる理由を考えてみましょう。

じつは、マグマに水がはいると、マグマという液体の構造がよりバラバラになります。マグマは、ケイ酸塩溶融体です。水の有無によって、SiO_4四面体の重合の状態が異なります。

無水のときは、SiO_4四面体が重合して、大きな分子の集まりとなっています。SiO_4四面体が鎖状や枝状にどんどん重合すればするほど粘りこくなり（粘性が高くなり）、つまり固体に近くなります。SiO_4四面体が重合するほど、エントロピーは減少するのです。

マグマに水が入ると、ケイ素と酸素の連結に水のOHとHが入り込み、はさみのように重合体を切っていきます。1つの重合体を切ると2つの重合体となるように、水の影響で、重合体の数が劇的に増えていくことになります。つまり、水は、SiO_4四面体の重合体の大きさを小さくして、マグマの構造をバラバラにし、粘性の低いさらさらの液体へと変化させます。構造がバラバラになるほどエントロピーは増大するので、マグマのエントロピーS_Lが著しく増大し、つまりΔSが増大し、ソリダスT_Mが著しく減少するのです。

第4章

西之島は大陸の卵か？

――安山岩生成モデルを検証しよう――

少々唐突ですが、本章では、小笠原諸島に並ぶ西之島に注目します。私は2015年から、この火山島の調査に携わってきました。そして、西之島で噴出するマグマを研究するなかで、〝大陸の卵〟が生まれるメカニズムに迫ることができたのです。日本の近くの海で、新しい大陸の卵が生まれている――私たちが見ているのは、そんなワクワクするような現象であることがわかってきました。

また、伊豆小笠原弧とは別の沈み込み帯に形成された海底火山の噴火にも触れます。西之島で見られた現象の普遍性を考えてみましょう。

4・1 西之島では何が起きているのか？

西之島は過去に何度も噴火してきた火山で、最近もたびたび噴火しています。私は2015年以降、西之島の調査航海に参加し、この火山が噴出した溶岩を分析することで、安山岩の生成について新たな考えを提案するにいたりました。本節では、西之島についての基礎知識を解説するとともに、私が参加した調査の概要を紹介します。

伊豆小笠原弧と伊豆半島の成り立ち

西之島は伊豆小笠原弧の一部です。西之島についてくわしく学ぶ前に、伊豆小笠原弧および伊豆半島について知っておいたほうがよいでしょう。

第1章でも簡単に紹介しましたが、伊豆小笠原弧は伊豆半島から南へのびる海底火山（火山島）の列です（図1・10）。そのすべての火山が、フィリピン海プレート上にあります。フィリピン海プレートは年間3～7㎝程度の速さで動き（北上し）、相模《さがみ》トラフ、[※1] 駿河《するが》トラフ、南海トラフ、さらに南西諸島海溝から、陸側のプレートの下へ沈み込んでいます。

また、伊豆小笠原弧は伊豆小笠原海溝と平行をなすように並んでいます。伊豆小笠原海溝はフィリピン海プレートと太平洋プレートの境界で、太平洋プレートの沈み込みがはじまる場所です。この海溝との位置関係から想像できるように、伊豆小笠原弧は火山フロントです。太平洋プレートの沈み込みが原因となって、その上のフィリピン海プレートのマントルウェッジ内でマグマ活動が起きています。マントルウェッジで加水と減圧による部分融解が進むのです。

この火山フロントは約５０００万年前に形成されました。これが、フィリピン海プレートの下に太平洋プレートが沈み込みはじめたタイミングです。そして、それ以来、フィリピン海プレートはその上の火山フロント（火山島と海底火山をふくむ〝海域火山〟の列）とともに動き続けています。北進した海域火山はどうなる（なった）のでしょうか。

伊豆小笠原弧に沿って北のほうに目を向けると、伊豆半島があります。じつは伊豆半島は、かつての伊豆小笠原弧を構成した海域火山が、上盤プレートの一部である本州に衝突し、陸化したものです。序章でも簡単に触れましたが、フィリピン海プレート上にできた火山島が次々と衝

※１　トラフとは、細長くつながった海底のくぼみのことです。海溝よりも浅い地形ですが、海溝と同じくプレートの収束境界にあたります。

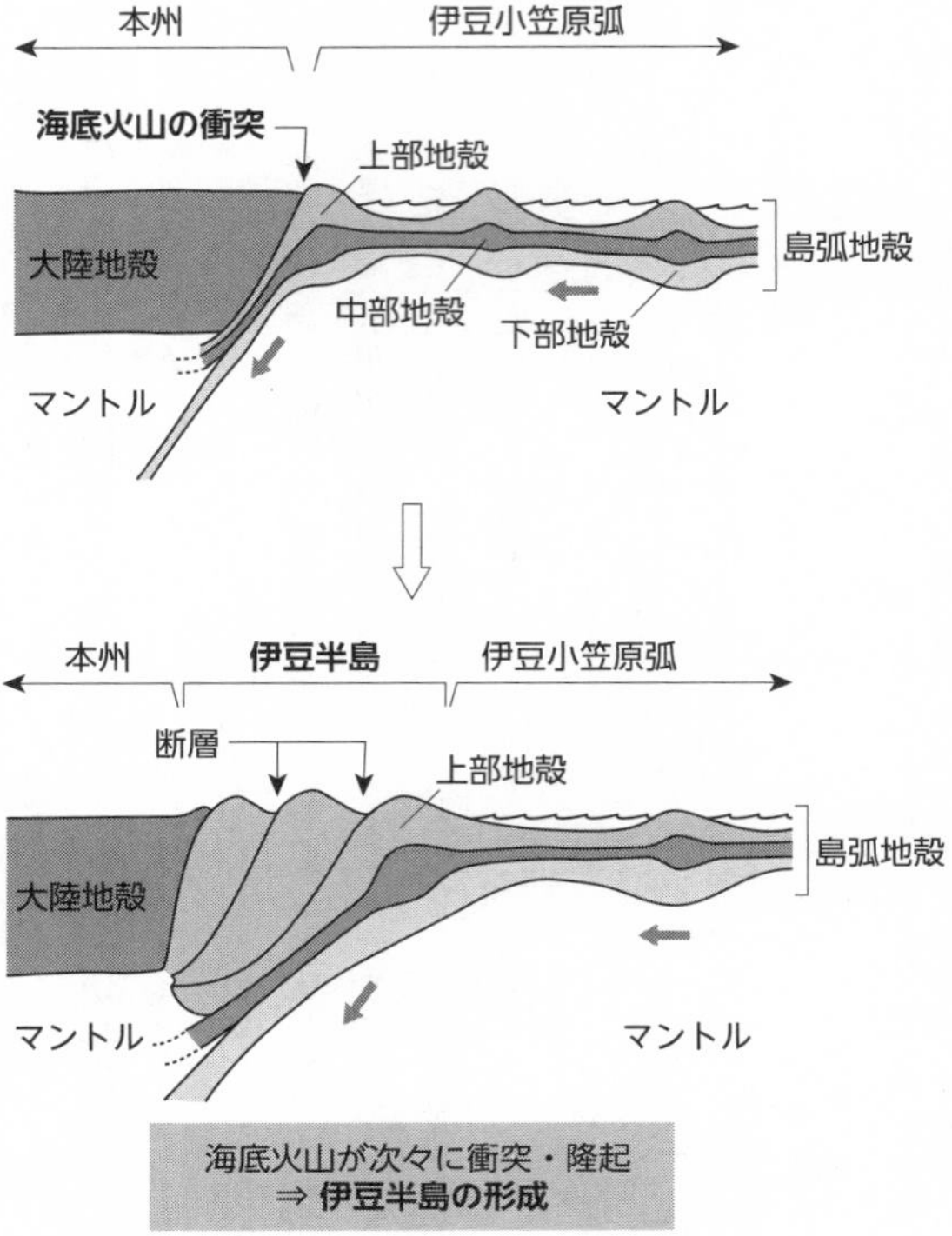

図4.1 **伊豆半島の成り立ち**

突・合体して伊豆半島を形成しました（図4-1）。プレート運動の向きが変わらなければ、現在の伊豆小笠原弧を構成する海域火山も、伊豆半島と衝突・合体していくはずです。

海洋プレート上の海域火山が沈み込み帯で上盤側のプレートと衝突・合体していく様子は、なんとなくイメージできるのではないでしょうか。沈み込む海洋プレートの上面のでっぱりがはがれて、地表に取り残されるようなものです。

おもしろいのは、海洋島弧の上部地殻を形成する火山体が衝突・合体していく一方で、その下の中部地殻と下部地殻はプレートとともに沈み込んでいくことです。伊豆小笠原弧でできた地殻（の中部や下部）が沈み込むとどうなるのでしょうか。これは第5章で説明します。

常識はずれの存在——西之島は何かがおかしい？

いよいよ西之島に注目します。西之島は東京から950km南、父島から130km西に位置する火山島です（図4-2）。父島の西に位置するために、1904年にこの名前がつけられました[※2][1]。

有史以降、西之島の初めての火山活動は1973年4月に起こりました。この噴火の様子は、くわしく記録されています[1]。簡単に紹介しましょう。

1973年4月の噴火は、島の南端より500m東の海底で起こりました。その後も噴火はつづき、9月には噴石丘が海面上に姿を現しています。噴石丘とは、噴出した溶岩のかたまりや軽

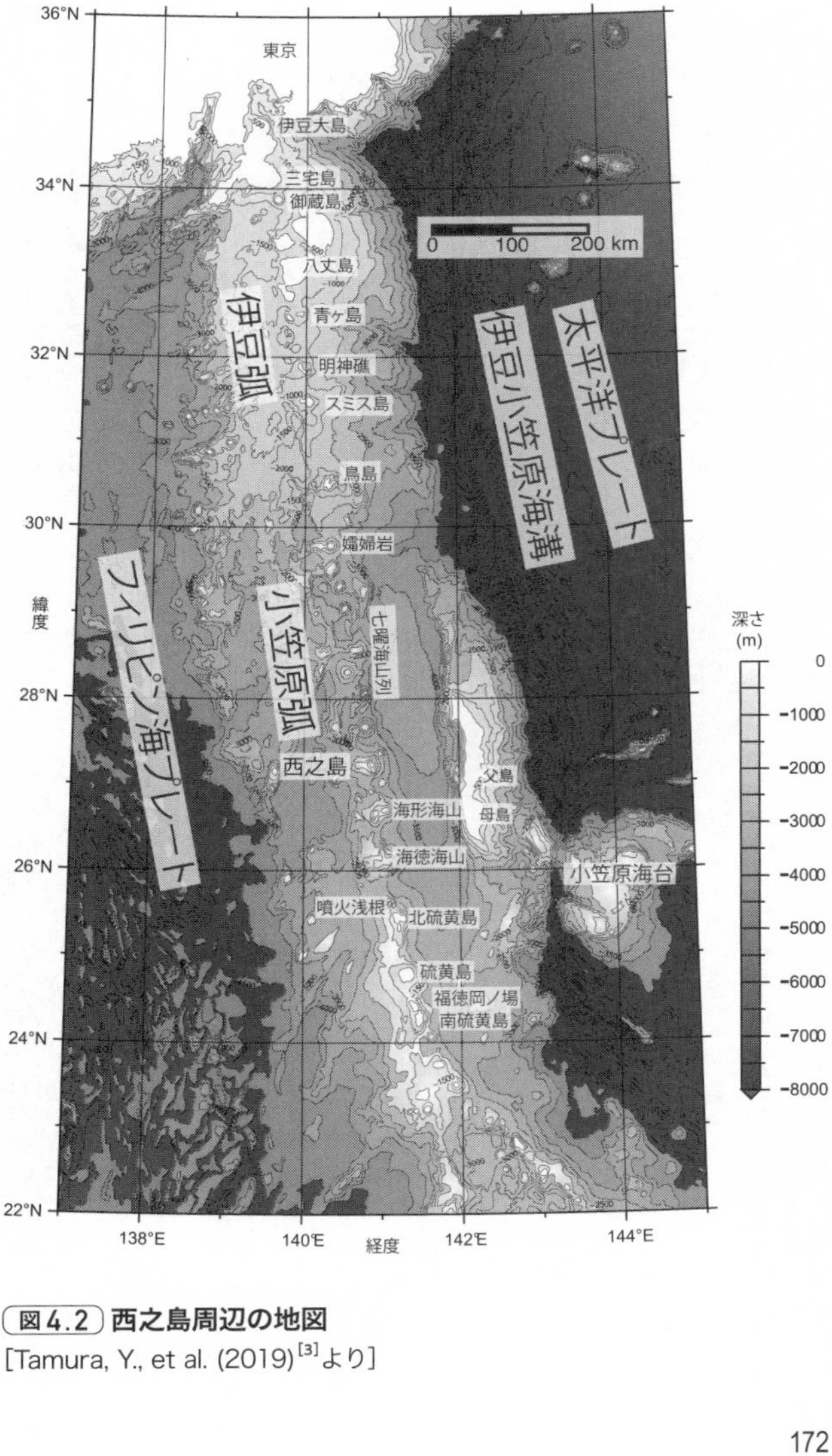

図4.2 西之島周辺の地図

[Tamura, Y., et al. (2019)[3]より]

石、スコリア（多孔質で黒色～暗褐色を呈する噴石）、火山灰などが火口の周りに積み重なってできた高まりのことです。[※3]

海底で噴火が起きると、マグマと海水が接触します。すると、海水は瞬時に蒸発し（水蒸気になり）、体積がいっきに増えます（膨張）。とくに、水圧の小さい海面付近では膨張率が大きく、マグマ水蒸気爆発という激しい現象が起こります。マグマ水蒸気爆発が起こると水柱が立ち上がりますが、１９７３年の西之島の活動では高さ３００ｍの水柱が観察されたそうです。

噴石丘は成長して島になり、海上保安庁により〝西之島新島〟と名づけられました。火山が島になる（陸地化する）と、マグマと海水の接触が起こらなくなるので、溶岩が流れはじめます。12月には、噴煙も上がりはじめました。

１９７４年３月、ついに研究者が新島で上陸調査を実施し、溶岩を採取しました。[※4]このとき採

※２　じつはその約２００年前には別の名前がつけられていました。スペインの船「ロザリオ号」が１７０２年に初めて発見し、「ロザリオ島」と命名していた記録が残っています。

※３　噴石丘の中でも、スコリアを主体とするものをスコリア丘と呼びます。たとえば、伊豆半島の大室山（おおむろやま）はスコリア丘です。

※４　この溶岩は産業技術総合研究所の地質標本館に保存されています。

取された溶岩、そしてもともと旧島を形成していた溶岩はすべて安山岩でした。西之島が安山岩マグマを噴出することが、初めて明らかになりました。

3・2節で述べたとおり、日本列島周辺の海洋島は玄武岩マグマを噴出するというのが従来の常識でした。西之島は常識はずれの存在です。なぜ安山岩マグマを噴出するのでしょうか?

海底火山と地殻の成長

火山島は、海底火山が成長して、その頂上部が海面上に現れたものです。島としては小さいとしても、海面下には大きな山体が隠れています。西之島も、水深が2000mを超える海底から発達した構造なので、巨大な火山といえるでしょう。

海域火山の中には西之島より大きなものもあります。たとえば、西之島と伊豆大島を比較すると、子どもと大人くらいの差があります（図4・3）。海面上の南北の長さを見ると、西之島が2・4kmであるのに対して、伊豆大島は12kmにもなるのです。標高も西之島は最高250m程度で、標高約760mの三原山がそびえる伊豆大島のおよそ3分の1にすぎません（図4・3）から、島として大きな伊豆大島のほうが、火山としての体積も大きいことが一目瞭然です。山体の体積を比べると、伊豆大島は西之島の5倍以上あります。伊豆大島は西之島の未来の姿です。

大きさはまったく異なるこれらの火山島も、成り立ちは共通です。いずれも火山フロントの一

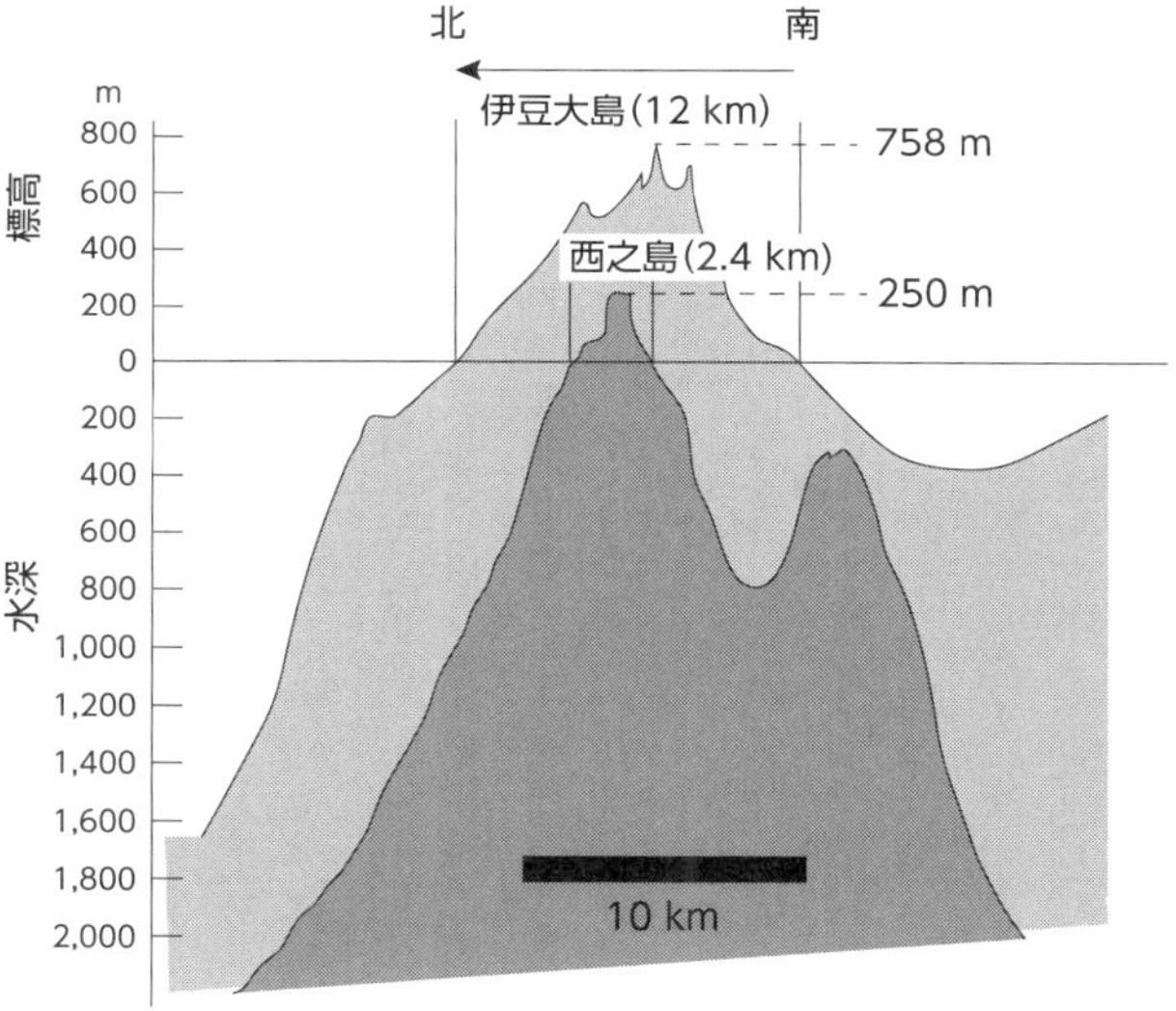

図4.3　西之島と伊豆大島の比較

部であり、マントルウェッジの部分融解（加水・減圧融解）により生じたマグマの活動でつくられました。

伊豆大島と西之島のように、同じ火山フロントに属す海域火山のサイズが大きく異なるのは、マグマ活動の継続期間の長さがちがうせいです。海底火山の成長とはおもに、くり返しマグマを噴出して溶岩が積み重なっていくことです。海面上に姿を現すような巨大な海底火山は、それだけ長く活動し、大量のマグマを噴出してきました。

ただし、地下で生じたマグマのすべてが海底に噴出するわけではありません。一部のマグマは地殻内で冷え固まり（貫入）、地殻を厚くします。そのため、成長した海底火山の下や周辺では、地殻が厚くなっています。地殻が厚いならば、アイソスタシーの効果で水深は浅くなっているはずです。

この説明は、伊豆大島と西之島の地殻構造にも当てはまります。伊豆大島の下では、地殻が西之島の下よりも10km以上もぶ厚く成長しています。また、伊豆大島周辺の水深は1000mに満たない場所が多く、西之島周辺よりもずいぶん浅いのです。

1・2節で簡単に述べましたが、地殻の厚さと水深のちがいは、伊豆大島と西之島だけではなく、伊豆小笠原弧の北側（伊豆弧）と南側（小笠原弧）のちがいといえます。北側にある伊豆大島・三宅島・御蔵島《みくらじま》・八丈島・青ヶ島・須美寿島《すみすじま》・伊豆鳥島の周辺では、地殻が厚く（30km程度）、水深が浅くなっています。それより南では様子が異なります。伊豆鳥島の南には高さ100mの奇岩、孀婦岩《そうふがん》がありますが、これもじつは海底火山の一部です。そして、孀婦岩と西之島の間には、海面から顔を出していない7つの海山——日曜海山・月曜海山・火曜海山・水曜海山・木曜海山・金曜海山・土曜海山と、曜日の名前を与えられています——が並んでいます。これらの周辺では、地殻が薄く（せいぜい20km）、水深が深くなっています。

かつて、この伊豆弧と小笠原弧の地殻構造のちがいを説明するために、伊豆弧は古い大陸地殻で構成されているという説が唱えられました。伊豆弧の地殻が厚いのは、海洋地殻ではなく大陸地殻だから、というわけです。この考えは現在では否定されています。

この伊豆弧と小笠原弧の地殻構造のちがいは、伊豆弧のほうが長い期間のマグマ活動があったことを示しています。伊豆弧では、現在活動中の火山も、太平洋プレートの沈み込みがはじまった５０００万年前の海洋地殻の上に形成されています。小笠原弧では、５０００万年前以降にできた地殻が小笠原海嶺（父島・母島を形成する地殻）として東西に分離してしまったので、さらに新しい海洋地殻の上で現在の火山が活動しています。

西之島が火を噴いた！

西之島の噴火に話を戻しましょう。１９７４年6月に噴出物が漂着し、新島と旧島が接続しました。噴火は7月に沈静化し、その後は浸食で徐々に縮小してきました。しかし、活動は終わっていませんでした。

２０１３年11月20日、西之島の南東約５００ｍの海上でマグマ水蒸気爆発が確認され、新しい陸地の形成も観察されました[2]。噴火自体はもっと前からはじまっていたようです。次々に噴出する溶岩により新たな陸地は拡大し、12月には西之島と合体しました。また、海水とマグマの接触が絶たれ、間欠的に爆発をくり返すストロンボリ式噴火に変わりました。

海底火山の研究者としては、すぐにでも西之島へ向かいたいところでしたが、噴火に巻き込まれるリスクを冒せず、航空機や一定の距離を空けて海上に浮かぶ船舶から観察することしかでき

図4.4 西之島の噴火の様子
2015年6月15日、海洋調査船「なつしま」より著者撮影

ませんでした。西之島本体を構成している海底の溶岩を採取して分析・解析し、西之島の成り立ちやマグマの成因を明らかにしようとする試みは、なかなか実現しませんでした。

ついに接近のチャンスが巡ってきたのは、噴火がはじまってから1年7ヵ月が経過した2015年6月のことです。6月13日に、まずは海洋調査船「なつしま」で西之島に接近しました。「なつしま」が、このとき、西之島はまだ活動中でした。「なつしま」が噴火口から4・5㎞のところまで接近したときにも、毎分噴火をくり返すほどの活発さを保っていました（図4・4）。

安全上の問題から、「なつしま」ではそれ以上近づけず、深海曳航調査システム「ディープ・トウ」をくり出しました。これは、母船から曳航《えいこう》して遠隔操作できる潜水ロボットのようなもので、海中・海底の観察はもちろんのこと、少量の試料採取が可能です。そこで、西之島周辺――海底火山の本体だけでなく、周辺の海丘《かいきゅう》まで――の岩石を採取しました。岩石を採取した場所は、海底火山の山頂である西之島から4～25㎞離れています。これだけ広範囲で試料採取をおこなったのは、西之島という火山について、基盤をふくめた全体像をとらえるためです。

さらに、７月にＮＨＫとともにおこなった航海では、無人ヘリを飛ばして海岸（陸上）に転がった溶岩を採取することができました。

西之島の陸上で直接採取された岩石および西之島海底火山の本体を形成する岩石のいずれも、40年前の調査と同じく安山岩でした。西之島がたしかに安山岩マグマを噴き出す〝常識はずれ〟の火山であることを再確認できました。研究室でおこなった分析の結果は次節で紹介します。

噴火は２０１５年11月にいったん終了しました。この時点で西之島の面積は、２０１３年の噴火前の12倍に拡大していました。２０１６年には噴火・噴煙は見られませんでしたが、２０１７年４月20日にふたたび噴火をはじめ、８月までストロンボリ式噴火が続きました。

２０１７年７月に土曜海山を調査したわれわれは、その足でふたたび西之島に接近しました。このときは岩石の採取などはおこないませんでしたが、雷のような音をともなう激しい噴火を目にすることができました。夜に見た噴火はとくに美しかったです（図4･5）。暗闇の中、火口から

図4.5 **西之島のストロンボリ式噴火の様子**
2017年7月9日、海洋調査船「よこすか」より著者撮影

赤熱した火山弾が花火のように噴出して飛び散り、斜面を転がっていました。少し遅れて、雷鳴のような噴火音が伝わってきます。島から3km以上離れていたため、噴火音は10秒くらい遅れて聞こえてくるのです。言い表しようのない美しさを何とか写真で記録したいと思ったものの、船が揺れるためなかなかピントが合いませんでした。私はシャッターを切り続けましたが、まともな写真は数枚しか撮れませんでした。また、実際にこの目で見た臨場感や迫力は写真ではとても伝えきれません。

２０１７年8月24日の段階で、西之島の面積は２０１３年にはじまった噴火前の13・４５倍まで拡大していました。

4・2 大陸の卵は海で生まれるのか？――西之島が教えてくれたこと

前節で紹介した西之島の溶岩を分析すると、おもしろい結果が得られました。私はその結果を報告するとともに、新しい安山岩生成モデルを提案する論文を発表しました。本節では、そのモデルについて説明します。もし私の提案が正しければ、岩石惑星に大陸地殻の材料がつくられる条件を明らかにできたことになります。

西之島の溶岩

われわれが採取した西之島の溶岩の分析結果を説明します。安山岩であることは前節で述べたとおりですが、日本列島上の火山が噴き出すマグマのつくる安山岩とは別物でした。

重要なポイントは２つあります。ひとつは、西之島の溶岩のもとになったマグマは、再融解で生じたもの（解凍マグマ）でも、マグマだまりで混合されたものでもないこと。もうひとつは、

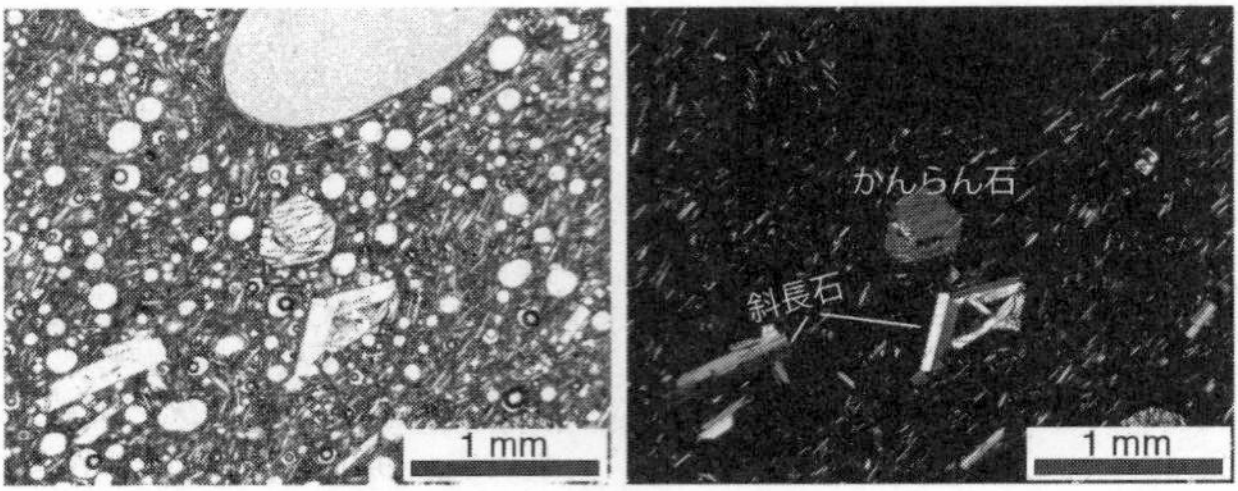

図4.6 斑晶と石基

西之島の安山岩の清澄な斜長石斑晶とかんらん石。左は透過光による写真、右は偏光板を入れた写真（結晶でない部分が黒く見える）

かんらん石をふくむことです。くわしく説明しましょう。

火山岩は、結晶をふくんだマグマが固結してできます。そのため、火山岩を顕微鏡などで観察すると、結晶とそれ以外の部分が入り混じっていることがわかります。結晶の部分は〝斑晶《はんしょう》〟、結晶以外の部分は〝石基《せっき》〟と呼ばれます（図4.6）。斑晶や石基の組成を調べることで、その火山岩のもとになったマグマについて知ることができます。

西之島の安山岩は清澄な斜長石斑晶に加えて、かんらん石、輝石斑晶をふくんでいました[3]。これは、日本列島上の火山がつくるほとんどの安山岩にはない特徴です。

列島上の火山の安山岩を薄片にして偏光顕微鏡で観察すると、清澄な斜長石の斑晶はほぼ存在しません。多くは汚濁体をもっていたり、内部に多量のガラス包有物をふくんでいたりするのです。これは〝蜂の巣構造〟と呼ばれる、融解した形態で、結晶ができた後にマグマの温度がふたたび上昇した証拠です。

さらに、電子線プローブマイクロアナライザー（ＥＰＭＡ）という装置で直方輝石などの鉱物の組成図を作成すると、[※5]西之島の安山岩と列島上の安山岩とではまったく異なる特徴を示しました。西之島の安山岩にふくまれる直方輝石は、温度低下により形成される累帯《るいたい》構造をもちます。これは、鉱物の中心部（コア）から外縁部（リム）に向かう組成変化です。一方、列島上の火山が噴出する安山岩にふくまれる直方輝石では、逆累帯構造が見られます。具体的にはマグマ混合に特徴的ですが、コアからリムに向かってマグネシウム量が増えたり、温度上昇を示すようにカルシウム量が増えたりするのです。逆累帯構造は再融解やマグマ混合で生じることが知られています。

顕微鏡で見ると、西之島の安山岩と日本列島上の安山岩は別物です。西之島の安山岩はまさに生マグマからできていました。再融解や混合を経たマグマのつくる岩石ではありませんでした。

※5　ＥＰＭＡは、試料に電子を当て、試料から発生するX線を計測することで、その組成を調べます。点ではなく面的に分析することができ、分析により得られる組成の二次元分布を組成図といいます。

もうひとつの重要な特徴、かんらん石をふくむことは何を意味するのでしょうか。マントルで生成したばかりの初生マグマが冷却する際、最初に結晶化するのがかんらん石です。さらに、かんらん石はマグマよりも密度が大きいため、結晶化するとすぐにマグマから分離（結晶分化）してしまいます。初生マグマにふくまれていたかんらん石成分は、結晶分化が進むと、どんどんマグマから取り除かれてしまうのです。西之島の安山岩がかんらん石をふくむということは、結晶分化が進んでいない未分化マグマが冷え固まった証拠です。

かんらん石が晶出しているような、未分化マグマが冷え固まった安山岩であることがわかれば、結晶分化により失われたかんらん石の量を見積もることで、初生マグマの組成を復元することができます[4]。この復元についてもう少し説明すると、マグマと平衡なかんらん石を計算して求め、少しずつマグマに加えていくという手順のくり返しです。このくり返しを、かんらん石がマントルと平衡になるまで続けます。そのときのマグマが初生マグマです。マグマの源であるマントル自体の情報も得られるということです。われわれは西之島で採取したかんらん石をふくむ安山岩から、西之島の初生マグマを求めました。

西之島が教えてくれた安山岩生成モデル

われわれは、安山岩生成に関する新しい仮説と、その仮説の西之島における検証結果を発表しました[3]。その内容は大きく次の２つの部分に分けられます。

①地殻が薄い（圧力が低い）ところでは、初生マグマとして安山岩マグマが生成する。

西之島で噴出する安山岩マグマは、日本列島で噴出する安山岩マグマ（解凍マグマ）とは大きく異なり、生マグマでした。しかも、かんらん石をふくむ未分化なマグマです。われわれは西之島に噴出する、生で未分化の安山岩マグマを用いて、つまり、その全岩の組成とふくまれているかんらん石の組成とを用いて、マントルで生成する初生マグマの組成を計算しました。そうして、西之島下のマントルで生じる初生マグマが、玄武岩質ではなくて安山岩質であったことを証明しました。

第３章でみたとおり、初生マグマが安山岩組成であるのは、圧力が低い場合です。実際、西之島の地殻の厚さは20㎞程度と比較的薄いため、その下のマントルの圧力は安山岩マグマの生成条件を満たしています。西之島の下で発生する初生マグマが安山岩組成であったことから、前章での相平衡図を用いた検討が正しいことがわかりました。

大陸地殻の材料となる生の初生安山岩マグマは、圧力の低い、つまり地殻の薄い領域のマントルが溶けることで生じます。地殻の薄い場所は、アイソスタシーにより必然的に海の下です。生の初生安山岩マグマを〝大陸の卵〟と呼ぶならば、「大陸の卵は海で生まれる」ことになります。これは、本書でとくに伝えたい私の考えです。絶海の孤島である西之島で、なぜ安山岩マグマが噴出するのかという疑問は、「大陸のでき方」に直結していたのです。西之島の調査結果は、理論的な安山岩生成の説明だけでは納得できない人たちにも、衝撃を与えました。

陸上（大陸）では大陸地殻は生まれないのか、という疑問が湧くでしょう。私は「生まれない」と断言します。その証拠のひとつが、前項で示した、海底で見つかる安山岩と陸上に噴出した安山岩のちがいです。

世界中の沈み込み帯では、日本列島と同じような陸上火山が形成されています。それらの噴出する溶岩は、似たような安山岩です。いずれもマントル由来のマグマが冷え固まったものではなく、マントルから上昇してきた高温のマグマのせいで大陸地殻が再融解し、解凍マグマが地表に押し出されたものです。これでは、新たに大陸地殻がつくられたことにはなりません。

たとえば、鳥取県の大山の溶岩（安山岩）をつくったマグマは、マントルから上昇してきた玄武岩マグマの潜熱により、もともと地殻を構成していた安山岩が溶け噴出したものであることがわかりました。その証拠となったのは、斑晶と石基の見た目、そして斜長石の蜂の巣構造です（図4-7）。また直方輝石の組成図を作成すると逆累帯構造を示します（図4-8）。これは、温度の低下ではなく、上昇を経た証拠です。

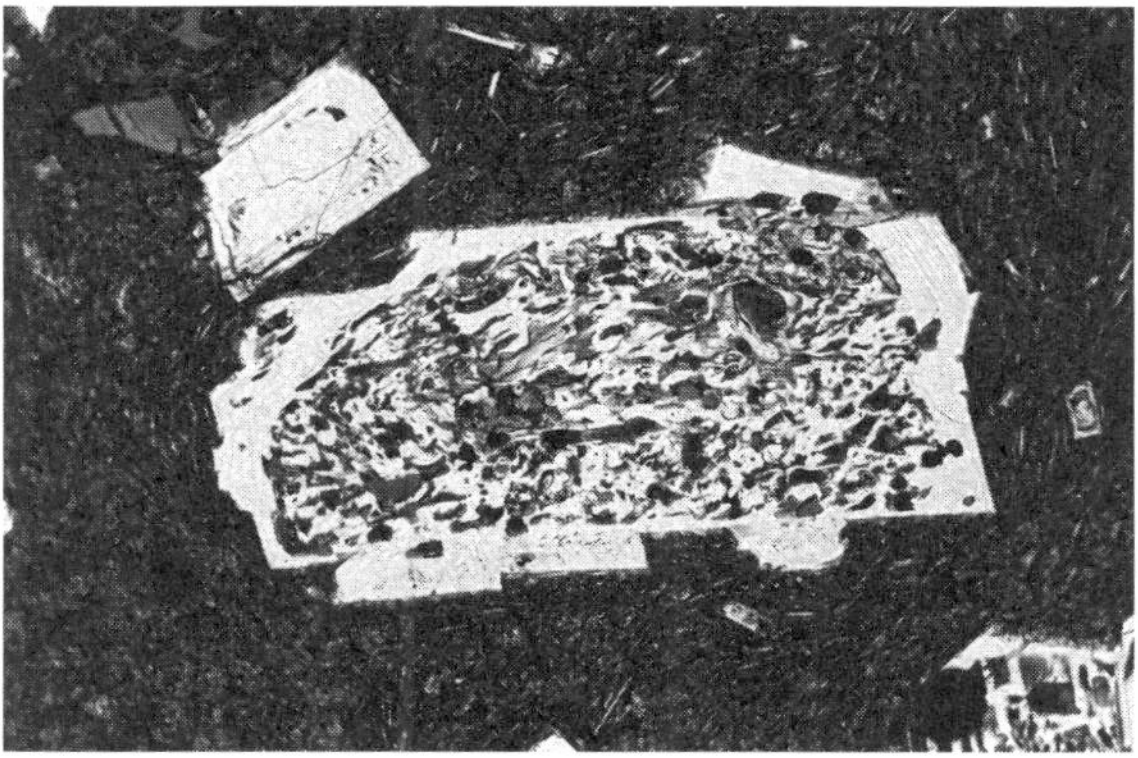

図4.7 斜長石の蜂の巣構造

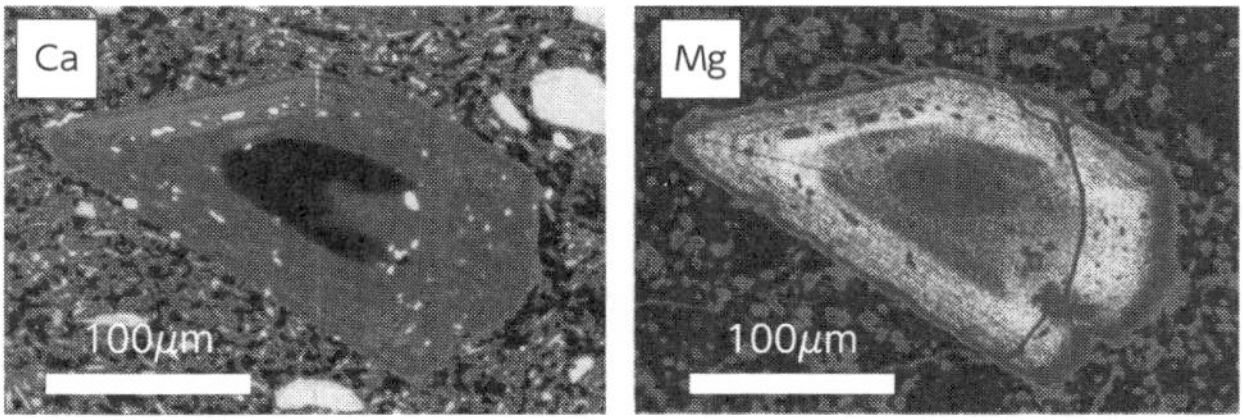

図4.8 逆累帯構造

大山で採取した溶岩にふくまれていた直方輝石の組成図。左はカルシウム（Ca）、右はマグネシウム（Mg）の濃度を示す。いずれも、色の暗い部分ほど低濃度で、明るい部分ほど高濃度で元素が存在する。結晶の中心が低濃度で、外側に向かって濃度が増していく様子が見て取れる。これは温度の上昇を経た証拠である

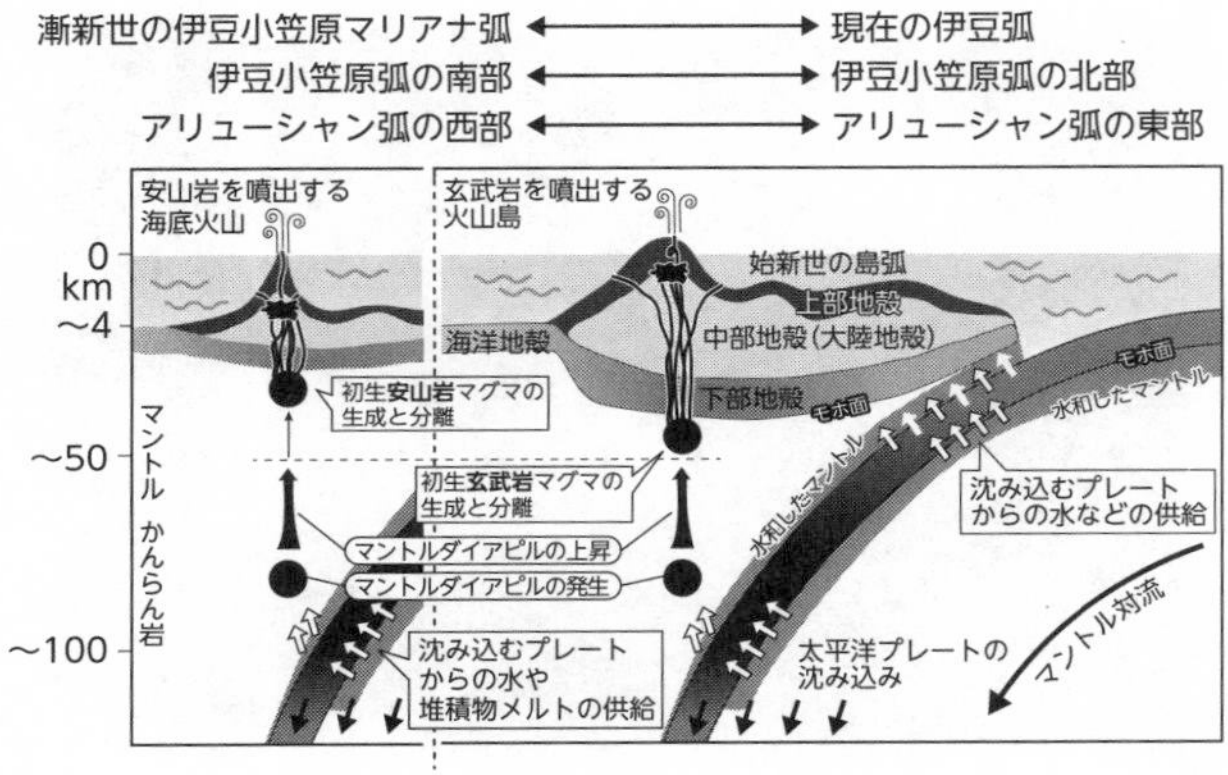

図4.9 地殻の厚さとマグマの種類

②地殻が成長して30㎞以上の厚さになると、その下のマントルでは玄武岩マグマが生成する。

1・2節や前節で述べたとおり、JAMSTECのおこなった調査により、伊豆小笠原弧の北部（伊豆弧）と南部（小笠原弧）では地殻構造が異なることがわかっています 図1・11 。伊豆弧では地殻の厚さが32〜35㎞もある一方、西之島をふくむ小笠原弧の地殻は16〜21㎞という厚さでした。西之島は地殻の比較的薄い、つまり「マントルに近い火山島」です。

地殻が厚い伊豆弧の下では、玄武岩マグマしか生成しません。マントルの圧力が高く、安山岩マグマを生成する条件を満たしていないので、当然といえます 図4・9 。

一方、地殻が比較的薄い西之島の下の浅いマントルで安山岩マグマが生成することは、ここまで確認してきたとおりです。しかし、西之島周辺の海丘は玄武岩で構成されています。このことから、西之島の下でも、深い部分のマントルが溶ければ玄武岩マグマが生成することが明らかになりました。

深いマントルしかない伊豆弧では玄武岩マグマしか生成しませんが、西之島の下のマントルでは安山岩マグマと玄武岩マグマの両方が生成するのです。安山岩マグマは大陸地殻の材料となります。一方、玄武岩マグマは大陸地殻を溶かしてしまいます。西之島の地下のマントルにおける安山岩マグマと玄武岩マグマのせめぎあいについては、４・３節で議論します。

相平衡図を用いた考察から、初生安山岩マグマの生成条件が判明し、西之島をふくむ伊豆小笠原弧の溶岩の観察から、地殻に安山岩が加わるプロセスが明らかになってきました。そして、同じような観察結果が世界のほかの沈み込み帯からも報告されはじめています。次項から、そうした例を紹介しましょう。

伊豆小笠原弧とアリューシャン弧の地殻構造

アリューシャン弧は北米プレート上の海洋島弧で、おおよそ東西にのびています。この島弧の南側にはアリューシャン海溝があり、ここから太平洋プレートが沈み込んでいます（図2.12）。アリューシャン弧では地殻の厚さはどうなっているでしょうか？

アリューシャン弧の地殻構造は東部でしか調べられておらず、伊豆小笠原弧との単純な比較はできません。そこで、水深から地殻の厚さを推定するという方法を用います。伊豆小笠原弧では、水深と地殻構造がほぼ一対一で対応していました（1・2節参照）。そして、アリューシャン弧の東部（アダック島より東側）と伊豆小笠原弧の北部とは、水深も地殻の厚さもよく似ているようです。地殻構造の調べられていないアリューシャン弧西部についても、水深と地殻の厚さとの間に、東部や伊豆小笠原弧と同様の関係があると仮定し、水深から地殻の厚さを見積もりました[5]（図4・10）。

その結果、伊豆小笠原弧と同じように、アリューシャン弧においても、場所によって地殻の厚さは大きく変化することがわかりました。東部で地殻の厚さが30㎞を超えるのに対して、西部（アダック島より西）では20㎞以下と推測されたのです。

アリューシャン弧を形成する火山が噴出する溶岩については、すでにデータがあります[6]。とくにシリカ量に注目して玄武岩か安山岩かを見分けると、図4・11のようになりました[5]。この結果から、アリューシャン弧の溶岩の化学組成は地殻構造に応じて変化していることがわかります。地殻の厚いアリューシャン弧の東部では玄武岩マグマが、地殻の薄い西部では安山岩マグマが噴出しているのです。

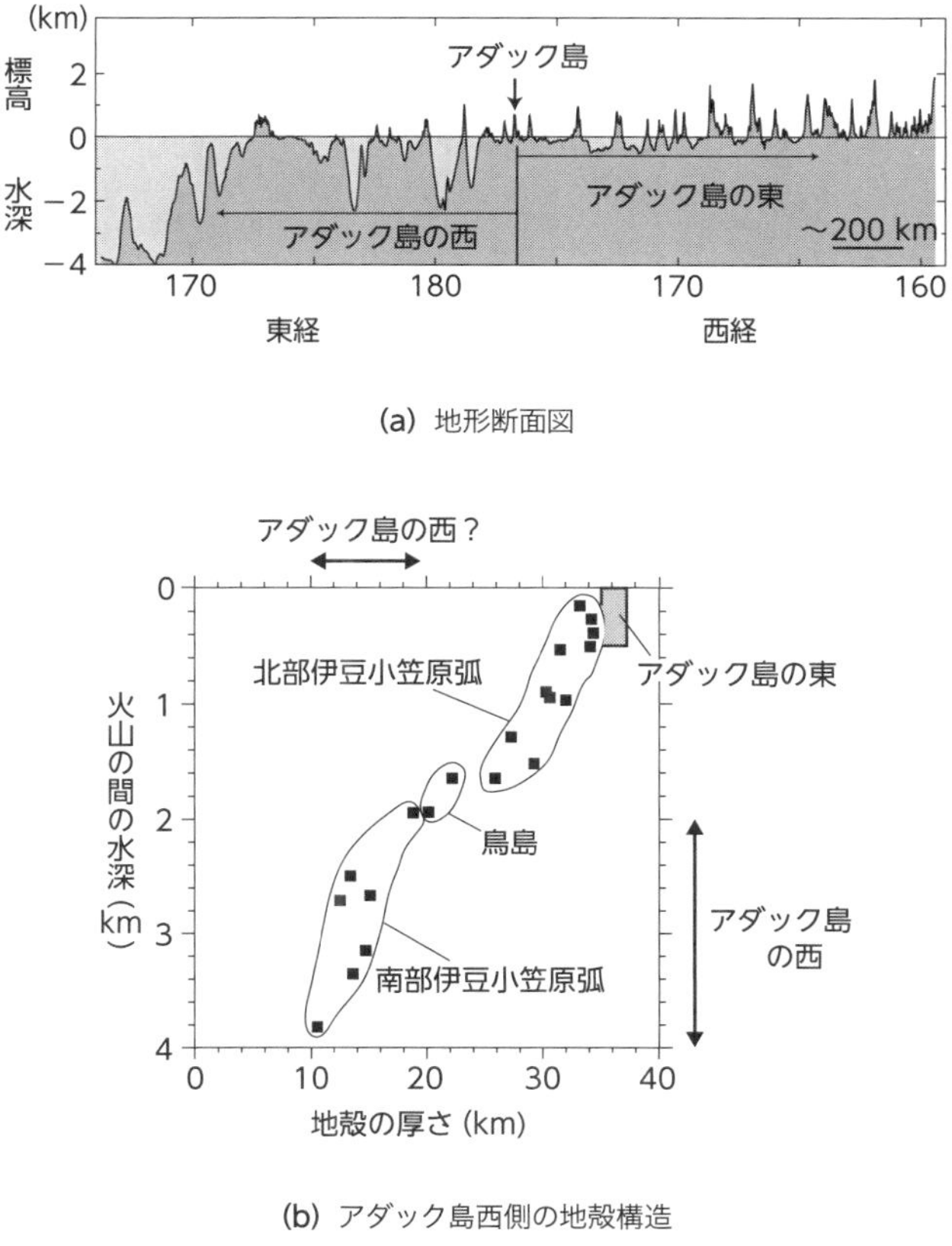

(a) 地形断面図

(b) アダック島西側の地殻構造

図4.10 アリューシャン弧の地形

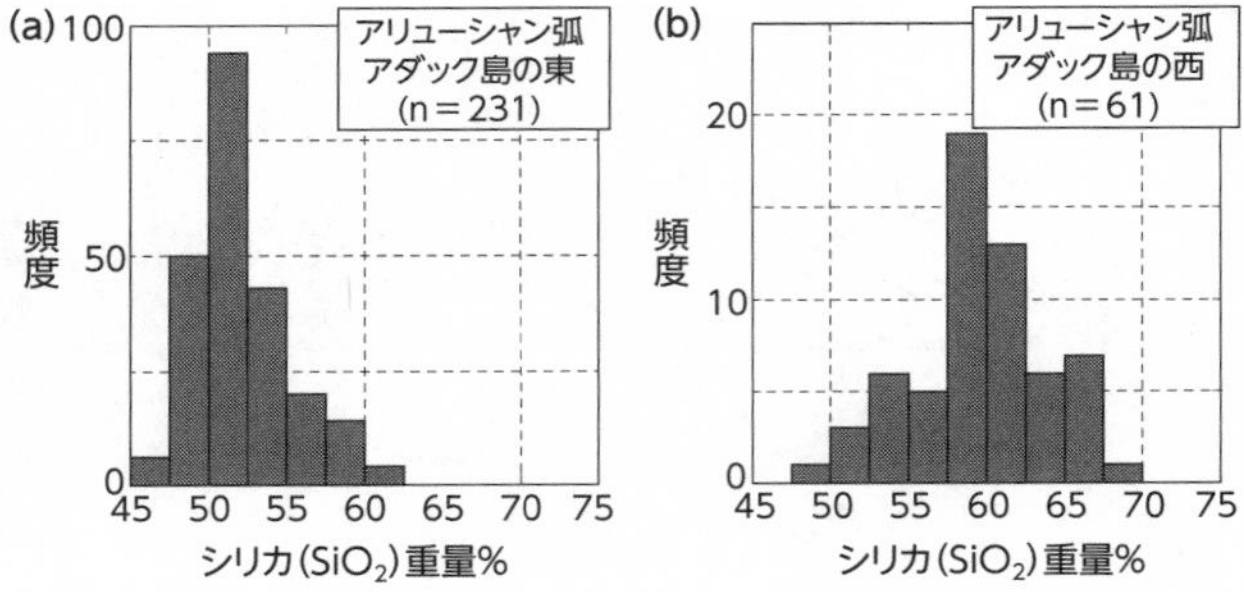

図4.11 アリューシャン弧のマグマ組成

アリューシャン弧における地殻の厚さに応じたマグマの変化は、伊豆小笠原弧で見られたものと同様でした。地殻の厚さによってマグマの組成が玄武岩質か安山岩質か決まるのは、両沈み込み帯で共通のようです。

トンガ周辺の構造は伊豆小笠原にそっくり

続いて、2022年に大きな噴火を起こした、トンガのフンガ火山に目を向けます。ここには直径3㎞のカルデラ地形[※6]があり、その北側の縁に2つの火山島（フンガトンガ島およびフンガハアパイ島）ができています。どちらの島も海面から100m以上飛び出していて、2㎞の長さがありました。この2つの島は2022年の大噴火で大部分が消失しました。

より広い範囲を見てみましょう。フンガ火山は、トンガ・ケルマディック弧と呼ばれる島弧の一部です。その列はニュージーランドの北島からトンガにかけて、2800㎞も続きます。これは、太平洋プレートがトンガ・ケルマディック海溝からインド・オーストラリアプレートの下に沈み込んでいるために形成される火山フロントです。

ニュージーランド沖ケルマディック弧の海底火山「キブルホワイト」から2017年にドイツの研究船SONNEによって溶岩が採取されました。採取された溶岩を分析した結果、キブルホワイト火山では安山岩質の未分化マグマが噴出していることが明らかになり、マントルにおいて初生安山岩マグマを生じていることがわかりました。[7]「西之島モデル」が地殻の薄いケルマディック弧でも検証されたのです。さらに、トンガ弧の地殻は安山岩質で、厚さが20㎞ほど――西之島周辺と似ています。西之島が教えてくれた安山岩生成モデルが正しければ、トンガ弧でも安山岩生成を観察できるかもしれません。そこで今後の目標として、フンガ火山周辺の海底にある溶岩を調べて、マグマの成因を明らかにしたいと考えています。すでにニュージーランド国立水大気圏研究所（ＮＩＷＡ）と共同研究をおこなっており、フンガ火山の海底から未分化安山岩を採取しています。

※6　巨大噴火により火山体がほぼ円形に陥没してできる地形です。カルデラを形成する巨大噴火をカルデラ噴火といいます。

また、フンガ火山の2022年の噴火を引き起こしたマグマについて理解を深めることは、伊豆小笠原弧における防災・減災につながると期待できます。

序章で書いた大陸にまつわる第4の謎「地球ではいま、大陸の材料はつくられているか?」の答えは、ここで出します。もちろん、「大陸の材料」とは安山岩のことです。そして、答えは「イエス」。沈み込み帯では現在も、生の初生安山岩マグマが生じ、大陸地殻の材料がつくられています。私たちが目撃している西之島やケルマディックおよびトンガの噴火は、大陸の卵の誕生にほかなりません。

気をつけなければいけないのは、西之島の下で安山岩マグマが生成しているからといって、そこに大陸地殻そのものが形成されているわけではないということです。1・3節で、大陸地殻とも海洋地殻とも異なる構造をもつ島弧地殻を紹介しましたが、西之島ではこれが形成されています。この島弧地殻(の安山岩)が材料となって大陸地殻がつくられるプロセスがあるのです。これは次章で説明します。

4・3 西之島は成長し続けるのか？——海底カルデラの形成と海域火山の運命

西之島は２０２０年６月以降、ふたたび大量の溶岩と火山灰を噴出しています。火山灰の成分が変化してきたのです。[8] 今後の西之島はどのような運命をたどるか、少し考えてみましょう。火山には、成長だけでなく破壊のプロセスも働きます。とくに注目したいのは、巨大噴火によるカルデラの形成です。

巨大な海底カルデラ

伊豆・小笠原・マリアナの一連の島弧には、いくつものカルデラがあります。とくに伊豆弧とマリアナ弧には、直径が10㎞におよぶ巨大なカルデラがあります。巨大カルデラは、成長中の海底火山が巨大噴火を起こした証拠です。巨大噴火では、地殻が大量に溶けマグマとして吹き出し、失われた体積の分だけ地形が陥没します。溶けるのは大陸地殻の材料となる安山岩です。そ

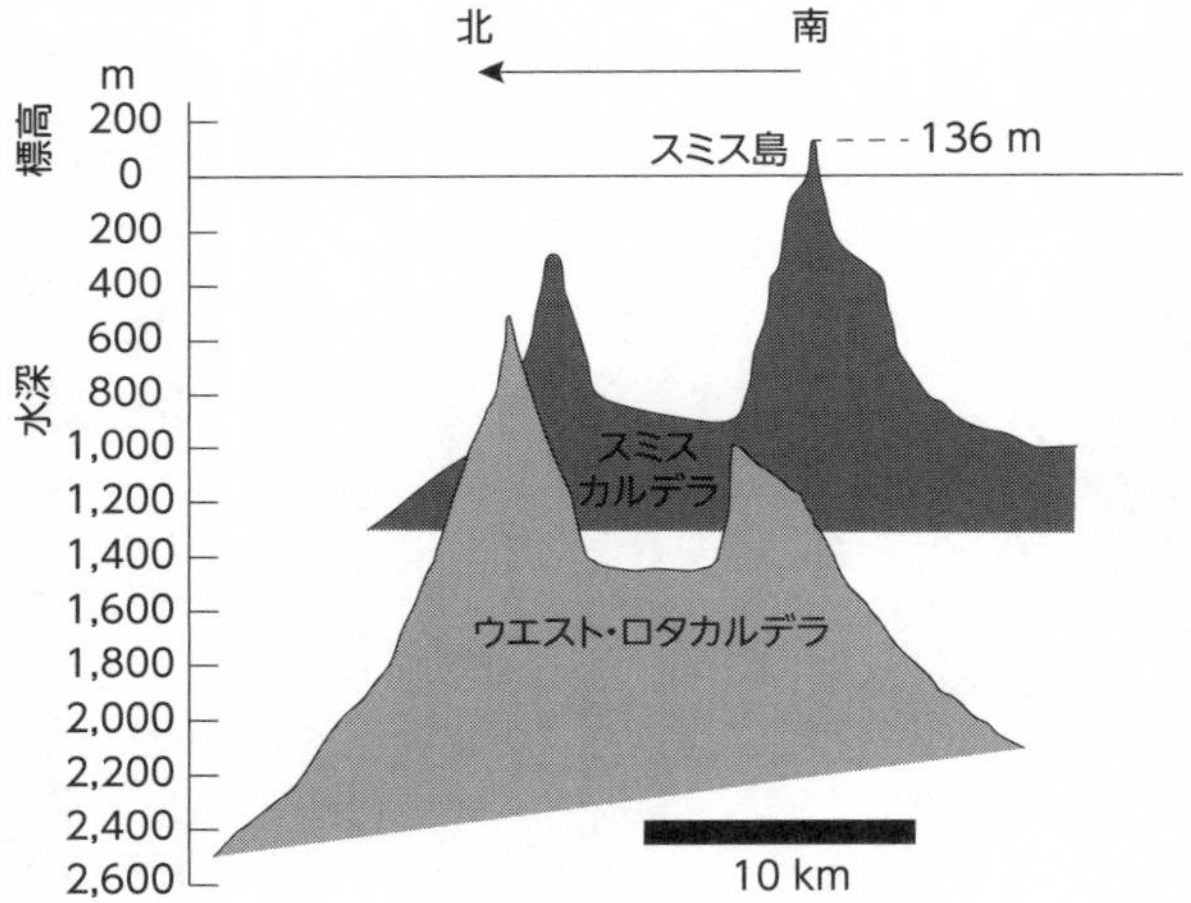

図4.12 スミスカルデラとウエスト・ロタカルデラの南北断面

して、噴火後に残る陥没地形がカルデラです。カルデラ形成は大陸形成を押しもどすプロセスといえます。

これまでJAMSTECは、伊豆弧のスミスカルデラとマリアナ弧のウエスト・ロタカルデラを調査してきました[9〜12]。この2つのカルデラの南北断面図（図4.12）を見ると、興味深いことがわかりました。

どちらもカルデラ壁[※7]の高さが1000m前後もあり、またカルデラ底が南北に5kmほど広がっています。深く、大きな陥没が生じたことが、地形から明らかです。これだけ大きなカルデラをつくる海底巨大噴火はまれな現象で、人類はまだ経験していない可能性があります。なお、スミスカルデラを形成した噴火は6万〜3万年前、ウエスト・ロタカルデラを形成した噴火は5万〜4万年前に起こりました。

スミスカルデラとウエスト・ロタカルデラには大きなちがいがあります。それは基盤の高さ（水深）です。スミスカルデラの基盤は1000m前後ですが、ウエスト・ロタカルデラでは2000mを超えます。また、単純に水深から地殻の厚さを推定すると、スミスカルデラの下では30km近く、ウエスト・ロタカルデラでは20kmほどとなります。

地殻の厚さからカルデラ形成前の海底火山の規模を考えると、スミスカルデラは伊豆大島、ウエスト・ロタカルデラは西之島に似ていた可能性がありそうです。そこで、こんどは火山体とカルデラを比較してみましょう。

まず、スミスカルデラと伊豆大島を比較します（図4.13a）。伊豆大島はスミスカルデラと比べて明らかに巨大な海底火山です。スミスカルデラは伊豆弧で最大の海底カルデラですが、カルデラ形成前の火山体は伊豆大島よりも小さかったことが読み取れます。あくまでも地形上の証拠のみにもとづいて楽観的に考えると、伊豆大島クラスのサイズにまで成長した火山島では、巨大な

※7　カルデラは急峻な崖に取り囲まれていることが多く、その崖を〝カルデラ壁〟といいます。また、内側の床を〝カルデラ底〟といいますが、その地形は平坦な場合もあれば、新しい火山を形成する場合もあります。

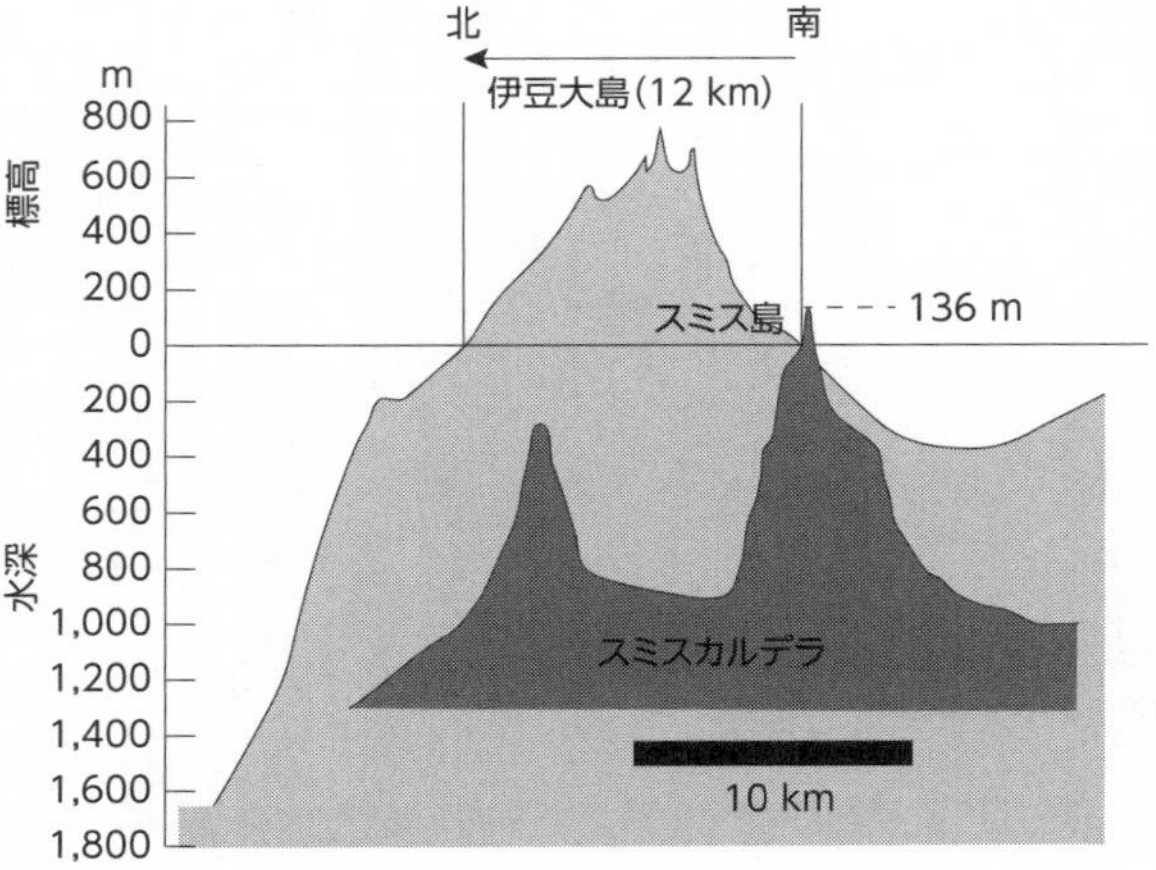

(a) スミスカルデラと伊豆大島の比較

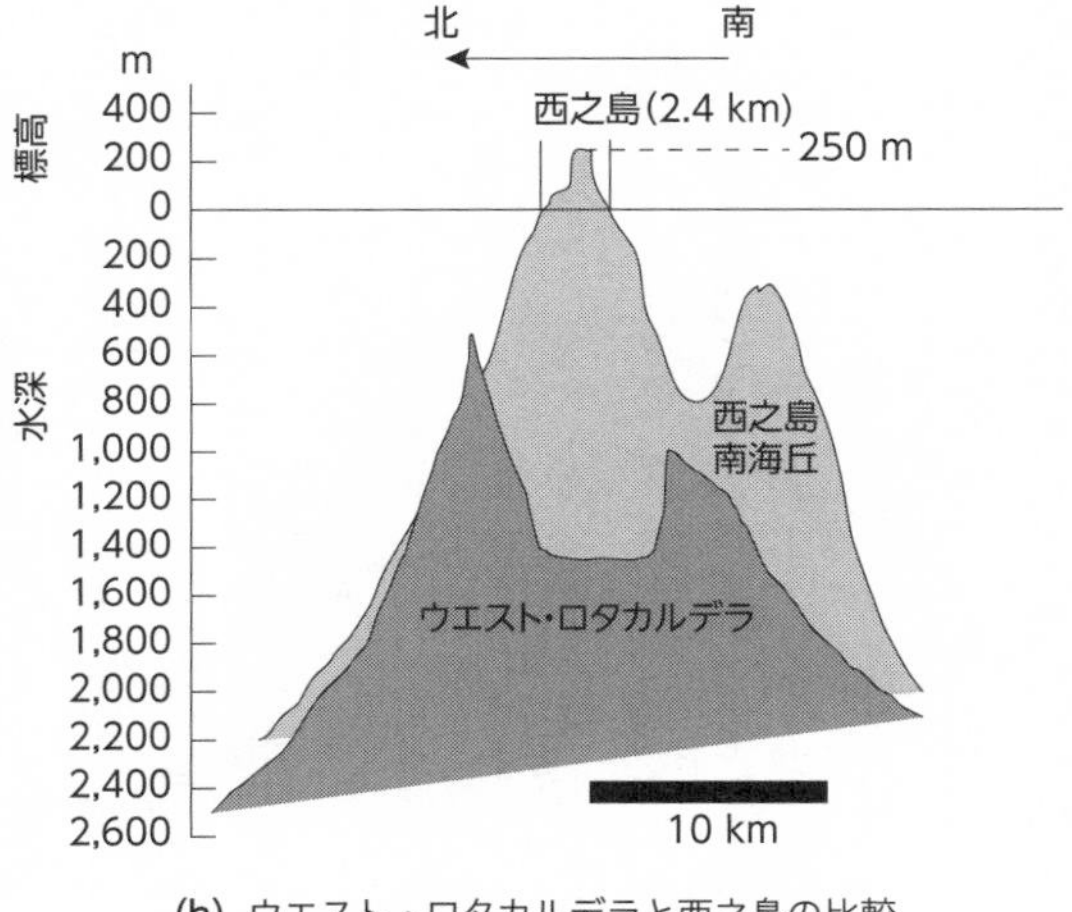

(b) ウエスト・ロタカルデラと西之島の比較

図4.13 海底カルデラと火山体の比較

海底カルデラ噴火は起きないのかもしれません。

つぎに、西之島とウエスト・ロタカルデラの大きさを比較すると、少し不安な気持ちになります（図4・13b）。どちらも基盤の水深は2000mなので、火山の成長段階と地殻の厚さは同程度でしょう。また、火山体の傾斜から、ウエスト・ロタカルデラはもともと西之島のような標高数百メートルの火山島だったと考えられています[12]。したがって、西之島がカルデラ噴火を起こす可能性は否定できません。

海底火山の成長とカルデラ形成

伊豆弧やマリアナ弧の巨大カルデラはどのように形成されたのでしょうか？　海底カルデラを形成した噴火は、大量の流紋岩マグマやデイサイトマグマ（火山灰、軽石）を噴出したことがわかっています。おそらく、共通のメカニズムがあるのでしょう。

（図4・14）は、スミスカルデラの岩石の分析結果から推定された、カルデラ形成のモデルです。順を追って見ていきましょう。

巨大カルデラをつくったいずれの火山も、初期の活動では安山岩マグマが噴出し、安山岩質の上部・中部地殻を形成していました。その後、地殻の厚さが30㎞以上になると、マントルで安山岩マグマは生成されなくなります。一方、マントル深部で生成した高温の玄武岩マグマは上昇し

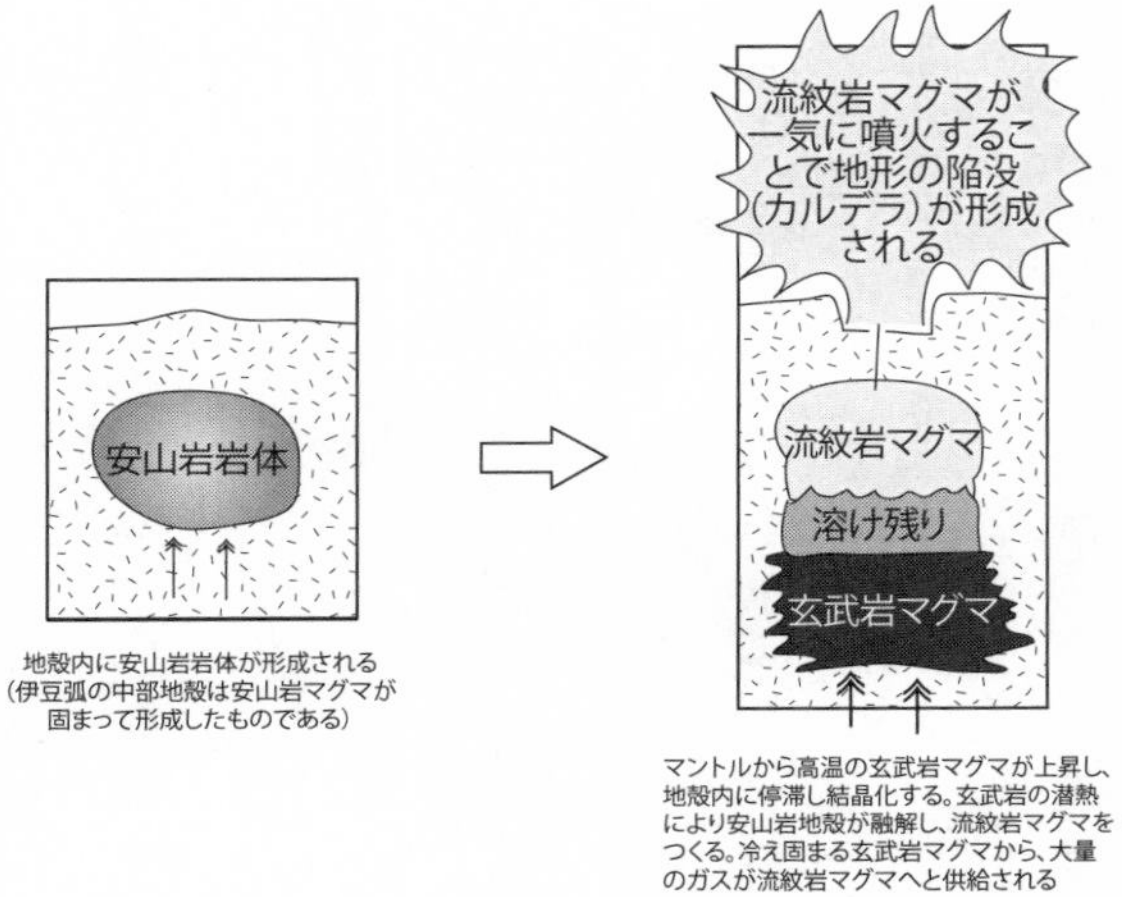
安山岩岩体
地殻内に安山岩岩体が形成される
(伊豆弧の中部地殻は安山岩マグマが
固まって形成したものである)
流紋岩マグマが
一気に噴火するこ
とで地形の陥没
(カルデラ)が形成
される
流紋岩マグマ
溶け残り
玄武岩マグマ
マントルから高温の玄武岩マグマが上昇し、
地殻内に停滞し結晶化する。玄武岩の潜熱
により安山岩地殻が融解し、流紋岩マグマを
つくる。冷え固まる玄武岩マグマから、大量
のガスが流紋岩マグマへと供給される

図4.14 カルデラ形成モデル

続け、それが安山岩地殻に貫入しました。すると、貫入した玄武岩マグマの潜熱で安山岩地殻が再融解して、大量の流紋岩マグマが形成されます。

一方で、冷え固まっていく玄武岩マグマからは大量の火山ガスが流紋岩マグマに供給されます。そのため、流紋岩マグマは一気に爆発的な噴火を起こし、地下にあった流紋岩マグマが地表に噴き出します。こうして地下のマグマがなくなることによって山体が陥没し、カルデラが形成されるのです。

カルデラ形成時、海洋島弧の活動初期に生成する安山岩質の地殻は、貫入マグマの熱でどれだけ溶けたのでしょうか？　実験によると、安山岩を熱していくと800〜900℃前後で少しずつ溶けはじめ、温度上昇とともに溶ける量が増えていきます。そして、温度が１０００～１０５０℃に達すると、安山岩の半分が融解して、流紋岩マグマを生成することがわかりました[10]。この流紋岩マグマが噴出すると、その部分の地殻は体積が半分になります。

これと同じことが西之島でも起こるでしょうか？

火山活動が活発な現在の西之島においては、地殻自体の温度が安山岩の融点に近い高温を維持しています。この高温の安山岩地殻を溶かして流紋岩マグマを発生させるには、さらに高温の玄武岩が貫入する必要があります。室内実験にもとづく推定によれば、１３００℃ほどの玄武岩マグマが供給されれば、西之島で大量の流紋岩マグマの噴出とカルデラの形成が起こる可能性は高いでしょう[8]。

海底カルデラが形成される条件

伊豆小笠原弧は北と南で地殻構造（厚さ）が異なりますが、カルデラの分布にも大きなちがいがあります。伊豆弧には、北から大室ダシ、黒瀬、南八丈カルデラ、東青ヶ島カルデラ、明神海丘、明神礁、スミスカルデラ、南スミスカルデラなどの海底カルデラが存在します（図4・15）。一方で、西之島をふくむ小笠原弧には、海徳海山以外の海底カルデラは存在しません。

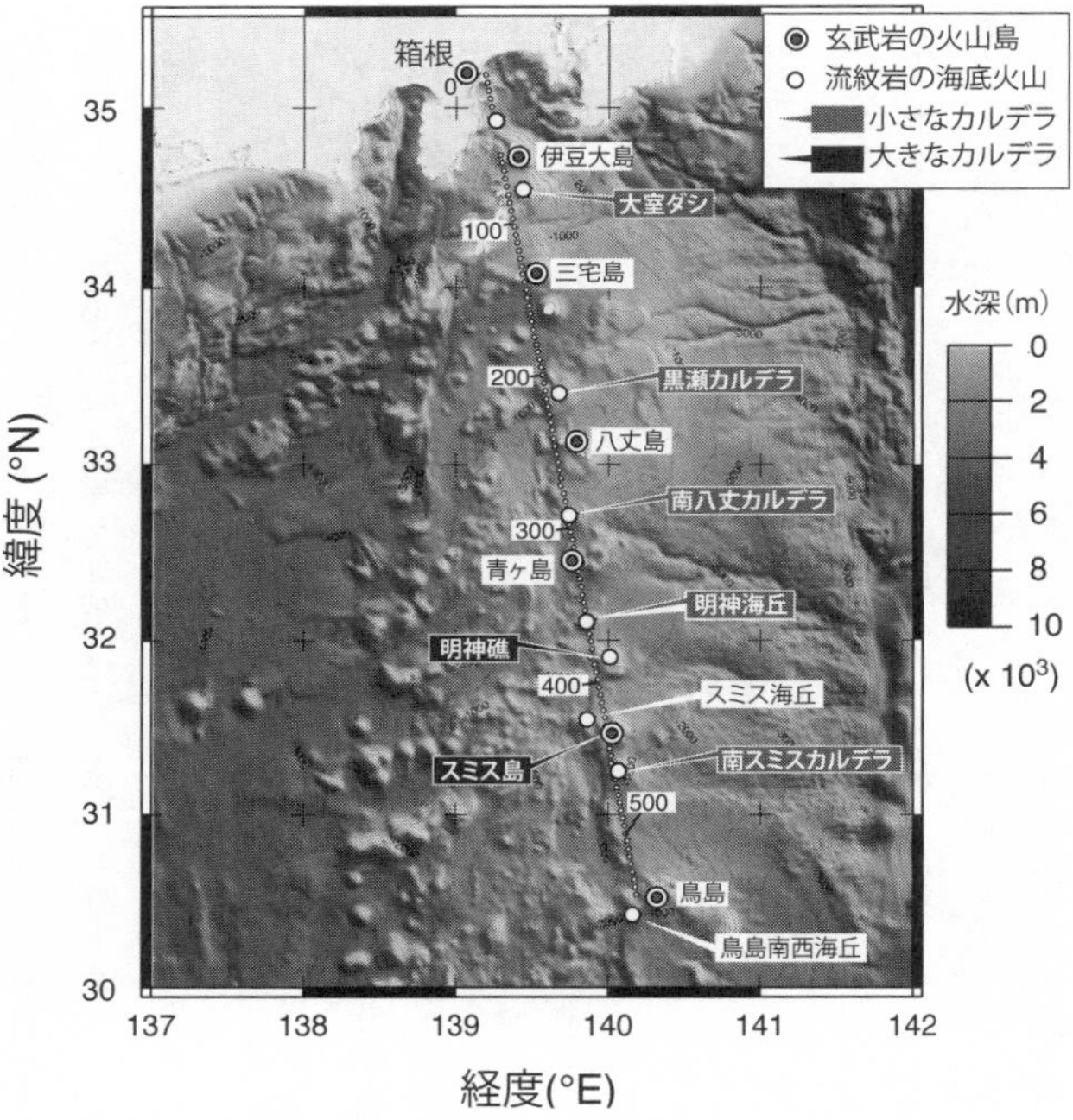

図4.15 伊豆弧の海底カルデラ

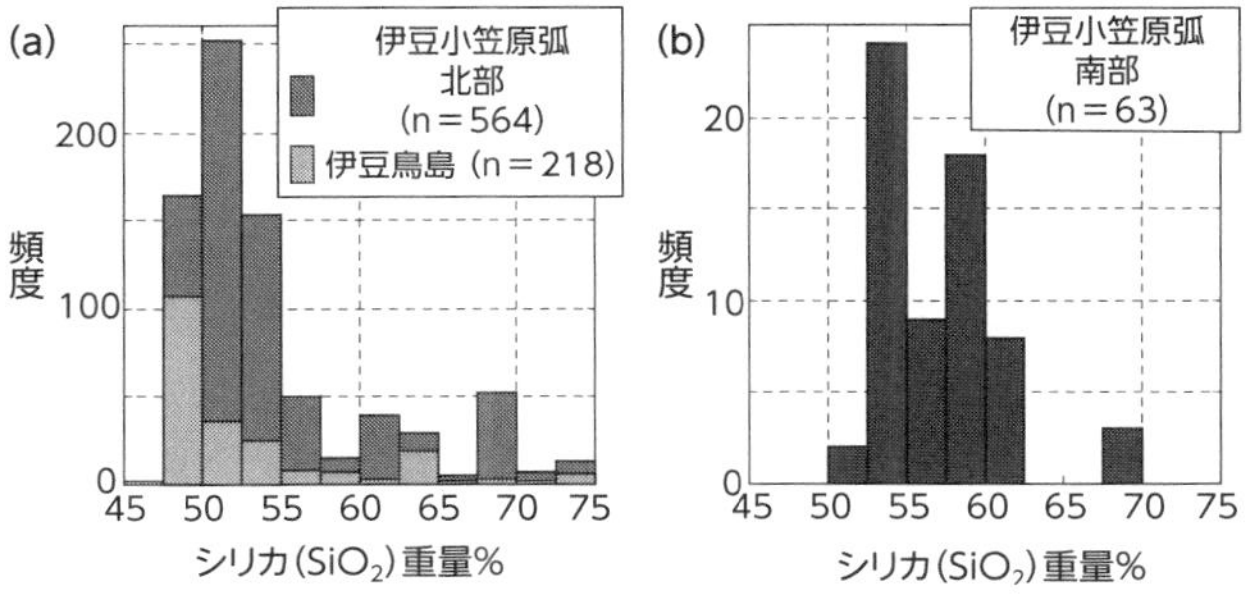

図4.16　伊豆小笠原弧で採取された溶岩の組成

伊豆弧と小笠原弧でカルデラの分布が異なるのはなぜでしょうか？　カルデラは基本的に、地殻が溶けてマグマが噴出した結果として生じる陥没地形ですから、地殻のある程度の成長が必要です。小笠原弧の地殻は、カルデラ噴火を起こすほど成長していないと考えられます。

また、カルデラの形成には、玄武岩マグマの貫入が必要です。そこで図4.16に、伊豆小笠原弧で採取された溶岩の組成を示しました。

伊豆弧においては、バイモーダル火山活動がみられます（図4.16a）。**バイモーダル**とは、噴出するマグマの組成を横軸にとり、噴出した量を縦軸にとってグラフをつくった場合に、2つのピークがみられることをいいます。これはすなわち、玄武岩マグマと流紋岩マグマの割合が多く、その中間組成のマグマは少ないことを示しています。伊豆弧の中部地殻が玄武岩マグマの熱によって溶かされてデイサイトや流紋岩マグマは生成します。

小笠原弧では、玄武岩マグマよりも安山岩マグマが卓越します（図4・16b）。西之島の過去の活動でも、安山岩マグマだけが生成して、玄武岩マグマの貫入や流紋岩マグマの生成は起きていませんでした。しかし、2020年の大噴火は玄武岩マグマの貫入によって引き起こされたことが明らかになったのです。そのため、今後西之島でカルデラ噴火が起きる可能性は否定しきれません。もし西之島がカルデラ噴火を起こせば、形成されるカルデラの規模はウエスト・ロタカルデラに近いと予想できます。

海底カルデラは2種類

伊豆弧には2種類の海底カルデラがあるようです。スミスカルデラのような大きなカルデラのほかに、小型のカルデラが存在するのです。前者は、成長した海底火山の下（マントル）で生じた玄武岩マグマが安山岩地殻を溶かして形成した地形ですが、後者は海底火山（火山島）どうしの間に位置しています。大きさの異なるカルデラは、異なるメカニズムで形成されたのかもしれません。

伊豆弧の小型の海底カルデラの形成に関して、われわれは2009年に新しい考えを提出しました。[13] それは、これらのカルデラを形成した噴火は、真下のマントルで生じたマグマによるものではない、とするものです。

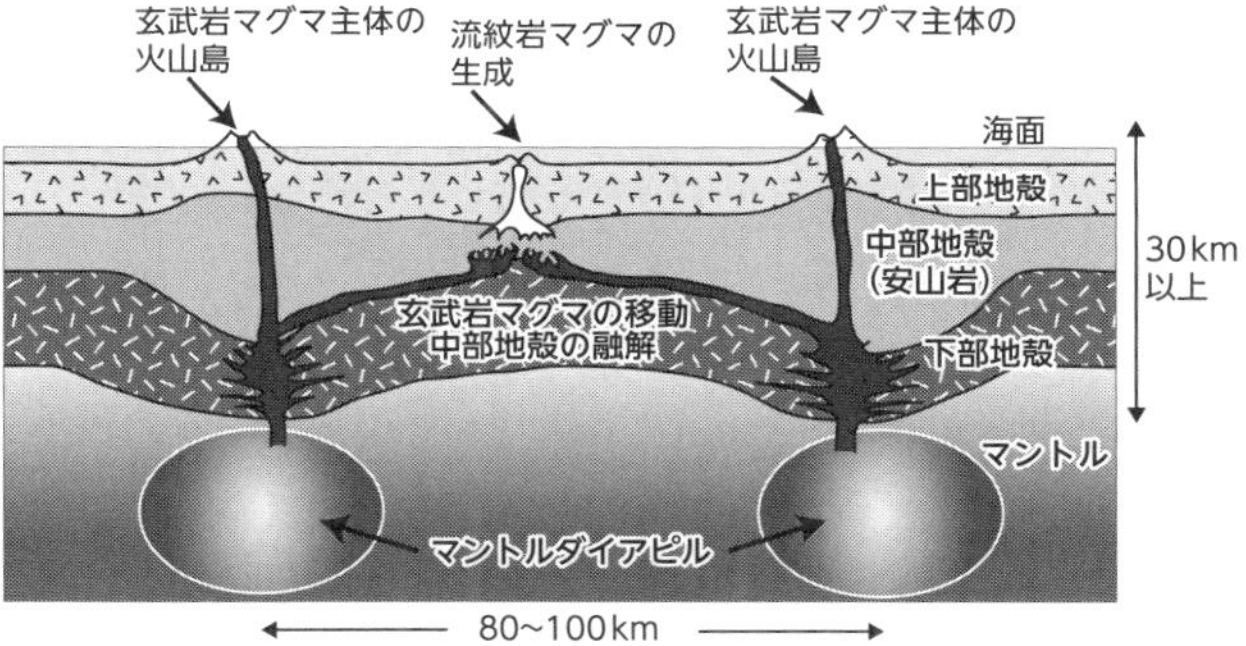

図4.17 伊豆弧の小型の海底カルデラの形成プロセス

マントルでは玄武岩マグマしかできない

じっさい、小型の海底カルデラの下のマントルには熱源は見当たりません。とはいえ、カルデラができたということは、高温の玄武岩マグマの貫入によって安山岩質の中部地殻が溶かされたはずです。その貫入玄武岩マグマはどこからやってきたのでしょうか？

おそらく、真下のマントルから上昇してきたのではなく、周辺の火山の下から移動してきたのです。つまり、もともと火山の下にあった玄武岩マグマが数十km も水平移動する間に周囲の地殻を溶かして、流紋岩マグマを生成したというのです（図4.17）。玄武岩マグマが数十km も移動して熱源となることは、可能なのでしょうか。

マグマの長距離移動は起こりえます。たとえば、2000年の三宅島の噴火の際には、その下のマグマが、30km以上離れた神津島に向かって移動しました[14]。

福徳岡ノ場の噴火

ここで、海底カルデラの話題と関連する最近の事例を紹介します。福徳岡ノ場の噴火です。西之島の爆発的噴火が話題になった翌年（2021年）の8月に、福徳岡ノ場が突然噴火しました。大きく報じられたので、ご記憶の方も多いでしょう。このときの噴火はカルデラを形成するほどの規模ではありませんでしたが、カルデラとまったく無関係というわけでもありません。

福徳岡ノ場は、西之島と同様に、巨大な海底火山の山頂部に相当します。硫黄島の南南東約56㎞に位置する（西之島からは約330㎞、東京からは約1300㎞離れています）、伊豆小笠原弧の火山のひとつです（図4.18）。

この火山は、過去に何度か噴火が観測されています。噴火により新島が形成され、活動が落ち着くと島が海没するということがくり返されてきました。

気象衛星ひまわり8号が福徳岡ノ場からの噴煙を観測したのは、2021年8月13日の朝6時ごろです。同日午後には、その噴煙は高度16～19㎞（成層圏）にまで達しました。それ以降は噴火が間欠的になっていき、15日の午後4時ごろ以降は噴煙を観測できなくなりました。3日とい

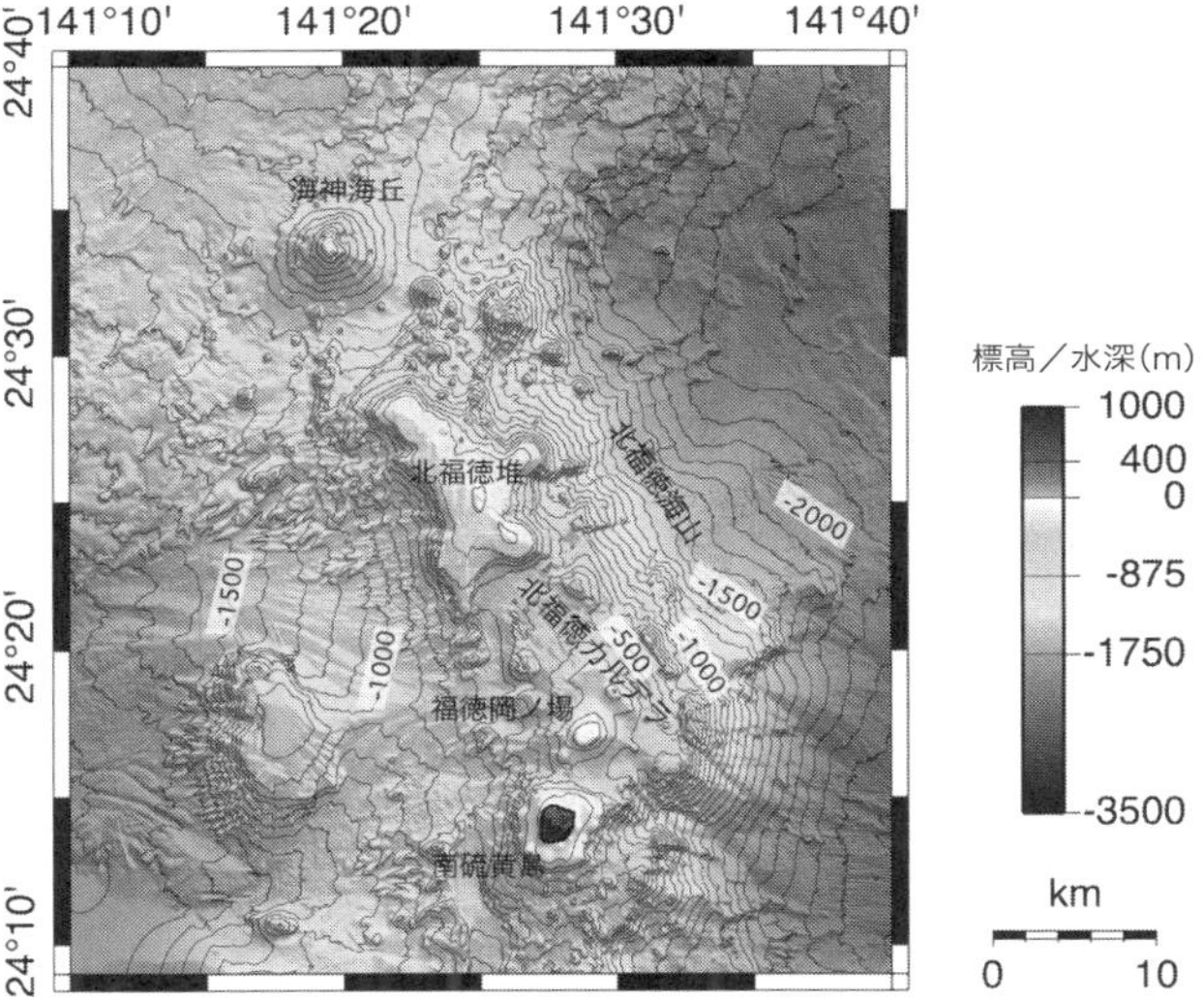

図4.18　福徳岡ノ場周辺の海底地形図
［出典：海上保安庁　海洋情報部　海域火山データベース］

う短期間で落ち着く噴火は、その噴出物の性質もふくめて、１９８６年に観測された噴火とよく似ています。

８月16日、海上保安庁は航空機による観測を実施しました。その結果、２つの新島が確認されました。ただ、９月５日には、東側の新島は海没しています。１９８６年の噴火でも、新島が形成されたものの、波に削られ２ヵ月で海没しました。

福徳岡ノ場の噴火では、大量の軽石が噴出したことが話題となりました。[15] 海流に運ばれた軽石が沖縄や奄美大島といった島々に漂着し、漁業やフェリー運航の妨げとなったのでした。

軽石は、爆発的な噴火で噴出したマグマが急冷され、固まったものです。軽石には空隙が多いため、全体の密度が水よりも小さく、海面を漂流します。漂流中、徐々に染み込んでいった水が空隙を満たすと沈降します。ただ、空隙の形が複雑で水が染み込みにくいため、長期間漂流することになるのです。

本書でカルデラ噴火との関係で福徳岡ノ場に注目したい理由は、この軽石の噴出にあります。

なぜ大量の軽石が噴出したのか?

噴火の噴出物が溶岩になるか軽石になるかは、もとになるマグマに溶け込んでいたガス成分のふるまいで決まります。具体的には、大量のガスが速やかにマグマと分離するのか、それともマグマ中にとどまってマグマとともに発泡するのか、というちがいです。このちがいを決める要因については、まだよくわかっていません。

福徳岡ノ場の噴火で大量の軽石が噴出したのは、その下で活動するマグマに大量のガスが溶け込んでいたからです。福徳岡ノ場の噴火を解析していくと、その大量のガスは、地表に噴出していない玄武岩マグマから供給されたことがわかってきました[15]。

そもそも地下のマグマには、高い圧力の効果で、大量のガス成分が溶け込んでいます。噴火により高圧から解放されると、マグマに溶け込んでいたガス成分は気体となり、その大部分は放出（マグマから分離）されます（図4-19）。とくに、地殻に貫入した玄武岩マグマが結晶化していくときに、液体の部分が少なくなるので、溶け込めなくなったガス成分が大量の気体になるのです。同時に、玄武岩マグマの潜熱によって安山岩（地殻）が溶かされて、流紋岩マグマが生成します。玄武岩マグマから放出されたガスは、その流紋岩マグマに供給されます。これが軽石となります。流紋岩マグマは、玄武岩マグマから熱だけではなく、大量のガスも受け取ることになるのです。ここで軽石の噴出とカルデラ形成は深い関係をもってきます。

軽石を噴出する噴火は珍しくありません。海底を調査していると、しばしば出所不明の軽石――どこかの火山から噴出したのち、漂流して沈降したもの――が見つかることがあります。将来、軽石噴火が起こるかを予測するには、さまざまな観測をおこなう必要があります。

軽石噴火とカルデラ噴火には強い関連があります。海底カルデラを形成する巨大噴火では、必ず軽石が噴出されるのです。大量の軽石を噴出し、陥没地形を形成するカルデラ噴火には、未知の部分が多く残されています。たとえば、どれくらいの時間でどのくらいの地殻が溶けるのか、カルデラ噴火は突如起こるのか、それとも予兆はあるのかなど、わからないことだらけです。

じつは、軽石噴火をくり返している福徳岡ノ場では、過去にカルデラ噴火が起きたことが、地

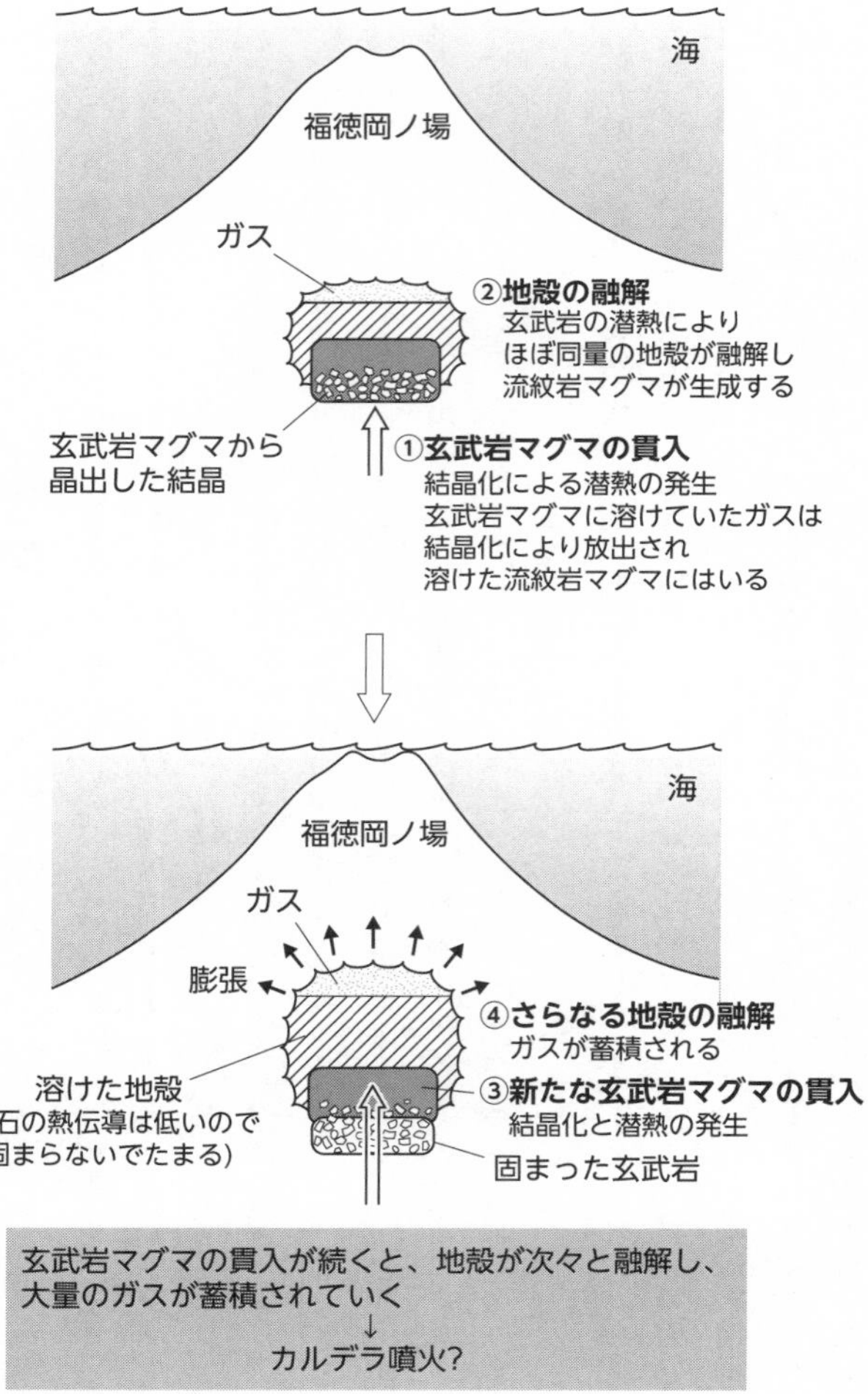

図4.19 福徳岡ノ場の軽石噴火

形から読み取れます。図4-18を見ると、福徳岡ノ場は北福徳カルデラと呼ばれる陥没地形の中に位置することがわかり、カルデラ内の中央火口丘[※8]と考えられます。北福徳カルデラを形成した噴火では、2021年の噴火とは比べものにならないほど大量の軽石が生成したはずです。

軽石の材料となるのは、安山岩質の中部地殻です。すでにカルデラのある場所では、安山岩質の中部地殻が減っていることがわかっています。そのため、福徳岡ノ場でもう一度カルデラ噴火が起こる可能性は小さいでしょう。ただ、カルデラ噴火の規模ではないにしても、軽石を噴出する噴火はいつでも起こりえます。

福徳岡ノ場と北福徳カルデラの関係

北福徳カルデラと福徳岡ノ場の南には、南硫黄島があります。南硫黄島は伊豆小笠原弧の火山では最高峰で、標高が916mあります。[※9] 不思議なことに、南硫黄島は高さに比して、水平方向の広がりは小さめです。島の形は少しゆがんだ正方形で、東西は1・9㎞、南北は2・1㎞、面

※8　中央火口丘とは、大噴火でカルデラが形成された後に起きた小規模なマグマ活動でつくられた、カルデラ内の火口丘のひとつです。
※9　三宅島の雄山（おやま）の標高は775m、八丈島の八丈富士では854mです。

積は3・5㎢と、西之島よりも狭い島です。小さい島が不自然に高い標高をもっている原因はなんでしょうか?

南硫黄島の平均傾斜は40度を超えます。不自然な高さとこの急斜面は関係しているにちがいありません。水平面上で砂などを積み上げたときに、安定を保つ斜面の最大角度を〝安息角〟といいます。砂の安息角は30度前後と知られているので、火山灰などが積み重なって急峻な南硫黄島ができたとは考えにくいです。

この南硫黄島の不自然な地形は、この島が北福徳カルデラのカルデラ壁だと考えると納得できます。北福徳カルデラが形成したあとで、カルデラ壁の一部が火山として活動し、南硫黄島を形成したのです。

南硫黄島の火山活動は数十万年前にはじまったと考えられています。現在、噴火活動はありません。しかしじつは、南硫黄島は火山活動を終えたのではなくて、この島を形成した玄武岩マグマは現在、5㎞離れた福徳岡ノ場の地下に貫入しているのかもしれません。

図4·20aに、福徳岡ノ場と南硫黄島をふくむ鉛直断面図(北北東-南南西方向)を示します。これらが、ひとつの火山であることがわかるでしょう。山頂に2つの高まりがあり、それぞれが島として現れているのです。福徳岡ノ場は、南硫黄島をふくむ火山体として見ると、伊豆大

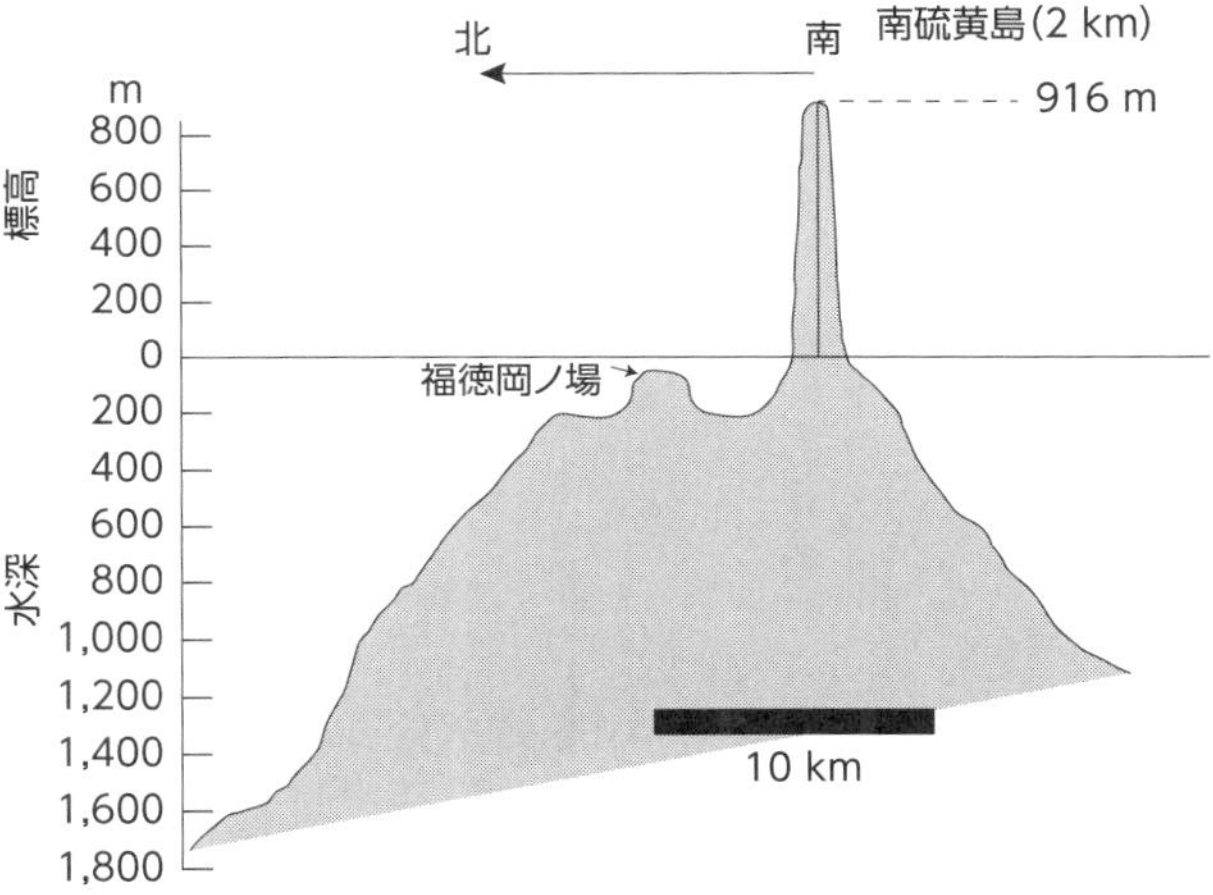

(a) 北北東―南南西方向

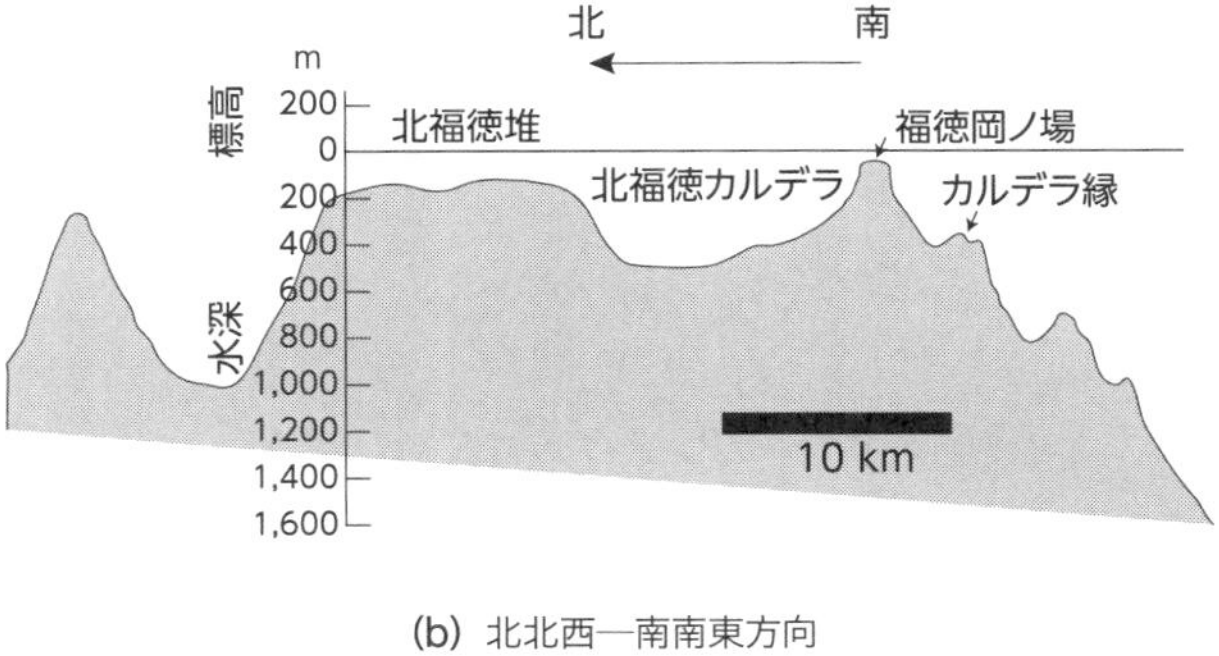

(b) 北北西―南南東方向

図4.20 福徳岡ノ場の断面図

島に匹敵する規模の海底火山です。

もうひとつの断面図 図4・20b を見てください。これは、福徳岡ノ場を北北西から南南東に向けて切った断面です。福徳岡ノ場の北側に北福徳カルデラがあります。

北福徳カルデラの広さは16km×10km——これまでみてきたスミスカルデラ（9km×6km）やウエスト・ロタカルデラ（10km×6km）よりも大きめです。ところが、地形断面図を比較してみると、スミスカルデラやウエスト・ロタカルデラのような、深さ1000mにおよぶはっきりしたカルデラ壁はもたないことがわかります。これは、噴火により形成されたカルデラではない可能性があります。一方、北福徳カルデラは東西に引っ張られるような力を受けており、南にある、新しい海洋底ができているマリアナトラフの延長上であるとも考えられています[16]。マリアナトラフは、火山フロントの背弧側にできる背弧海盆と呼ばれる海洋底の一つです。マリアナトラフの延長であるとすれば、北福徳カルデラは火山性のカルデラというよりも、地殻が引き伸ばされて海洋底ができる前の陥没地形と考えたほうが正しいかもしれません。

福徳岡ノ場と北福徳カルデラの関係は、今後の海底調査によって、さらに理解が深まっていくでしょう。

第5章

最初の大陸はいつできたのか？

——40億年の歴史を復元しよう——

ヴェーゲナーの唱えた〝大陸移動説〟によると、かつて大陸はつながっていました。そして、あるとき分裂して、異なる向きに移動しはじめ、長い時間をかけて現在の配置になったようです。それだけでも驚くべきことですが、ヴェーゲナーが見抜いた大陸移動は、地球の大陸の歴史のごく一部にすぎません。

本章では、約40億年という長大な歴史の復元に挑戦します。そして、〝地球で最初の大陸〟に迫ってみたいと考えています。

5・1 動く、裂ける、ぶつかる
──ダイナミックな大陸像

〝大陸移動説〟は提案された当初、異端扱いを受けました。一度は存在感を失ったものの蘇り、海洋底拡大説を経てプレートテクトニクスへと進化していきました。いまでは、動き回る、裂ける、ぶつかるといった、ダイナミックな大陸像が認識されています。これらの大陸像が、現在の地球を理解するうえでも大いに役立ちます。

大地が動く？

ドイツの気象学者・地球物理学者、アルフレート・ヴェーゲナーは34歳のとき（1915年）、大陸移動説を世に問うために『大陸と海洋の起源』を出版しました。[※1] その第1章の冒頭には次のような文章があります。

「大陸移動の考えが最初に私の頭に浮かんだのは一九一〇年のことである。その年に世界地図を眺めながら、大西洋の両側の大陸の海岸線の出入りに、私は深く印象づけられた」

竹内均訳『大陸と海洋の起源』（講談社ブルーバックス）より[1]

世界地図を見ると、大西洋を挟む2つの大陸（アフリカと南アメリカ）の海岸線の形はよく似ています。さらにヴェーゲナーは、この両大陸の地層の類似性も指摘しています。5000kmも離れた2つの大陸で地層が似るなど、偶然とは考えにくいことです。

ヴェーゲナーは著書の中で、当時自明とされていた地球収縮説や陸橋説を否定しました。地球収縮説は、地球が冷えて収縮するときに、表面にしわが生じる——山脈や海洋底ができる——というものです。これが受け入れられていた時代、地球の収縮により陸地が海底になったり、海底が陸地になったりすると考えられていました。きわめて顕著な褶曲《しゅうきょく》作用や、お互いにぶつかり合ってできたような衝上《しょうじょう》断層（逆断層）であれば、収縮説で説明できます。

しかし、引っ張り合ってできたような正断層や張力領域は、収縮説では説明できません。地質

※1　わが国でも何度も翻訳され出版されてきました。いまもっとも手に入れやすいのは、ブルーバックスだと思います。

を詳細に観察すると、正断層と逆断層が存在していて、収縮説だけでは説明できません。また、大陸と海底の岩石が別物であることが知られている現在、もともと一様な地殻を前提とする地球収縮説の解釈は成り立ちません。ヴェーゲナーの時代には深海底の岩石を採取する方法もなく、海底調査がほとんどおこなわれていなかったため、大陸地殻と海洋地殻が別物とは考えられていませんでした。

陸橋説は、離れた大陸どうしをつなぐ陸地（陸橋）がかつては存在した、とするものです。化石の分布を説明するために提案されました。陸橋伝いに動植物が移動・拡散したため、海で隔てられた大陸によく似た生物が分布していた、というわけです。しかし、陸橋の存在を裏づける証拠はありませんでした。また、生物の分布は大陸移動説のほうが合理的に説明可能です。

大陸移動説は発表当時、多くの支持を集めることはできませんでしたが、少数の熱烈な支持者もいました。※2 フィールドを歩き回っていろいろな地層を観察し考察する地質学者にとって、「長い時代をかけて硬い地層が変形してきた」と考えざるをえない露頭が存在することが、以前から悩みの種でした。支持者たちは、大陸移動説がその悩みを解消するきっかけになる可能性を感じ取っていたのでしょう。

海底に敷き詰められた磁石 ―― 大陸移動説復活のカギ

ヴェーゲナーは1930年、研究のためグリーンランドを探検中に遭難して亡くなってしまいました。50歳の若さでした。彼の早すぎる死と、第二次世界大戦のために、大陸移動説は一度表舞台から姿を消しました。しかし、必然として、大陸移動説は蘇ることになります。

大陸移動説の復活のきっかけは、海洋底の研究でした。1963年、大西洋で磁気の測定がおこなわれ、中央海嶺に平行な縞状の磁気異常（地磁気縞模様）が発見されたのです[4]。地磁気縞模様の発見は、海洋底拡大説へとつながります。この流れをもう少しくわしく見ていきたいのですが、磁気異常の前に、地球の磁気について説明します。

方角（どちらが北か）を知るには、方位磁石を使います。方位磁石が北を指すのは、地球が磁場に覆われていて、それが磁石に磁力を与えている証拠です 図5・1 。この磁場を〝**地磁気**〟と

※2　日本では、物理学者の寺田寅彦が大陸移動説に好意的だったことで知られています。彼は実際に、日本海の島の分布は大陸移動説で説明できるとまで考えていたようです（文献［2・3］）。

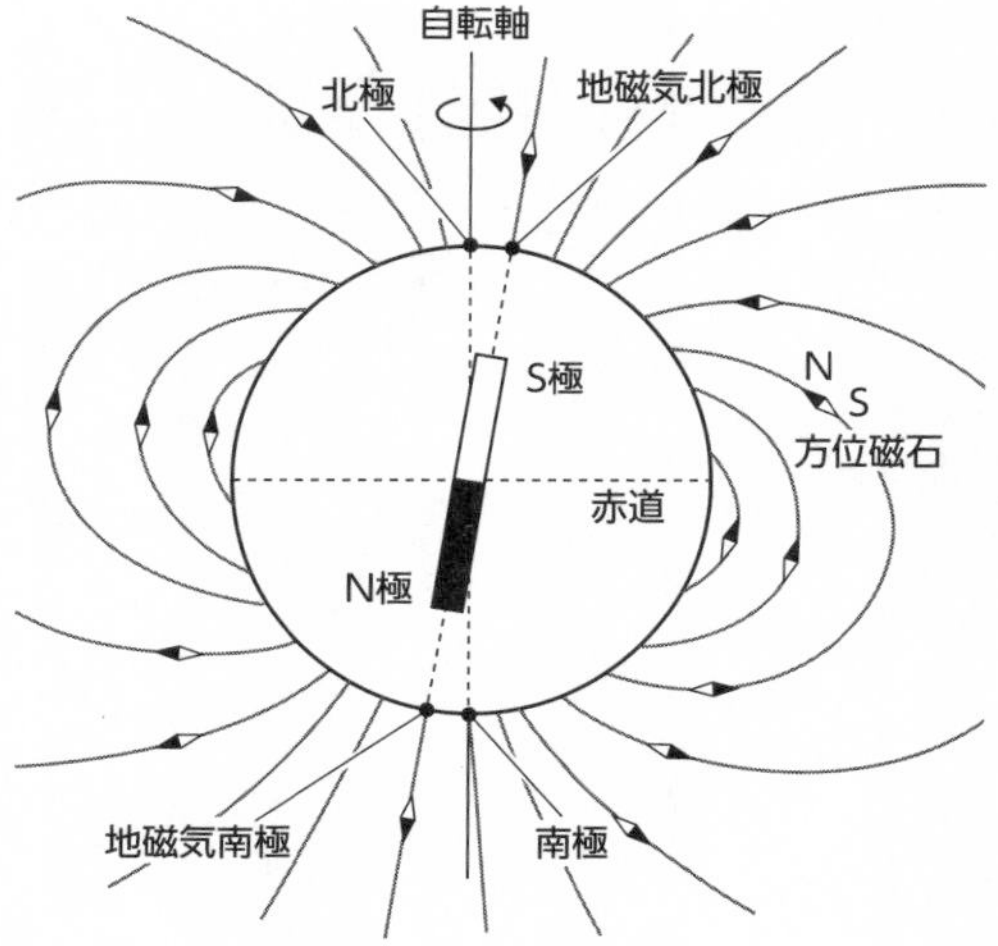

図5.1 地磁気と方位磁石

呼びます。地磁気は地球上の場所によって強さや向きが異なりますが、国際標準地球磁場モデルによって近似的に再現されています。それによると、地磁気の強さは3万～4万ナノテスラ程度です。

　地磁気の強さが正確に測れるようになったころ、その広域あるいは局所的な変化が科学的なターゲットとなりました。1950年代になると、海上での磁気測定が本格的にはじまります。すると不思議なことに、磁気が一定であると予想された海域で、場所によって数百ナノテスラ程度のばらつきが見つかりました。これが〝磁気異常〟と呼ばれます。

　自然界には、地磁気以外に比較的強い磁気を帯びた物質があります。その代表例は、岩石を構成する磁鉄鉱などの鉱物です。たかだか地磁気の数パーセントですが、別の磁気をもちます。

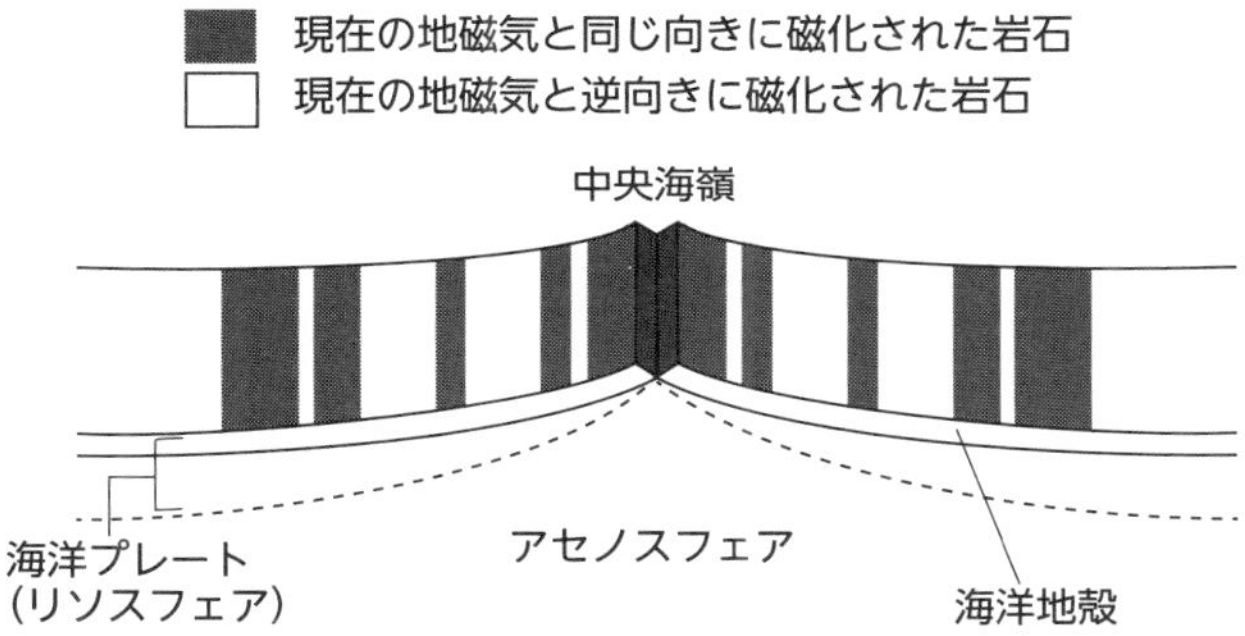

図5.2 地磁気縞模様

磁鉄鉱は、マグマが冷え固まって溶岩となるときに結晶化します。結晶化するとき、必ず地磁気の影響を受け、そろった方向をもつ磁石となります。どの磁鉄鉱も同じ方向に磁化していくため、溶岩全体としても、弱い磁石となります。こうして溶岩が得る磁力は〝熱残留磁気〟と呼ばれます。

海面上を航行する船から磁気測定をすると、地磁気に海底の岩石の熱残留磁気が加わったものを読み取ることになります。この海底の岩石の熱残留磁気こそ、磁気異常の正体でした。地磁気と比べればかなり小さい磁力とはいえ、磁石が海底に敷き詰められていたのです。

先に述べたように、磁気異常はランダムに現れるわけではなく、海底地形と関係がありました。中央海嶺と平行に、現在の地磁気と同じ向きに磁化された岩石と、逆向きに磁化された岩石とが、交互に分布していました。しかもその縞模様は中央海嶺を中心に対称をなしていま

す 図5・2 。この地磁気縞模様の成因は何なのでしょうか。

海洋底拡大説の誕生

大陸移動説の再浮上のきっかけとなった海洋底の研究がもうひとつあります。次に説明する深海底掘削です。

1968年から1969年にかけて、大西洋中央海嶺を横切る測線上の複数の場所で掘削がおこなわれ 図5・3a 、海底の堆積物も採取されました。海洋地殻直上の堆積物は、その部分の地殻が形成した直後に降り積もった物質とみなせます。それにふくまれる化石の年代測定がおこなわれました。測定される年代は、掘削地点の海底が形成された年代とほぼ一致するはずです。地殻直上の化石の年代と大西洋中央海嶺からの距離とをプロットしてみると、両者の間にみごとな正の相関が現れました[5] 図5・3b 。これは、中央海嶺から離れるほど海底の年代が古くなっていくということです。このデータは、中央海嶺で海洋底がつくられ、そこから離れていったと解釈できます。大西洋中央海嶺ではつねに海底が形成されていて、大陸とともに、東西それぞれに約2cm／年のスピードで動いていることがわかりました。

海洋底は中央海嶺を中心に広がる——海洋底拡大説が生まれました。この説にもとづいて考え

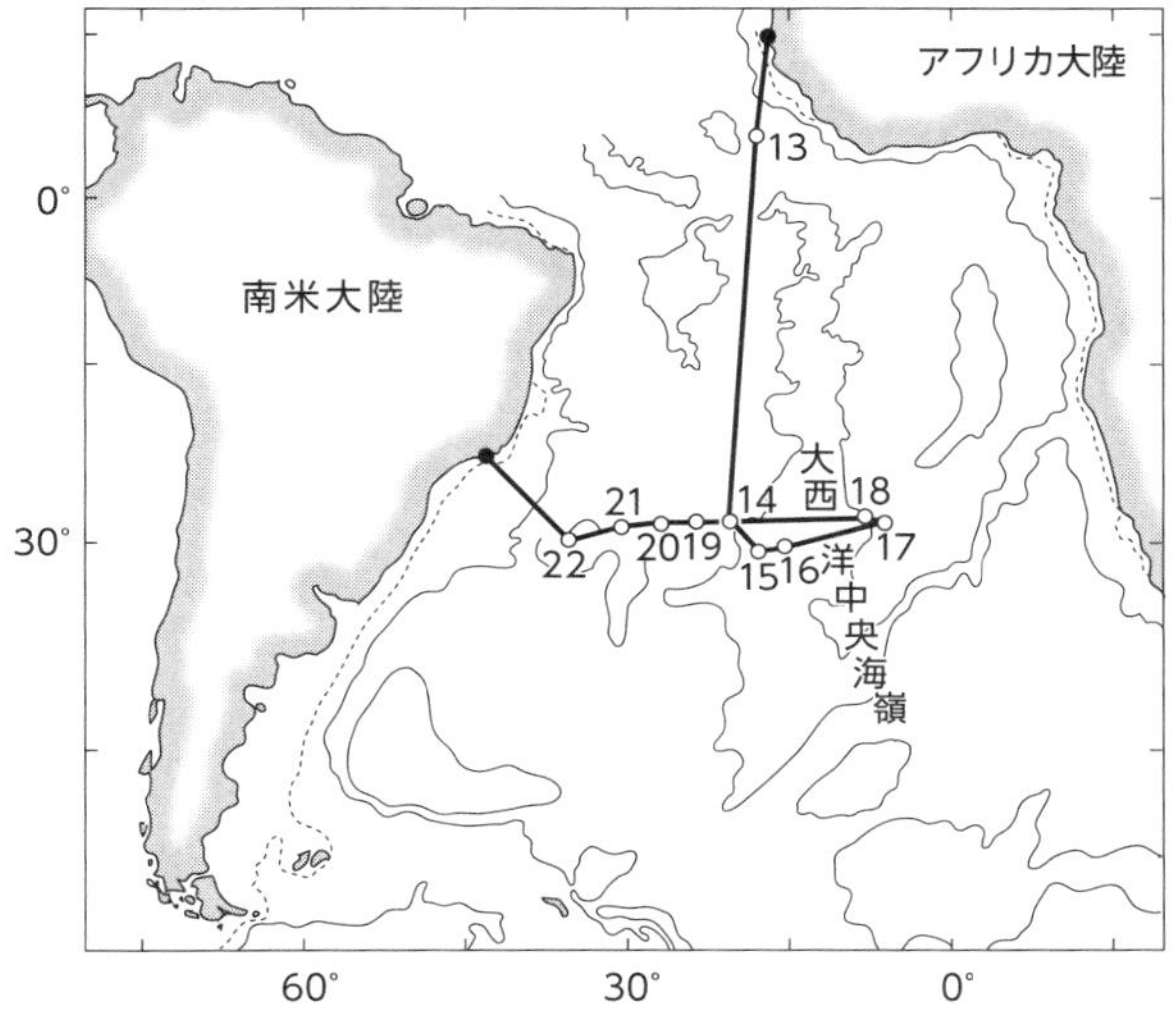

(a) 掘削がおこなわれた場所

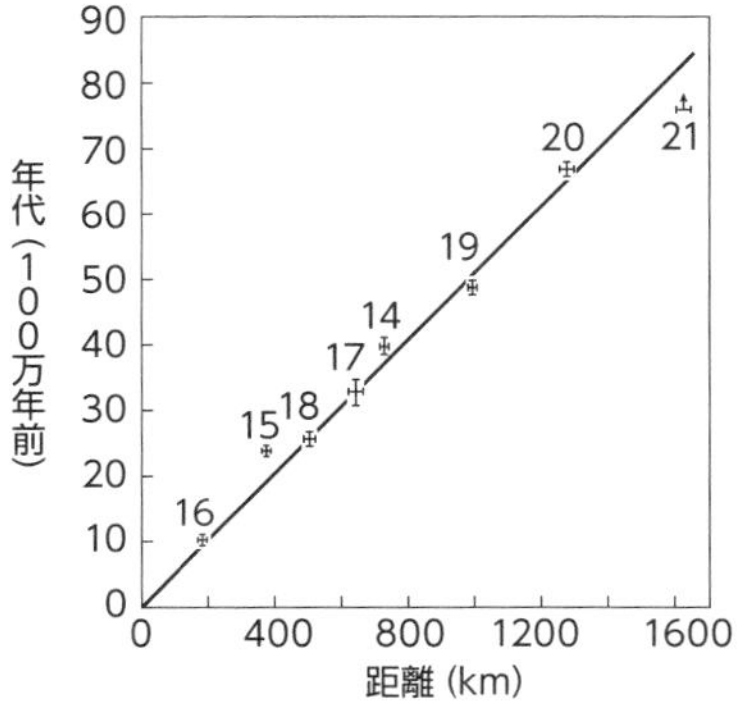

(b) 中央海嶺からの距離と堆積物の年代

図5.3 大西洋の深海底掘削

ると、大西洋はかつて存在しなかったことになります。現在は東西に離れて分布する大陸どうし（北米とユーラシア、南米とアフリカ）は、海洋底が拡大する以前には接していたはずです。海洋底拡大説の誕生はまさしく、大陸移動説の復活でした。ただしヴェーゲナーは、大陸が海洋底をかき分けるように単独で移動すると考えていたようです。実際には、海洋底の拡大が大陸移動の原因であり、2種類の地殻はいっしょに動いていました。

前項で紹介した海洋底の磁気異常も、海洋底拡大説をもとに理解ができます。海嶺で噴出したマグマが冷え固まるとき溶岩が得る熱残留磁気は、その時点の地球磁場で決まります。地磁気が逆転をくり返す中で海洋底拡大が起こると考えれば、[※3]磁気異常の縞模様の説明がつくのです。発見から5年間、謎のままだった海底の地磁気縞模様の正体が明らかになりました。

海洋底拡大説からプレートテクトニクスへの進化

海洋底拡大説が認められると、拡大速度が場所によってどのようにちがうのか、という研究も進みはじめました。すると、おもしろいことがわかってきたのです。

海洋底の拡大速度は、幾何学的に簡単な原理で表現できることがわかりました。[6・7]それは、「硬い板としてほとんど変形することなく、球面上で回転している」というものです。このような動きは、海洋底の薄い脆弱な地殻だけでは実現できません。

このとき、地殻だけではなくマントル上部をふくむ硬い板、すなわちプレートの存在が明らかになりました。そして、プレートの運動の原動力として、マントル対流が考え出されたのです。

こうして、地球表面がプレートで覆われ、プレートが相対運動をしていること、そしてその原動力がマントル対流であることが示されました。これはまさに、海洋底拡大説のプレートテクトニクスへの進化でした。

プレートテクトニクスという見方が提案されると、さまざまな現象が説明できることがわかってきました。中央海嶺でできたプレートは、地球表面を移動したあと、沈み込み帯で海溝から沈み込みます。プレートの沈み込みは地震を引き起こし、火山帯を形成し、地球に大陸を生み出しました。プレートテクトニクスは地球の変動と進化の原動力だったのです。

※3　地磁気の原因は、外核を構成する流体鉄の対流と考えられています。外核の対流は時々刻々変化するため地磁気はいつも変動していて、地質学的な時間スケールでは磁極が何度も逆転したことがわかっています。これを地磁気の逆転といいます。

大陸はどうやって裂けるのか？

大陸が裂けたことが事実だとしても、それを目撃した人はいませんし、イメージしにくいですね。過去に大陸地殻が裂けた場所や、いま裂けつつある場所について学ぶことで、少しでも理解を深めましょう。

まずは、日本列島です。いまは海に囲まれた島ですが、もともと大陸の一部（大陸縁）でした。つまり、大陸が裂けて、日本海と日本列島ができたのです。

日本海は、アジア（ユーラシア）大陸と日本列島に囲まれた縁海で、平均水深は1667mといわれています。その海底地形は、中央の大和堆《やまとたい》と呼ばれる浅瀬によって、北側の日本海盆と南東側の大和海盆に分かれています 図5・4 。

日本海の形成と日本列島の〝独立〟がはじまったのは、いまからおよそ2500万年前のことです。大陸が裂けはじめ、約1000万年かけて日本海が広がり、1500万年前に日本列島の原形が生まれました。

日本海の海底をつくったのは、貫入したマグマです。その発生原因は、プレートの沈み込みに起因する深部マントルの上昇流と考えられています。2・3節で述べたとおり、沈み込み帯で

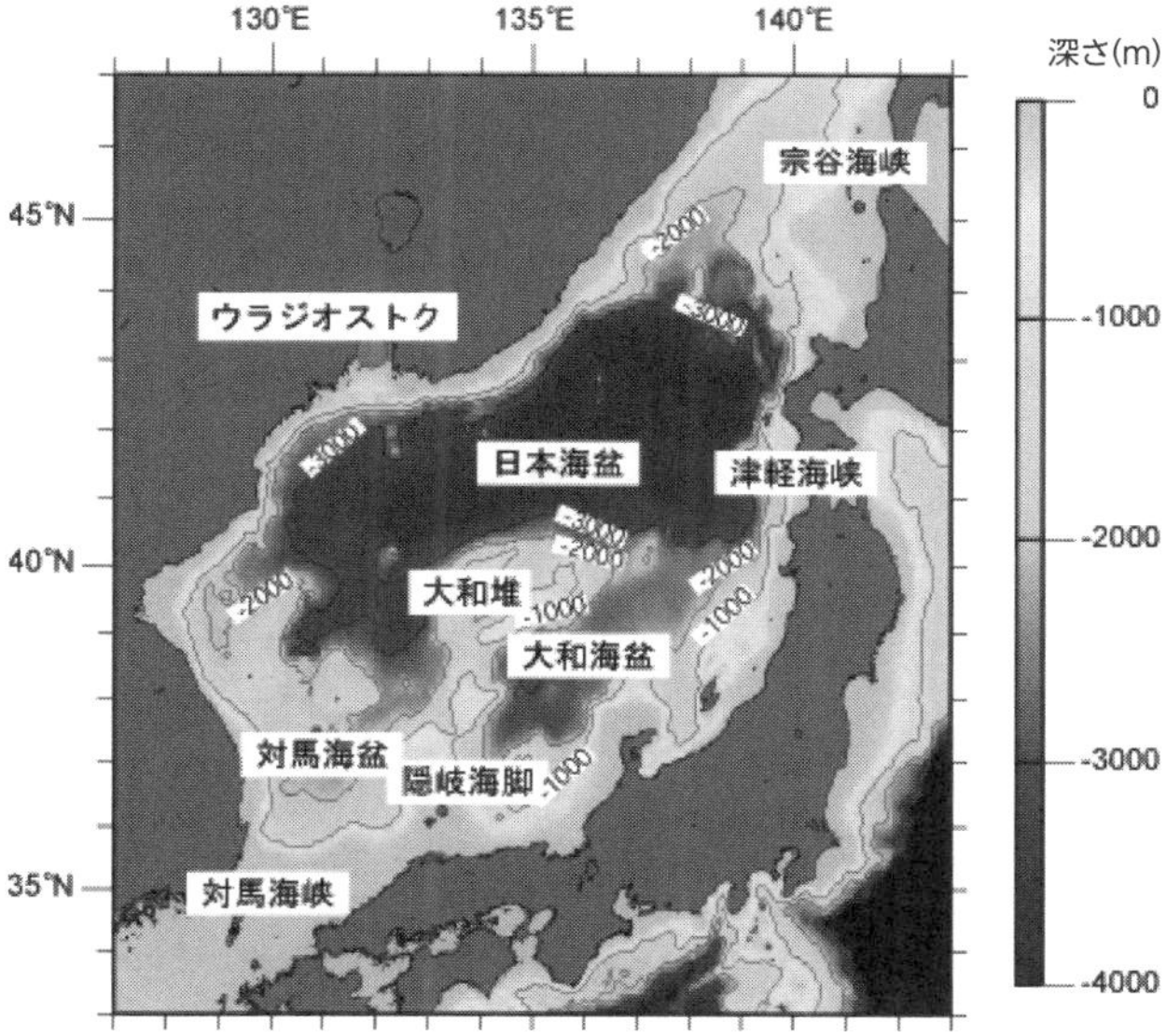

図5.4 日本海の海底地形
[出典／気象庁ホームページ（https://www.jma-net.go.jp/jsmarine/japansea.html)]

は、マントルウェッジ内に海溝側へ向かう上昇流（ホットフィンガー）が生まれ、火山フロントをつくるのでした。ホットフィンガーは向きを変えることがあります。大陸地殻を割り、日本海の海底をつくったマグマは、海溝のほうに向かわずに、まっすぐ上昇したと考えられています。[8]

地震学的に見ると、日本海の底には、貫入マグマがつくった新しい地殻だけでなく、かつての大陸地殻も残存しているようです。大和海盆の地殻は12～16㎞の厚さをもち、海洋地殻よりも有意に厚くなっています。この厚みは、かつての大陸地殻に由来すると考えられています。

日本海拡大時、この海の周辺では正断層が形成されました。現在の日本列島周辺のプレート配置・運動のために、これらの正断層は圧縮する力を受けて、逆断層に転換しています。そのため、逆断層構造が顕著に発達し、[9]それらの多くが日本海東縁に複数の帯をなすように分布しています。この逆断層の帯状分布は地震発生の危険地帯――ひずみ集中帯――を形成していて、注視されています。

いま、まさに裂けつつある大陸もあります。アフリカ大陸です。この大陸の分裂は、日本列島の形成とは異なる原因で起きています。

アフリカ大陸の下では、大規模なマントル上昇流――マントルプルーム――が生じています。マントル深部から上昇してきたマントルプルームが、アフリカ大陸を温め、分裂させ、そこに新しい海洋底を形成しようとしているのです。ただし、アフリカ大陸の分裂の時間スケールは年数ミリという小ささで、分裂して海ができるまでには（数十キロ離れるまでには）数百万年かかると予想されています。

大陸どうしの衝突がつくった大山脈

次に、大陸どうしの衝突について見ていきましょう。衝突帯では、極端な地形がつくられることがあります。たとえばヒマラヤ山脈です。

ヒマラヤ山脈はインド、中国（チベット）、ネパール、パキスタン、ブータンにまたがる巨大山脈です。インド半島とアジア（ユーラシア）大陸を隔てる〝壁〟のようにそびえています。世界最高峰のエベレストをふくむ８０００ｍ級の山々が多数連なっているのです。なぜこれほど高いのでしょうか。

じつは、ヒマラヤのそびえる場所はプレートの収束境界に相当します。２・２節で示したプレート分布 図2·8 からわかるように、インド半島はユーラシアプレートではなくインドプレート※4に

※4　オーストラリアプレートとまとめられ、インド・オーストラリアプレートと呼ばれることもあります。

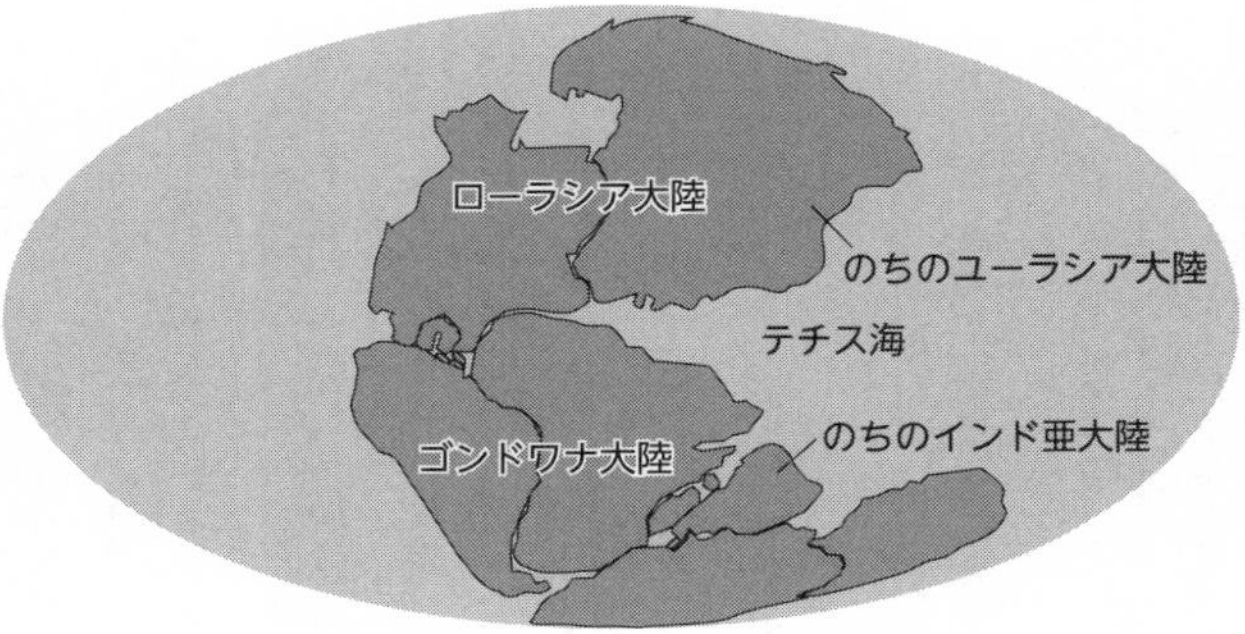

図5.5 超大陸パンゲア

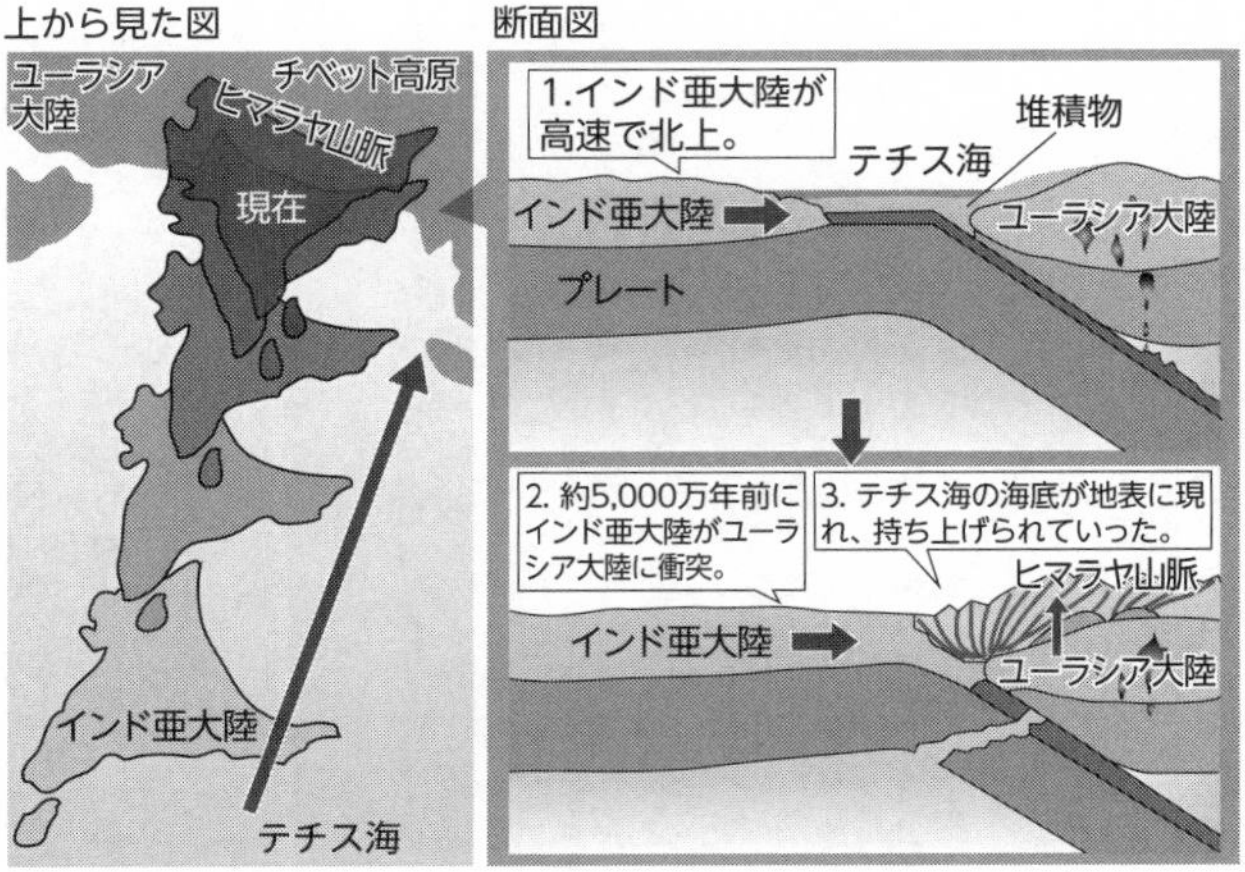

図5.6 インド亜大陸とユーラシア大陸の衝突

乗っています。

現在のインド半島は、もともとユーラシア大陸とはつながっていませんでした。約2億年前までは超大陸パンゲア[※5]の一部で、現在の南極大陸とつながっていたのです（図5・5）。その後のパンゲアの分裂により〝インド亜大陸〟となりました。

もともとユーラシア大陸とインド亜大陸の間には、テチス海と呼ばれる海がありました。この海の下にユーラシアプレートとインドプレートの境界があったのですが、それは収束境界でした。北向きに運動するインドプレートがユーラシアプレートの下に沈み込んでいました。そして約5000万〜4000万年前、インドプレート上のインド亜大陸がユーラシア大陸と衝突したのです（図5・6）。その結果、テチス海が消滅するとともに、沈み込めなかった海底堆積物がインド亜大陸の上にかぶさりました。現在のインド半島では、テチス海の堆積物からなる地層が観察できます。

なお、大陸どうしの衝突によりインドプレートの北上スピードは低下したものの、現在も年間約5・5㎝の速さで動き続けています。そのせいで、エベレストは毎年数ミリずつ高くなっています。

※5　ヴェーゲナーが3億年前の地球に存在していたと提唱した巨大な大陸です。現在では、パンゲアは約3億年前ごろに形成され、約2億年前から分裂を開始したことがわかっています。パンゲアの北半分は〝ローラシア大陸〟、南半分は〝ゴンドワナ大陸〟と呼ばれます。

ヒマラヤ山脈の極端な高さは、衝突帯における大陸地殻の沈み込みが生みました。インド亜大陸がユーラシア大陸の下に沈み込んだのです。比較的軽い大陸地殻はマントル深部まで沈み込めません。そのため、ユーラシア大陸の下にもぐったインド亜大陸はそれ以上動けなくなりました。そしてこの地域では、大陸地殻が2枚重なっています。地殻が厚いと、その分アイソスタシーによって大きく浮き上がるので、高いヒマラヤ山脈が形成されたのです。

インドプレートはたしかにユーラシアプレートの下に沈み込んでいます。これは、3・1節で述べたこと——プレートの沈み込みには海が必要——に反するようですが、そうではありません。沈み込みがはじまったタイミングでは、この2つのプレートの境界は海（テチス海）の下にあったのです。海がないと沈み込みがはじまりませんが、一度はじまった沈み込みは、海がなくなっても続くということです。

沈み込んだ大陸地殻はどうなった?

ユーラシア大陸の下にはいったインド亜大陸はどうなったのでしょう? そのヒントはヒマラヤにありました。

ヒマラヤはインドとチベット高原の境界に沿って、東西2400㎞にわたってつながっています。この長い〝帯〟は断層によって5つの地質帯に分けられます。エベレストをふくむ尾根をつくる地質帯は〝ハイ・ヒマラヤ〟と呼ばれます。

ハイ・ヒマラヤは変成の度合いの高い片麻岩でできていて、そのあちこちに、大陸どうしの衝突後に形成された新しい花崗岩が貫入しています。オックスフォード大学の地質学者、サールらの研究によると、沈み込んだインドの大陸地殻が高温・高圧で流動し、逆断層の活動によって地表へもどったようです（チャンネル・フロー）。この地表にもどった岩石が、ハイ・ヒマラヤの片麻岩です。大陸地殻（安山岩）は融点が低いため、マントルの高温に耐えられず、溶けて地表へもどっていきます。それがヒマラヤのあちこちに見られる花崗岩です。※6

ところで、4・1節で見たとおり、伊豆半島も衝突帯です。ただし、大陸地殻どうしではなく、大陸地殻と島弧地殻の衝突が起きています。この衝突帯には、5・3節であらためて目を向けます。

※6　ヒマラヤの地質について、詳細は酒井治孝『ヒマラヤ山脈形成史』（東京大学出版会）（文献［10］）をご参照ください。

5・2 大陸の歴史はどこまで復元できたのか？

ここまで、大陸が海で生まれることや、地表を動き回ることを学んできましたが、それだけでは実際の大陸の歴史を知ったことにはなりません。地球の大陸の歴史を復元するのは骨の折れる仕事です。多くの地球科学者が挑戦してきましたが、いまだに見解はバラバラです。本節では、大陸地殻の増減を表す大陸成長曲線を紹介します。

岩石の年齢を知るための同位体の知識

大陸の歴史を復元するには、各地の大陸地殻を構成する岩石の〝年齢〟を知る必要があります。岩石の年齢とは、マグマが固まって岩石となってから経過した時間のことです。岩石の年齢を記録しているのは、岩石にふくまれる特定の元素です。元素の中には、時間とともに放射線を出して別の元素に変化していくものがあります。その変化のスピードには一定のルールがあるので、変化した量から時間を見積もることができるのです。

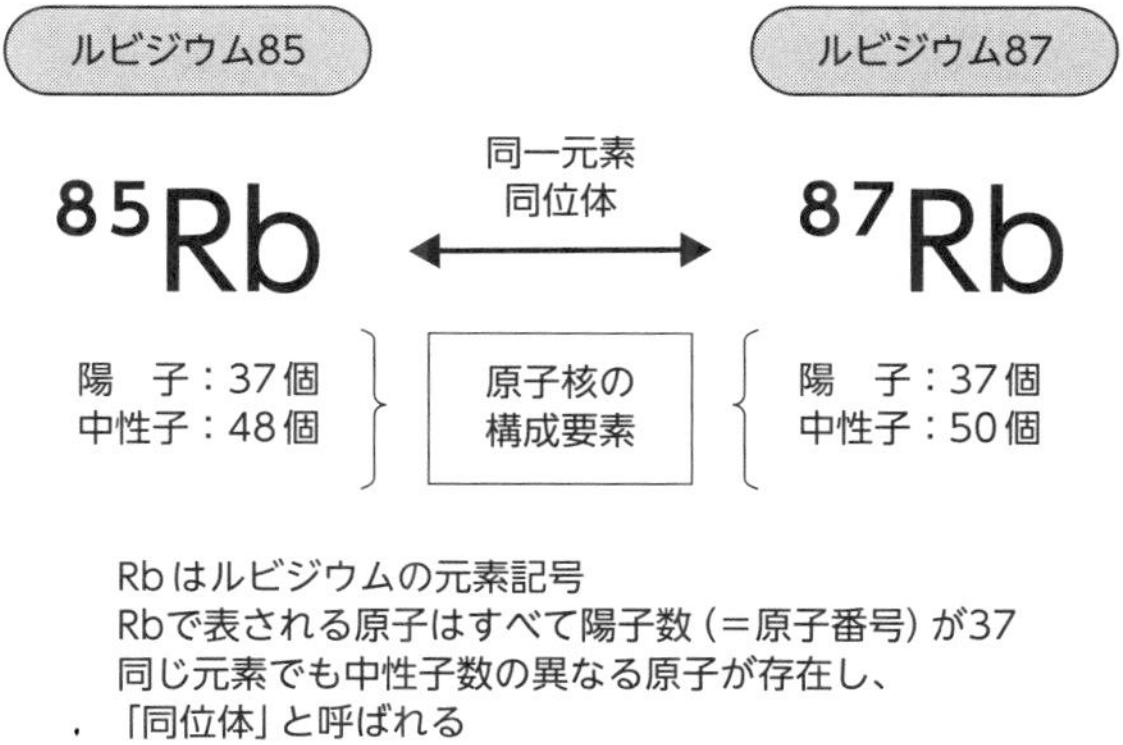

図5.7 同位体とは

ここでしばし、元素についての勉強をしましょう。すべての元素の最小単位は原子ですが、原子は原子核と電子から構成されています。原子核は陽子と中性子で構成され、原子のもつ陽子の数を〝原子番号〟、陽子数と中性子数の合計を〝質量数〟といいます。陽子数は原子の性質を決める重要な要素で、陽子数（原子番号）で区別される原子のグループが〝元素〟です。たとえば、陽子が1つの原子は元素としては水素（元素記号：H）で、陽子を2つもつ原子は元素としてはヘリウム（He）です。

陽子数が同じ原子どうしでも（つまり同一元素でも）、中性子数が異なる場合があります。このようなものを〝同位体〟と呼びます。同位体は質量数が異なるので、通常、元素記号の左上に質量数を書いて区別します（図5.7）。

同位体には安定なものと不安定なものがありま

す。不安定な同位体は時間とともに原子核の構成（陽子や中性子の数）を変化させ、別の元素（同位体）に変化していきます。この原子核の変化の過程は放射線の放出をともなうため、〝放射壊変〟といいます。放射壊変を起こす不安定な同位体は〝放射性同位体〟と呼ばれます（安定なものは〝安定同位体〟です）。

アイソクロン法――岩石の年齢を調べる

この先、放射壊変前の放射性同位体を〝親元素〟、放射壊変でできた別の元素（同位体）を〝娘元素〟と呼びましょう。時間経過とともに親元素はしだいに減っていき、娘元素は増えていきます。そのペースには厳格な規則があるため、もとの数からの変化がわかれば時間経過を推測できます。これが、物質の年齢を知る方法の根幹です。

注意すべきことは、放射壊変の娘元素に該当する元素が存在する理由は、放射壊変とは限らないという点です。つまり、その元素が天然に存在することもあるのです。そして、天然に存在した元素と放射壊変により生じた元素とを区別する方法はありません。しかし、親元素が多く存在した場合ほど、娘元素が多く存在することは間違いありません。

同位体の放射壊変を利用して岩石（火成岩）の年齢を調べるとき、私たちが測りうるのは、岩石が現在もつ同位体比です。その情報を岩石の年齢に変換することになります。

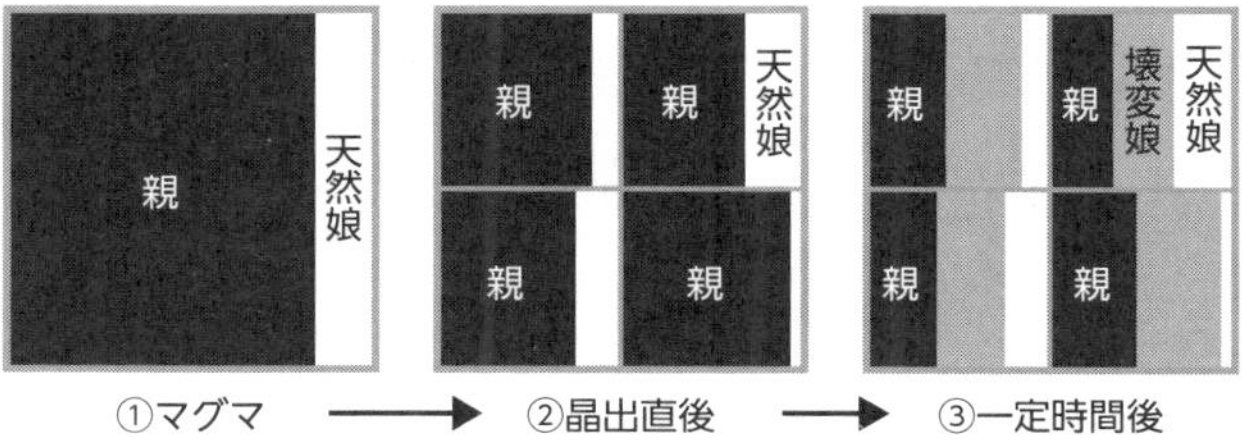

①娘元素はすべて天然に存在したもの
（放射壊変により生成したものではない）
②娘元素はすべて天然に存在したもの
（ただし鉱物ごとに量比がばらつく）
③娘元素は天然に存在したものと放射壊変の生成物の合計

図5.8　親元素と娘元素の量比の変化

火成岩のもとになるマグマはドロドロの液体ですから、構成元素はその中を動き回ることができます。したがって、同じ元素の同位体はマグマの中で同じ挙動を示し、場所によらず均一に混ざっています。つまり、マグマ中のすべての場所で同位体比は等しいということです。

しかし、冷えて結晶を晶出し岩石として固まると、元素は鉱物中に固定されます。また、鉱物は種類によって結晶構造が異なり、そのせいで、はいりやすい元素とはいりにくい元素があります。鉱物によって、親元素の取り込み方が異なってくるため、親元素の濃度にムラが生じるのです。

娘元素は、最初はマグマと同じ比率（天然の存在比）で鉱物に取り込まれます。しかし、鉱物によって構成する親元素の量が異なるため、時間経過とともに放射壊変でできる娘元素の量も鉱物ごとに異な

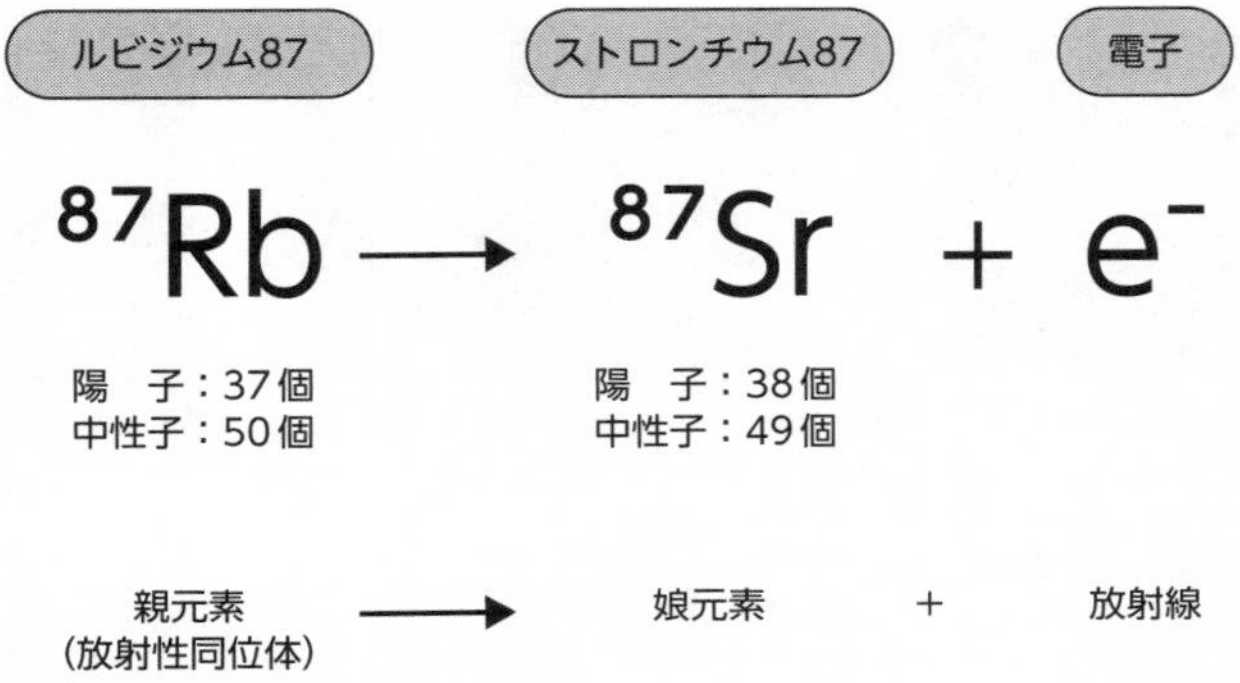

図5.9 ^{87}Rbのベータ壊変

ります。もともと親元素を多くふくんでいた鉱物には多くの娘元素が加わり、時間がたてばたつほどその差は大きくなります。そのため、親元素に対する娘元素の量比が鉱物によって変わるのです（図5・8）。

この過程を利用して、鉱物ごとの同位体比のちがいを測ることができれば、そのちがいが生じるのに要する時間を逆算できます。そして、その時間が岩石の年齢です。以上が、放射性同位体を用いた年代測定法——**アイソクロン法**——の枠組みです。

ルビジウム‐ストロンチウム法

アイソクロン法の具体例を紹介しましょう。[※7] アイソクロン法に用いられる親元素と娘元素の組み合わせはさまざまです。まずはルビジウムとストロンチウムを利用するルビジウム‐ストロンチウム法からです。

陽子数37のルビジウム（Rb）には、中性子数が48と

50の同位体があります。質量数はそれぞれ85と87なので、^{85}Rbと^{87}Rbと書きます。^{87}Rbは放射性同位体で、ベータ壊変を起こすことによって、質量数は変えずに、陽子を38個もつストロンチウム87（^{87}Sr）に変わります 図5・9 。〝ベータ壊変（ベータ崩壊）〟とは放射壊変の一種で、中性子が電子を放出して陽子になる反応です。つまり、時間の経過とともに^{87}Rb（親元素）は減り、^{87}Sr（娘元素）が増えていくのです。よって、^{87}Srの量がひとつの岩石中では鉱物ごとに、また同時期にできた岩体中では場所ごとに異なってきます。

　実験室で^{87}Srの絶対量を直接測るのはむずかしいので、実際には、安定同位体である^{86}Srとの量比（^{87}Sr／^{86}Sr）を測ります。親元素である^{87}Rbについても^{86}Srとの量比（^{87}Rb／^{86}Sr）を測定し、^{87}Sr／^{86}Srを縦軸、^{87}Rb／^{86}Srを横軸としてプロットします 図5・10 。マグマの状態——時間がゼロ——では、すべての^{87}Sr／^{86}Srは等しいので、同位体比を測定してプロットすれば水平の（横軸と平行な）線が得られるはずです。ところが、（晶出後の）時間経過とともに^{87}Rb／^{86}Srは減少し、^{87}Sr／^{86}Srが増大します（グラフ上では左上に向かう変化です）。しかも、その変化は、最初の^{87}Rb／^{86}Srが大きいものほど大

※7　本書で紹介するのはアイソクロン法のごく一部です。もっとくわしく知りたい方は、年代測定に関する専門書をご参照ください。

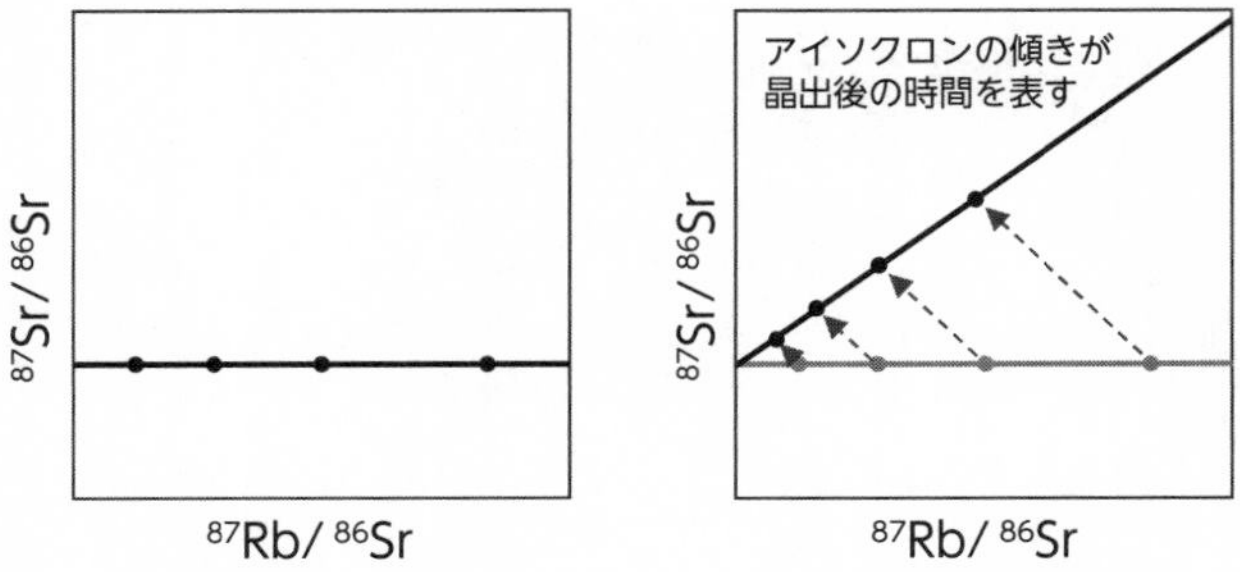

(a)マグマのアイソクロン（年齢＝0）　(b)岩石のアイソクロン（年齢＞0）

図5.10 アイソクロン

きくなります。そのため、2つの同位体比の変化は傾きをもった直線――この直線を〝アイソクロン〟といいます――上にプロットされます。その傾きが時間を示すことになるのです。

ウラン－鉛法

次に、ウラン－鉛法を説明します。ウランの壊変はルビジウムに比べると複雑です。

ウラン（やトリウム）の原子核は、一度の壊変では安定化せず、連鎖的な多数の壊変を経て鉛になり安定化します。この一連の放射壊変全体を〝ウラン系列〟といいます。そして、ウラン系列によりウラン238（^{238}U）の半分が鉛206（^{206}Pb）になるまでの時間（半減期）が、正確に知られています。

ウラン－鉛法には、ルビジウム－ストロンチウム法にはない強みがあります。ルビジウム－ストロンチウム法では、１つの年代を得るために複数の試料の同位体比を測る必要がありました。１つの岩石中の多数の鉱物、または１つの岩体中の多数の岩石について測定をおこなわなければなりません。一方、ウラン－鉛法では、１粒の鉱物（ただし、ジルコンに限ります）について年代を直接測定する方法があるのです。ただし、ジルコンの年代と岩石の年代は必ずしも一致しません。

まず、年代を知りたい岩石からジルコンを取り出します。天然のジルコンはウランをふくみ、鉛をふくみません。つまり、もし取り出したジルコンに鉛がふくまれていたら、それはウラン系列の生成物（娘元素）です。そこで、未壊変の^{238}Uと^{206}Pbを正確に数えることで、半減期をもとに、結晶化から経過した時間を推定することができるのです（図5・11）。

また、ジルコンは物理的・化学的に強靱で、

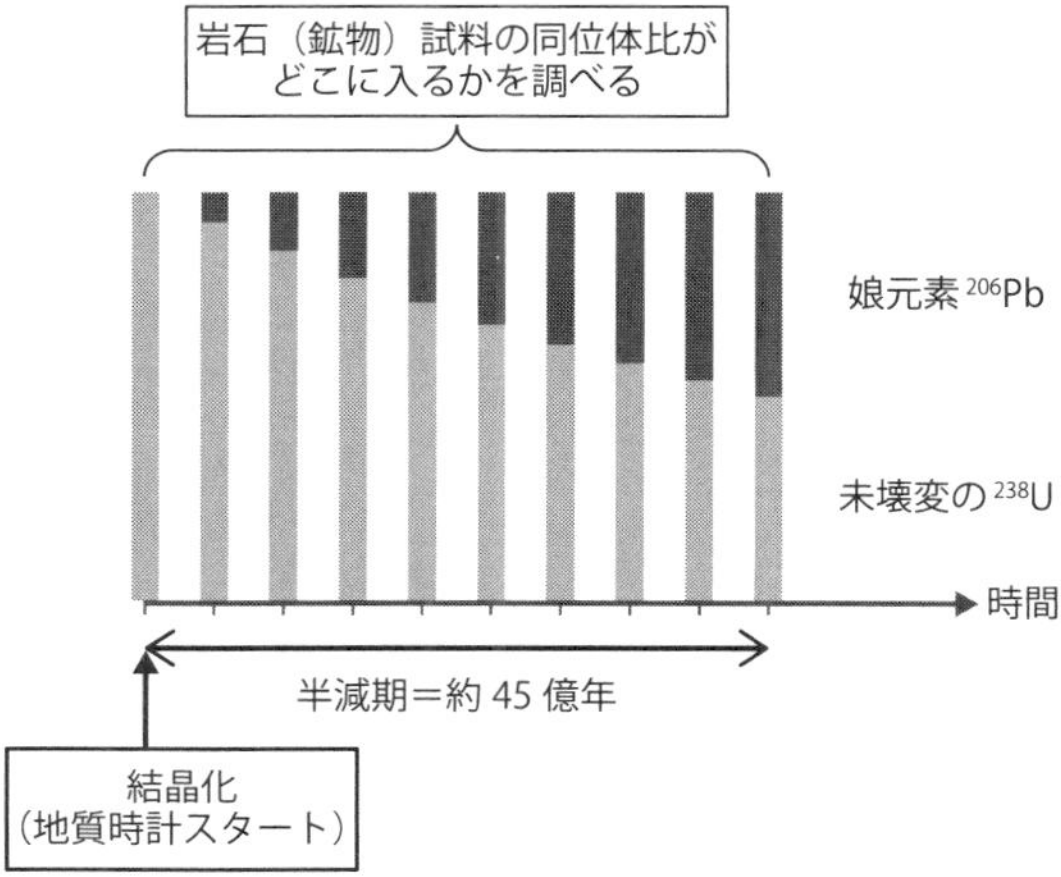

図5.11　ウラン－鉛法

低温では地質時計のリセットが起こりにくいという利点もあります。

この〝地質時計〟も、マグマが固まった時点、つまりジルコンが結晶化した時点から動き出します。そのため、ジルコンができた後で別のマグマに取り込まれた場合や、堆積岩に取り込まれた場合は、岩石の年代より古い年代を示します。

岩石の年齢のリセット

大陸の岩石の年代測定法を適用する場合、注意すべきことがあります。自然のプロセスにともなう〝年齢の若返り〟です。岩石や鉱物の年齢を教えてくれる地質時計の針は、リセットされてしまうことがあるのです。

そもそもアイソクロン法で求められる年代は、鉱物の晶出のタイミングをゼロとしたものです。鉱物中に固定された放射性同位体の壊変の進行とともに、地質時計の針が進みます。もし、その鉱物が再融解や変成を受けると、鉱物間で蓄積されていた同位体比のちがいが均質化したり、鉛が溶け出してしまったりします。これが、地質時計の針のリセットです。

このリセットは実際に起こります。大陸は形成後、プレートに乗って動き回り、衝突したり、マントルから上昇してきた高温のマグマに溶かされたりします。こうしたタイミングで、地質時計の針はゼロに戻ってしまうのです。

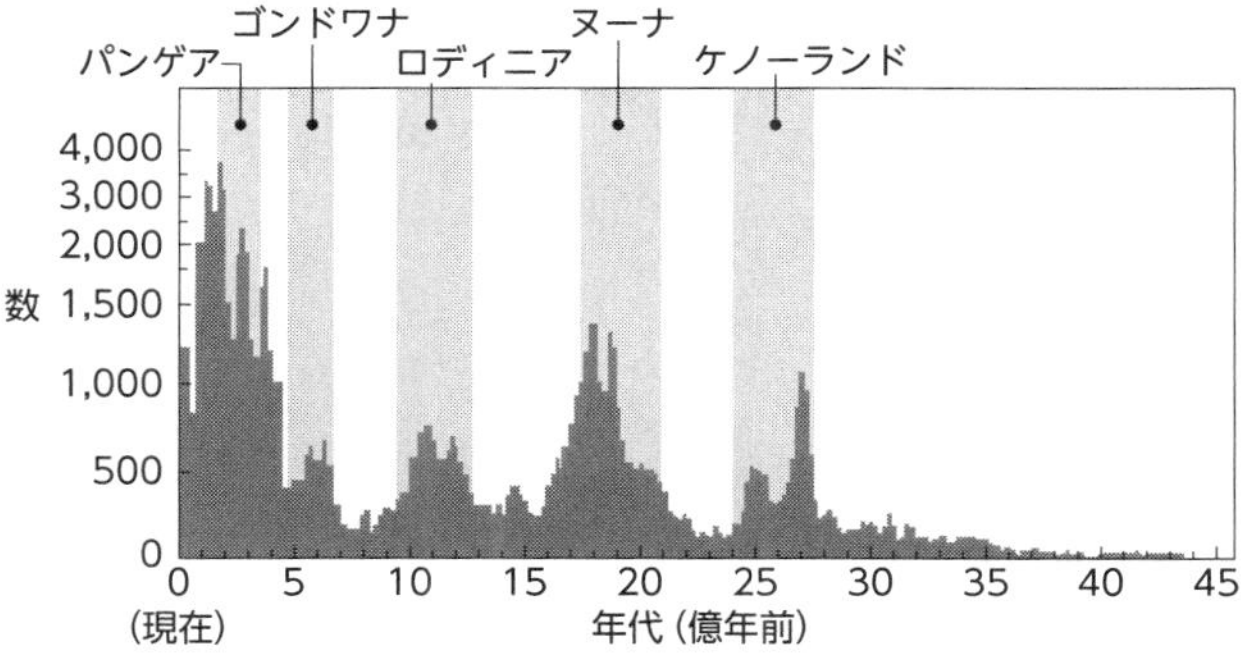

図5.12 **岩石の年齢の分布と超大陸の形成時期**[11]

縦軸は、ジルコンの分析数を表す。このデータは、世界中で見つかった10万粒以上のジルコンを分析して得られた結果である。「パンゲア」「ゴンドワナ」「ロディニア」「ヌーナ」「ケノーランド」は過去に形成されたと考えられている超大陸の名前。薄い灰色の帯は各超大陸が形成されていた時期、濃い灰色はこれまでに測定された岩石の年齢の分布を示す

そのため、実験室で得られる岩石の年齢は、大陸の年齢とは一致しない場合があります。じつは、大陸の岩石の年齢の分布を描いてみると、いくつか明確なピークが現れます。これらピークの年代は、超大陸が形成された時代と一致することがわかっています[11]（図5・12）。超大陸の形成は、散在していた大陸が１ヵ所に集合する現象であり、この時期に大陸が大量に増えたわけではありません。岩石の年齢分布のピークは、大陸どうしの衝突による地殻の再融解と、それによる年齢のリセットが多く起きたことを意味しています。

このように地殻の岩石は再融解をくり返すことも知られているので、その地殻が最

初にできた時代を知るには、実験室で得られた年齢を補正しなければなりません。

アイソクロン法では、年代だけではなく、地質時計が動きはじめた当初の（マグマが冷え固まった時点の）同位体比（初生値）も推定されます。一方、地球が形成してから現在まで、マントルの同位体比の変遷が推測されています。そのため、初生値がその年代における推測値とかけ離れている場合、その岩石はマントルの融解により生じたとは考えられません。つまり、地殻が再融解して冷え固まったときに地質時計が動きはじめたと解釈できます。

未決着の成長曲線

結局のところ、大陸の年齢はどこまで復元できたのでしょうか。岩石や鉱物によって年代がばらつくため、同じ大陸でもさまざまな年代をもちます。その補正方法も研究者間で一致しません。

一部の岩石学者はこうした制約の中で、地球の歴史において大陸地殻の量がどのように変化してきたかを推測してきました。その結果として、横軸に時代、縦軸に大陸地殻の体積をとった〝大陸の成長曲線〟が描かれることがあります。これまで、何人もの研究者が成長曲線を描いてきましたが、それらはじつに多様であり、いまだにコンセンサスが得られていません（図5-13）。

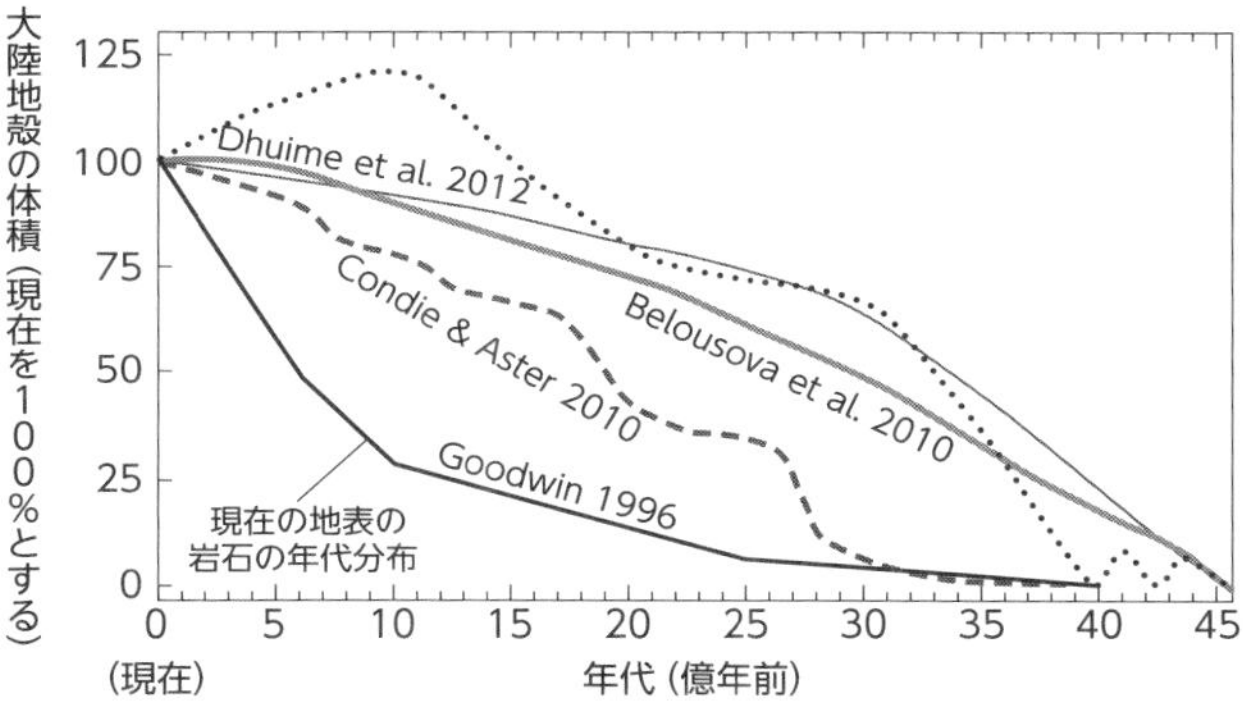

図5.13 **大陸地殻の成長曲線**
[Hawkesworth et al., 2016[11]を一部改変]

ここまで、大陸が増えていくプロセスばかり考えてきましたが、大陸が浸食によって減少するという考えもあります。少数派ではありますが、一度大量にできた大陸が現在にいたるまで徐々に減ってきたことを表す成長曲線も描かれたことがあります。

私自身は、大陸が減っていく過程が支配的であるとする考えには、否定的な立場をとっています。一度できた大陸は、浸食を受けて海に流されて堆積物となったとしても、海洋プレートとともに沈み込んだのちに融解してマグマとなり、ふたたび地表へもどると考えているからです。

現在、地表にある大陸の岩石の年代分布（再融解や変成の影響を考慮していない未補正の年代分布）が知られています（図5.13の黒の実線）。それによると、年代の新しいものほど多くあります。実際に測定された年代がその地域の大陸地殻が形成された年代だとすると、大陸の成長は古い時代ほど緩やかで、現在に近づくほど加速してきたことになります。しかし、大陸間の衝突による地質時計のリセットなどを考慮すると、大陸が最近になって急成長しているとは考えにくいです。むしろ古い時代のほうが、大陸の成長率は大きかったと考えてよいでしょう。また、「大陸の成長がいつからはじまったのか」も興味ある難問です。成長曲線を見ても、研究者によってはじまりの年代が異なっています。地球最古の岩石は40億年前の片麻岩で、それより古い冥王代の岩石は見つかっていません。冥王代の地球については、5・4節で考えます。

5•3 大陸はいかにして完成するか？

大陸の材料となるのは、西之島などの海洋島弧火山で噴出する安山岩マグマです。ただし、海洋島弧の地殻自体は海洋地殻（玄武岩）に安山岩が加わったもので、大陸地殻とは別物です。本節では、海洋島弧を材料にして大陸地殻が完成するまでのプロセスを考えます。大陸が完成する場所は、衝突帯です。

伊豆弧と本州の衝突

５・１節で紹介したとおり、インド亜大陸とユーラシア大陸が衝突し、インド亜大陸が沈み込むことでヒマラヤ山脈が形成されましたが、日本列島でも似た現象が起きました。本州（大陸地殻）と伊豆の海洋島弧が衝突して、丹沢山地をつくったのです。

伊豆弧の地殻は、まだ一人前の大陸地殻ではありません。１・３節で紹介した、海洋島弧の地殻です。あるいは、フィリピン海プレート上に形成された、大陸地殻成分（安山岩）をふくむ海洋地殻ともいえます。

古地磁気データから、フィリピン海プレートは1500万年前以降、南から南海トラフに沿って沈み込んできたことがわかりました。フィリピン海スラブは深さ130~140㎞まで沈んでいます。そして、いまも沈み込み続けているのです。

沈み込み帯（衝突帯）に運ばれてきた海洋島弧がもつ安山岩は、衝突後、物理的に若干の沈み込みは起こしますが、マントルにはもどりません。ある程度の深さで溶け、マグマになって上盤側プレートの上に噴出するか、変成岩となって地表へもどります。その痕跡が現在の日本列島の本州で見つかります。

伊豆弧と本州の衝突帯には、深成岩の露出する場所があります。甲府深成岩体と丹沢岩体です。これらの深成岩体は、衝突帯で何百万年もかけて、マグマが貫入してつくったようです。一度に貫入したのではなく、それぞれ多くの貫入岩からできていることがわかっています。どちらの貫入岩体も1500万~300万年前くらいの年代値を示しています[12]。

衝突帯の意味——大陸はこうして完成する

伊豆弧と本州の衝突帯では始新世から漸新世の伊豆小笠原マリアナ弧の岩石が、なぜか見つかりません。伊豆小笠原マリアナ弧の形成初期の年代をもつ岩石が、衝突帯にはないということです。衝突した島弧の大部分を占めていたと思われる始新世~漸新世※8（5000万~2300万年前）の地殻はどこへいったのでしょうか？

結論をいえば、沈み込んだものと、衝突により再融解して地表に現れたものがあります。まず、再融解したのは、島弧の中部地殻を形成していた安山岩です。安山岩は、海洋底をつくる玄武岩に比べて軽く、溶けやすいという性質をもちます。中部地殻の安山岩は、沈み込み後に再融解（部分融解〜全融解）し、玄武岩質の下部地殻から引きはがされ、マントルウェッジ内を上昇してきました。

上昇して地表に現れたものは、甲府深成岩体や丹沢岩体です。ただし、これらは1つの大きなブロックとして貫入したのではなく、何百万年もかけていくつもの小規模な岩体として上昇してきました。そうして現在の大きな岩体を形成しています[13]（図5・14）。これらの花崗岩体が示す年代はリモービライズした年代です。

900〜1000℃での安山岩の再融解は実験でも確かめられています[14]。この温度でできる20〜40％のメルトと結晶が分離しなければ、全体が安山岩質の部分融解体（ダイアピル）として上

※8　「始新世」と「漸新世」はいずれも地質時代のひとつ。前者はおよそ5600万〜3390万年前、後者は3390万〜2300万年前を指す。

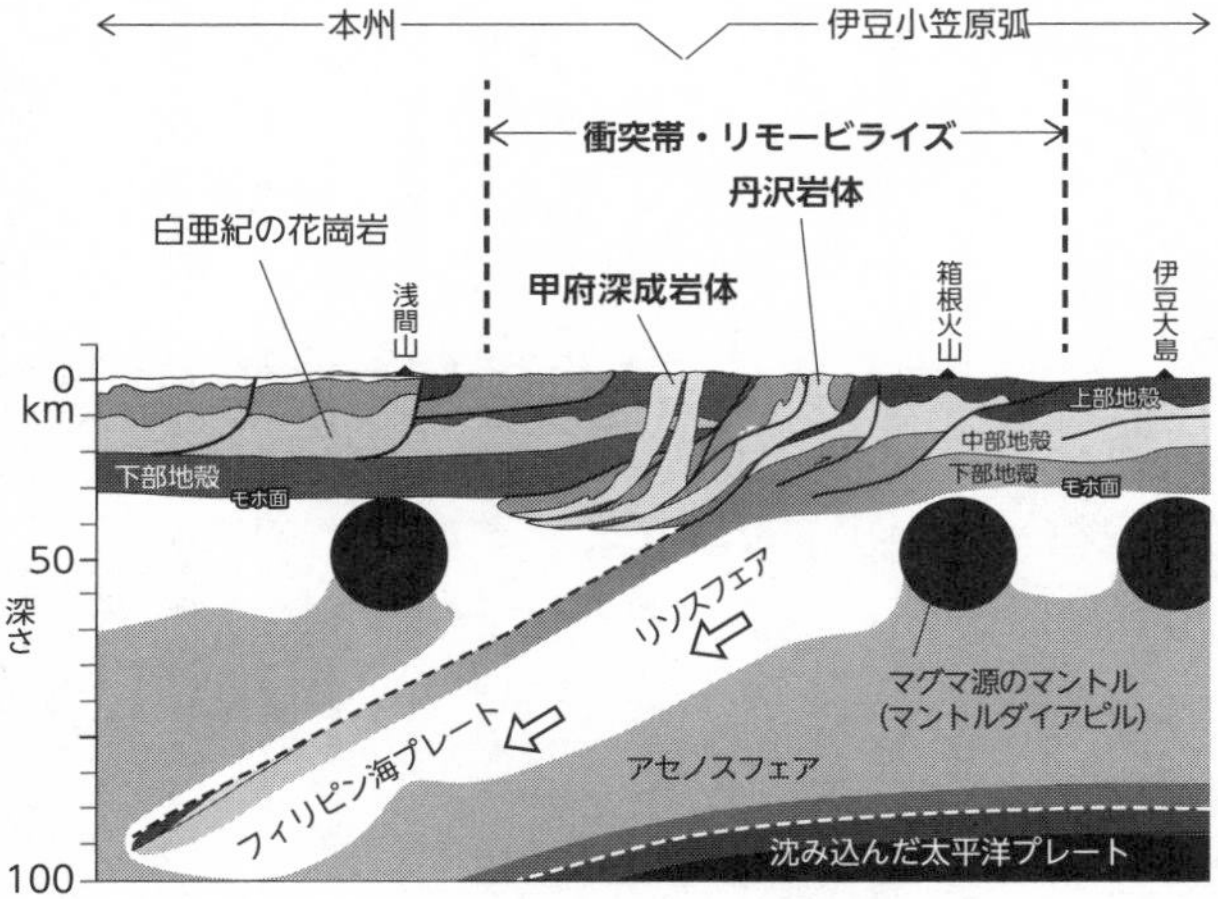

図5.14 リモービライズ

昇することが考えられます。実際、丹沢岩体においても甲府深成岩体においても、流紋岩質から安山岩質の深成岩体が存在します。これらはもともと伊豆弧の中部地殻だったのです。

丹沢岩体は、シリカが60%前後の安山岩質の深成岩（トーナライト）と、よりシリカの少ない玄武岩質の深成岩（ガブロ）とで構成されています。丹沢岩体のほとんどはトーナライトですが、少量のガブロが点在しているのです。

総合研究大学院大学（当時）の北村圭吾らは2003年に、実験室の高圧下において、丹沢岩体のトーナライトとガブロの地震波速度を測定して、以前に報告されていた伊豆弧の地殻の地震波速度と比較しました。[15] その結果、トーナライトが中部地殻、ガブロが下部地殻の上部に相当することを示しました。しかし、伊豆弧の下部地殻に相当する岩石は、丹沢岩体からは見いだせませんでした。このことから、島弧の中部地殻を構成していた安山岩は沈み込むことができず、トーナライトの貫入岩として地表にもどってきた一方で、下部地殻はプレートとともにマントルへ沈み込んだことがわかります。

東京大学（当時）の平朝彦らは１９９８年に、伊豆弧の下部地殻を取り除くことによって、大陸地殻の組成になることを示しました。[16] 丹沢岩体はまさに、下部地殻を取り除かれた伊豆弧の地殻です。つまり、丹沢岩体の生成そのものが、海洋島弧の地殻から大陸地殻への進化を示していることになります。

大陸をつくる安山岩は、西之島のように地殻の薄い海底でのみ生成します。その安山岩は、プレートどうしの衝突時にリモービライズし、玄武岩質の下部地殻と分離されて集積します。プレートの衝突帯が〝大陸の完成の場〟だったのです。

5・4 地球で最初の大陸地殻はいつできたのか？

現在の地球をいくら探しても、冥王代の岩石は手にはいりません。ここまで見てきたとおり、大陸地殻はそう簡単に地表から失われないはずです。もし冥王代に大陸地殻が形成されていたならば、少しくらい見つかってもよさそうなものです。地球科学者はこの不思議を説明する仮説を検討してきました。

地球の形成とマグマオーシャン

太陽系の惑星形成過程を説明する理論によると、太陽のまわりで、重力の作用により塵や氷が合体し成長していきました。衝突と合体のくり返しで、物質はどんどん大きくなっていったはずです。微惑星や原始惑星と呼ばれる段階を経て、惑星が形成されました。地球はその大きさから、火星クラスの原始惑星が６個、衝突・合体してできたと考えられています。

原始惑星どうしの衝突では、巨大な重力エネルギーが解放され、熱に変わりました。原始惑星の一部はマグマ化したはずです。

原始地球が経験した最後の原始惑星との衝突（ジャイアントインパクト）では、惑星表面全体がマグマに覆われました。このマグマの海を〝**マグマオーシャン**〟といいます。なお、最後のジャイアントインパクトのときに、地球と衝突惑星の一部が宇宙空間に吹き飛んだ後に集積することで、月を形成したと考えられています。

最後のジャイアントインパクト以降、マグマオーシャンは急速に冷えていき、５００万～１０００万年程度で冷え固まったと推測されています。このとき、地球は岩石惑星らしい姿になりました。すると、大気にふくまれていた水蒸気が雨となって地表に降り注ぐようになります。何万年ものあいだ、雨が降り続け、地球全体が深海で覆われました。

地球で最初の大陸を求める考察は、ここからが本番です。

初期地球のマントル対流

くり返しになりますが、地球は太陽系で唯一、海と大陸地殻（安山岩）をもち、プレートテクトニクスが起きている惑星です。プレートテクトニクスはマントル対流の一形態です。

現在の地球でマントル対流が起きていることは間違いありませんが、太古の地球ではどうだったのでしょうか。起きていたとしても、現在とは様子がちがっていたかもしれません。

ふたたび味噌汁の例で考えましょう。熱い味噌汁とやや冷めてしまった味噌汁を用意します。どちらも室温よりは温かいので、冷める過程として対流が起こります。しかし、室温との温度差がより大きい熱い味噌汁のほうが、激しく（速く）対流します。温度が変われば、対流の起こり方も変わるのです。

マグマオーシャンが冷え固まった後の地球も冷え続けてきました。したがって、むかしの地球のマントルと現在の地球のマントルにも温度差があります――むかしのマントルは現在よりも高温だったはずです。たとえば、25億年前のマントルはいまより200℃ほど高温だったという見積もりがあります。これだけ条件のちがうマントルですから、むかしといまでは対流の起き方が異なるかもしれません。

では、むかしの地球では速いマントル対流が起きていたかというと、そうではありません。液体（味噌汁）の場合とちがい、固体のマントルは温度が高いほどゆっくりと対流します。つまり、むかしの地球におけるマントル対流（＝プレートの運動）はいまより遅かったはずなのです[17]。

熱いマントルほどよく溶け、マントルが溶けて生じるマグマが地殻を形成するのですから、かつての海洋地殻は現在と比較して、ずいぶん厚かったと考えられます。

大陸地殻が初めてできたのはいつ？

古い岩石ほど手にはいりにくいのは当然の話ではあるものの、地球誕生から40億年前までの約6億年のあいだ、つまり冥王代に形成された岩石がまったく見つからないのはどういうわけでしょう？　この問いが、地球における大陸誕生の謎の鍵を握ります。

現在知られる最も古い岩石は、カナダ・スレーブ地域のアカスタ片麻岩です。40億年前に大陸地殻として形成されたと考えられています[18]。この片麻岩はもともと玄武岩質ではなく安山岩質だからです。このことから、地球形成（約46億年前）から約40億年前までのどこかのタイミングで、初めて大陸地殻が形成されたはずです。最古の大陸地殻の形成年代について、コンセンサスは得られていません。

たとえば、40億年前までマグマオーシャンが冷え固まることなく地表を覆っていたとすれば、冥王代の岩石が見つからないのもおかしくないかもしれません。岩石の年代測定の原理（5・2節参照）から、その地質時計が動きはじめるのは、マグマが冷え固まり岩石（鉱物）として存在しはじめたときです。40億年前に初めてそれが起きたのではないでしょうか？

この可能性はすでに否定されています。前述のとおり、地球が最初期にマグマオーシャンで覆われていたことは間違いないものの、その状態が何億年も続いたとは考えにくいです。理論的に、マグマオーシャンは５００万〜１０００万年で冷え固まるとされています。[19] したがって、現在の地球で冥王代の岩石が見つからない理由を、マグマオーシャンに求めるのは難しそうです。

じつは、岩石ではありませんが、40億年前より古い形成年代を示す物質も見つかっています。5・2節でも登場したジルコンです。もちろん、すべてのジルコンが冥王代にできたわけではありません。さまざまな年代をもつジルコンが見つかっています。

地球最古のジルコンが見つかったのは、西オーストラリアのジャック・ヒルズという場所です。30億年前に形成された古い堆積岩のなかに砕屑物として見いだされましたが、そのジルコンの年代はなんと44億年前[20]！　44億年前の火成活動によりこのジルコンは生成したのですが、それをふくんでいた源岩（溶岩）は破壊されてすでに存在しません。溶岩が破壊された後、この鉱物は海底に堆積し、長い時間をかけて堆積岩の一部となりました。

仮説①——後期重爆撃による再マグマオーシャン化

40億年以上前の岩石が見つからない理由は、いくつか提案されてきました。以前有力視されていた説と、現在私が支持している説を紹介しましょう。

以前有力視されていたのは、「一度は冷え固まった地球が、ふたたびマグマオーシャンに覆われてしまった」という説です。ジャイアントインパクトによりつくられたマグマオーシャンが冷え固まったとき、地質時計の針は動き出しました。ところが、ふたたびなんらかの理由でマグマオーシャンが復活し、時計の針をリセットしてしまう事件があったのではないか、という考えです。

では、なぜマグマオーシャンにもどってしまったのでしょうか？　その理由として考えられたのは、大量の隕石の衝突です。ジャイアントインパクトを起こすような巨大な天体（原始惑星）はすでに太陽系からなくなっていましたが、小惑星は多くあったはずです。これらが集中的に地球に落ちてくるイベントがあったとすれば、再マグマオーシャン化も起こりえたかもしれません。このような、ジャイアントインパクト後の集中的な隕石衝突イベントを〝後期重爆撃〟といいます。

では、後期重爆撃は本当に起こったのでしょうか？　なんらかの理由で木星の公転軌道が変動して、小惑星帯の軌道も乱された場合に、起こりえたかもしれません。

しかし、このようなイベントが実際に起きたことを示す証拠はなく、手詰まり状態です。[21]　完全に否定するのはむずかしいものの、積極的に支持する理由もありません。

仮説②——大陸地殻はなかった

私の考えは、「40億年前まで大陸地殻はなかった」というものです。冥王代の地球を覆う地殻は、玄武岩でできた海洋地殻だけで構成されていたと考えています。

地球科学者の中には、「冥王代の地球の表面には動きのない玄武岩の地殻があり、その上を海が覆っていた」というイメージをもつ人がいます。海に覆われていたという一点を除けば、現在の火星や金星と同じく、動きのない単調な岩石惑星だったというわけです。

私は、異なるイメージをもっています。冥王代の地球では、すでにプレートテクトニクスが起きていたと考えています。海の下の海洋地殻が上部マントルとともに動き回っていた、ということです。海洋プレートの沈み込みも、冥王代にはじまっていたはずです。

ここで、次のような反論がありえます。もし冥王代にプレートの沈み込みがはじまっていたのであれば、大陸地殻の形成もはじまっていたのではないか。もしそうならば、冥王代に形成された大陸の岩石が見つからないのはおかしい、というわけです。

たしかに、大陸地殻は沈み込み帯で形成されます。しかし、大陸形成に必要な条件は、プレートの沈み込みにともなう、地球内部への水の供給だけではありません。ここまで読んできたみなさんにはわかるはずです。大陸地殻を形成するには、「薄い海洋地殻」という条件を満たさなければなりません。冥王代に薄い海洋地殻が存在しなかったとすれば、すでにプレートテクトニクスがはじまっていたという考えと、大陸地殻が形成されなかったという考えは、両立しうるのです。

私の考える冥王代の地球は、「厚い海洋地殻に覆われた惑星」です。その上には海が広がっていました――〝海惑星〟と呼べる存在だったと考えられます。[※9] 海洋地殻および海洋プレートをつくる中央海嶺の活動は、冥王代にはじまっていました。海洋プレートは動き、沈み込んでいたでしょう。沈み込み帯の火山活動も起こりましたが、上盤プレートの地殻が厚すぎて、生成するマグマは玄武岩質でした。

このような初期地球では、大陸は形成されませんでした。沈み込み帯で安山岩マグマの活動がはじまり、大陸地殻の材料がつくられはじめるまで、時間を要したはずです。

※9　海惑星としての初期の地球の姿や、大陸が増える過程については、まだ科学界で意見の一致を見ていません。

地球で最初の大陸

本章の最後に、「地球で最初の大陸」について、私の考えをまとめます（図5・15）。5つ目の謎「最初の大陸はいつ生まれたのか?」への現時点での回答です。

冥王代の地球では、早い段階からプレートテクトニクスが起きていました——中央海嶺でのプレートの生成・拡大や、海溝からのプレートの沈み込みが起きていました。しかし、大陸をつくるために一番大切なものがありませんでした。それは、薄い海洋地殻です。

現在の地球の海洋地殻は厚さが6kmくらいですが、これは地球の歴史を通して一定ではなかったはずです。中央海嶺で形成される海洋地殻の厚さは、マントルの温度に強く依存します——高温なマントルほど大量に溶けるため、より多くのマグマが生成し、厚い海洋地殻が形成されるのです。冥王代の地球のマントルは現在よりも熱く、そのため当時の海洋地殻は30km以上の厚さをもっていました。

厚い海洋地殻からなるプレートの下に別のプレートが沈み込むと、何が起こるでしょうか。沈み込むプレートが地球内部に水を持ち込み、ある深さで脱水してマントルウェッジに水を供給しました。また、沈み込むプレートに引きずられる形で、マントルウェッジ内部に二次的な流動が

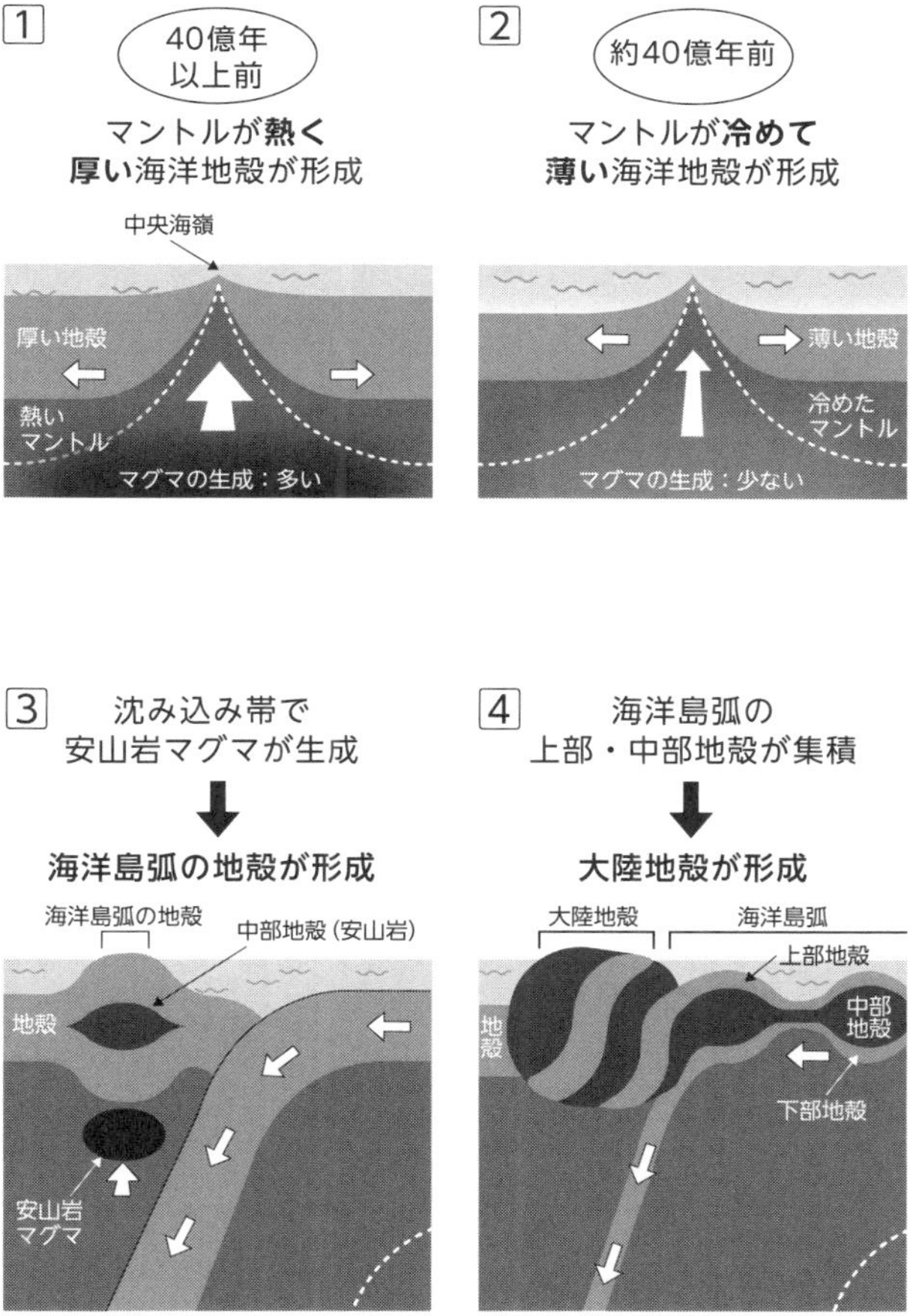
1
40億年
以上前
マントルが熱く
厚い海洋地殻が形成
中央海嶺
厚い地殻
熱い
マントル
マグマの生成：多い
2
約40億年前
マントルが冷めて
薄い海洋地殻が形成
薄い地殻
冷めた
マントル
マグマの生成：少ない
3
沈み込み帯で
安山岩マグマが生成
海洋島弧の地殻が形成
海洋島弧の地殻
中部地殻（安山岩）
地殻
安山岩
マグマ
4
海洋島弧の
上部・中部地殻が集積
大陸地殻が形成
大陸地殻
海洋島弧
上部地殻
地殻
中部
地殻
下部地殻

図5.15　**地球で最初の大陸ができるまで**

生じ、マントル上昇流も発生します。加水と減圧による部分融解でマントルウェッジにマグマが生じ、上昇します。それが上盤プレート上に火山を形成しました。

ただし、地殻が厚いため、この沈み込み帯で生じるマグマは玄武岩質でした。玄武岩からなる海洋地殻上に玄武岩の火山ができたということです。

冥王代の地球はぶ厚い海洋地殻に覆われていたため、マントルで生成するマグマはすべて玄武岩質でした。その活動により形成された火山はプレートの収束境界で沈み込み、ふたたびマントルへともどっていきます。いくら玄武岩があっても、大陸はできませんし、できた玄武岩はすべて沈み込んでしまいます。

大陸の材料となる安山岩マグマができるためには、30㎞より薄い海洋地殻が必要です。薄い海洋地殻をつくるためには、マントルがある程度冷えなければいけません。この条件が満たされたタイミングが約40億年前です。

海洋地殻の厚さが30㎞を下回ったこのころ、沈み込み帯でのマグマ活動に変化が生じます。加水と減圧による部分融解が起きるのは変わりませんが、地殻が薄く圧力が低いために、マントルウェッジの浅い領域では玄武岩マグマではなく安山岩マグマが発生しはじめたのです。玄武岩だけしかなかった地表に、とうとう安山岩が加わりました。上部・中部が安山岩質で、下部が玄武岩質の海洋島弧地殻の誕生です。

海洋島弧地殻は、プレート運動にともない収束境界に運ばれることがあります。そのプレートが沈み込むとき、玄武岩質の下部地殻はマントル深部へと運ばれる一方、安山岩からなる上部・中部地殻は地表付近に取り残されます。いくらか沈み込んだとしても、ある程度の深さで融解しリモービライズして、マグマとして地表にもどるのです。

こうして沈み込み帯に安山岩が集積していき、衝突帯で初めて大陸が誕生したと考えられます。

終章

岩石学者が大陸と生命の起源を考えてみた

とうとう本書も最終章です。ここまで、大陸に関するさまざまな謎を解いてきて、とくに〝大陸の起源〟について新しい考えを提示してきました。この章では、もうひとつ大きな謎に挑んでみたいと思います。それは〝生命の起源〟です。生命はいつ、どのようにして生まれたのでしょうか?

「序章」で述べたとおり私は岩石学者で、大陸についての謎解きは、もとより専門とするところでした。生命の起源に挑むとなると門外漢で、適任ではないように思われるかもしれません。しかし、岩石学者ならではの視点を提供できる可能性もあると思うのです。もう少しだけお付き合いください。

最古の生命の痕跡

生命がいかにして誕生したか、いまのところほとんどわかっていないというのが実情だと思います。世界中の科学者がこの謎に挑んできましたが、アプローチの方法もさまざまです。

生命誕生に関して、私が重視しているのはタイミングです。いつ生命が誕生したのかについても、まだ議論があります。

冥王代に生まれていた可能性はあるでしょうか？　マグマオーシャンは45億年前には冷え固まっていたと考えられますが、その後も隕石の衝突はかなりの頻度で起きていたはずです。5・4節で言及した後期重爆撃のようなイベントがあったかもしれません。そう考えると、生命にとっては過酷な環境だったはずです。といっても、生まれなかったと言い切る根拠もありません。結局、なんともいえないというのが現状です。

なんとかしてもう一歩迫れないでしょうか？

最古の生命の証拠はどのようなものでしょうか？　いまのところ、東京大学の地質学者・小宮剛のグループが２０１７年に報告した39・５億年前の地層に残る痕跡がもっとも古いようです。[1]

その地層は、カナダ東部ラブラドル半島に露出した最古の堆積岩です。炭素同位体比というかたちで、生命活動の痕跡が残されています。〝生命の痕跡〟というと、体化石や生痕《せいこん》化石を思い浮かべがちですが、目に見える化石だけでなく、化学分析により初めて認識できる痕跡もあるのです。

炭素には^{12}Cと^{13}Cの2つの安定同位体があります。これらは、重さのちがいのために、挙動（化学反応における振る舞い）がわずかに異なります。生命活動である「代謝」においては、^{12}Cが^{13}Cよりわずかに取り込まれやすいのです。そのため、生物体内の炭素同位体比（^{13}C／^{12}C）は、環境中の（無機物の）炭素同位体比よりも小さくなります。

小宮たちが前述の堆積岩の炭素同位体比を分析した結果、有機物由来の値が得られました。つまり、生命活動がかかわったとしか考えられない炭素同位体比を示したのです。このような同位体比を生み出したのは、39・5億年前の海に生きていた生物の活動にちがいありません。

小宮たちの論文に記された年代値を見て、私は驚きました。最古の生命の痕跡が残る地層の年代は、5・4節で紹介した最古の岩石――大陸地殻を構成したもの――の形成年代と非常に近かったからです。もし、小宮たちが発見した炭素同位体比異常が、最初の（誕生したばかりの）生物によるものだとすれば、大陸誕生直後に生命が誕生した可能性があります。この一致は偶然ではないと直感しました。

とはいえ、大陸誕生と生命誕生は一見無関係、というか相反する印象です。私は西之島で大陸の卵が生まれる現場を目撃しました。噴火と溶岩流は美しかったものの、生命を拒絶する破壊現象でした。大陸誕生の場は生命誕生の舞台にはなりえません。

では、大陸誕生と生命誕生はどのように結びつくのでしょうか？

常識はずれの微生物

もうひとつ、生命誕生に関する日本人による研究成果を紹介します。

当時JAMSTECにいた微生物学者・鈴木志野（現在は理化学研究所）が、サンフランシスコ北部のザ・シダーズの泉[※1]で、2017年に〝常識はずれの微生物〟を発見しました[2]。まず、この微生物はゲノムが異常に小さかったそうです。ゲノムが小さいということは、遺伝子が少ないということです。ザ・シダーズの泉で見つかった微生物は、あらゆる生物がもつ重要な遺伝子のいくつかをもちませんでした。

もうひとつ常識はずれだったのは、生息環境です。ザ・シダーズの泉は生物にとって過酷な極限環境でした。まず、その水は自然界で最も高いpH値（pH11～12）をもつ、強アルカリ溶液です。この高いpH値のため、酸素や硫酸がなく呼吸でエネルギーをつくることができません。そして、栄養となる物質（炭素、窒素、リンなど）も乏しい環境でした。このような環境で微生物が生きていることは確認されましたが、どうやって生きているのかはいまだ謎だらけです。

ザ・シダーズの泉で発見された微生物は、その単純さから、初期の生命に近い存在と考えられます。とすると、その微生物が生きる泉は、生命誕生の場と近い環境ではないでしょうか。

私がとくに注目したいのは、ザ・シダーズの泉の強アルカリ性の水です。この水は、岩石と地下水の反応により生じ、地表に湧き出しています。岩石といっても地殻ではなく、マントルを構成するかんらん岩です。この場所では、かつて起きたプレートどうしの衝突のため、海洋プレートをつくっていたかんらん岩が地表近くに現れ、水と触れ反応しているのです。この反応の結果、かんらん岩が変質した蛇紋岩とpHが11を超える強アルカリの水が生じています。

生命誕生の舞台

ザ・シダーズの強アルカリの泉が生命誕生の現場に近いと考えると、疑問が湧いてきます。40

※1　米国カリフォルニア州ソノマ郡にある。かんらん岩が水と反応し、蛇紋岩に変質することにより、強アルカリ性・還元的な水が湧き出ている。

億年前の地球で、かんらん岩と水が反応することなどありえたでしょうか？

前章で考えたとおり、約40億年前の地球は全体を海に覆われていて、大陸地殻がようやくできはじめたころでした。また、海底をつくる玄武岩の地殻は当時、現在（約６km）よりもぶ厚かったと考えられます（５・４節参照）。

くり返しになりますが、大陸地殻ができるには、海洋地殻の厚さが30km以下になっている必要があります。約40億年前、まさにこの厚さの海洋地殻がありました。その下のマントルを構成するかんらん岩が地表に現れるには、厚さ30kmの海洋地殻が障害物になります。ふつうに考えると、地表でかんらん岩と水が反応することはなさそうです。

しかし、大陸地殻が形成されはじめた後であれば、状況は変わります。

前章で述べたとおり、私は、約６億年ものあいだ海惑星だった地球で、40億年前に初めて大陸地殻が形成されたと考えています。それがつくる島（陸地）は、生命誕生の舞台ではありえません。プレートに運ばれて海溝にたどり着いた大陸地殻は、プレートとともに沈み込もうとします。なんとか別のプレートの下にもぐり込んだ大陸地殻も現れましたが、その軽さのため浮力を受けます。大陸地殻はある深さ以上は沈み込めず、上盤側のプレートを持ち上げました。このとき、プレートを構成するマントルが露出して、海水と触れるようになったのです。

つまり、私の考えはこうです。大陸が誕生し沈み込むことで、マントル（かんらん岩）を地表に露出させ、地表でかんらん岩と水が反応しはじめた。そうしてつくられた強アルカリ性の泉が生命誕生の舞台となった——。

舞台は40億年前に整った

終章の最後の項にたどり着きました。ここで、序章で掲げた最後の謎「生命はどこで誕生したか?」に答えます。もちろん、ここで述べるのは私の提案であって、科学界のコンセンサスではありません。

前提として、地球で生命が生まれるまで、地球が形成してから約6億年かかったと考えます。いまのところ、それ以前に生命が生まれていたことを示唆する証拠はありません。この生命誕生以前の6億年間、地表では劇的な変化が起きていました。

地球形成直後、ジャイアントインパクトにより地表全体がマグマオーシャンに覆われました。その後、マグマが冷え固まると、地球は岩石に覆われます。さらに、大気中の水蒸気が雨となって降り注ぎ、地球は海に覆われました。なお、この海が、とくに深海底の熱水噴出孔[※2]が生命の誕生の場だと考える人もいます[3]。この考えはまだ否定されていませんが、定説となるには高いハードルを越えなければなりません。とくに、海水中で有機物の高分子化（脱水反応）を起こすのは難しく、熱水噴出孔説の最大の弱点といえそうです。

このとき海底面を覆っていた岩石は、玄武岩からなる海洋地殻です。マントルが現在よりも高温だったため、厚い地殻が形成されていました。その厚さは30㎞を超えていたはずです。

海の形成後はプレートテクトニクスがはじまり、中央海嶺での火山活動とプレートの生成、プレートの沈み込みと沈み込み帯の火山活動がはじまりました。しばらくは、玄武岩マグマの活動だけだったはずです。

しかし、地球が徐々に冷えていく中で、活動に変化が生じます。マントルの温度が下がったため、海洋地殻をつくるマグマの量が減っていったのです——海洋地殻は薄くなっていきました。すると、沈み込み帯の火山活動にも変化が生じます。約40億年前に海洋地殻の厚さが30㎞を下回り、その下の浅いマントルで初めて安山岩マグマが生じました。やがて、上部・中部が安山岩からなる海洋島弧の地殻が、沈み込み帯に集積しはじめます。安山岩は地球内部に沈み込むことができず、地表に取り残されるのです。安山岩の集積により、とうとう大陸地殻が形成されました。

大陸地殻はプレートとともに移動し、海溝から沈み込みはじめるものが現れます。しかし、軽い大陸地殻は浮力を受けるため、沈み込みきれません。このとき、プレートの沈み込みは止まってしまいます。

大陸地殻の沈み込みによりプレートの沈み込みが止まる例は、現在のニューカレドニアで観察されています。太平洋プレートの下にもぐり込んだインド・オーストラリアプレートが、ここではほとんど動いていません。そしてニューカレドニアでは、大陸地殻に持ち上げられた上盤側のプレートのマントルが露出しています。

初期の地球で形成され、沈み込みを開始した大陸地殻も、現在のニューカレドニアと同じように上盤プレートを持ち上げ、マントルを露出させたはずです。このとき、マントル（かんらん岩）・海洋・大気が初めて出合いました。かんらん岩の蛇紋岩化反応がはじまったのです図E.1。ここで、大気と触れたことも重要だったと考えています。さきほど、熱水噴出孔説の最大の弱点として、有機物の高分子化（脱水反応）を起こすことの難しさを挙げました。この反応を進めるためには、大気が必要だったと推測します。地球誕生から6億年間は、マントルと大気の接触は起こらなかったはずです。そして、生命誕生の舞台が整った——こう考えるのはどうでしょうか？

※2　深海熱水噴出孔は中央海嶺やホットスポットなど、マグマ活動の盛んな海底で多く見つかっています。海水が海洋地殻の亀裂に染み込み、海底付近まで上昇したマグマの熱で温められ、熱水として噴き出している場所です。熱水は水素や硫化水素をふくんでいて、それら還元ガスをエネルギー源として用いる独立栄養微生物が熱水噴出孔周辺に生息しています。

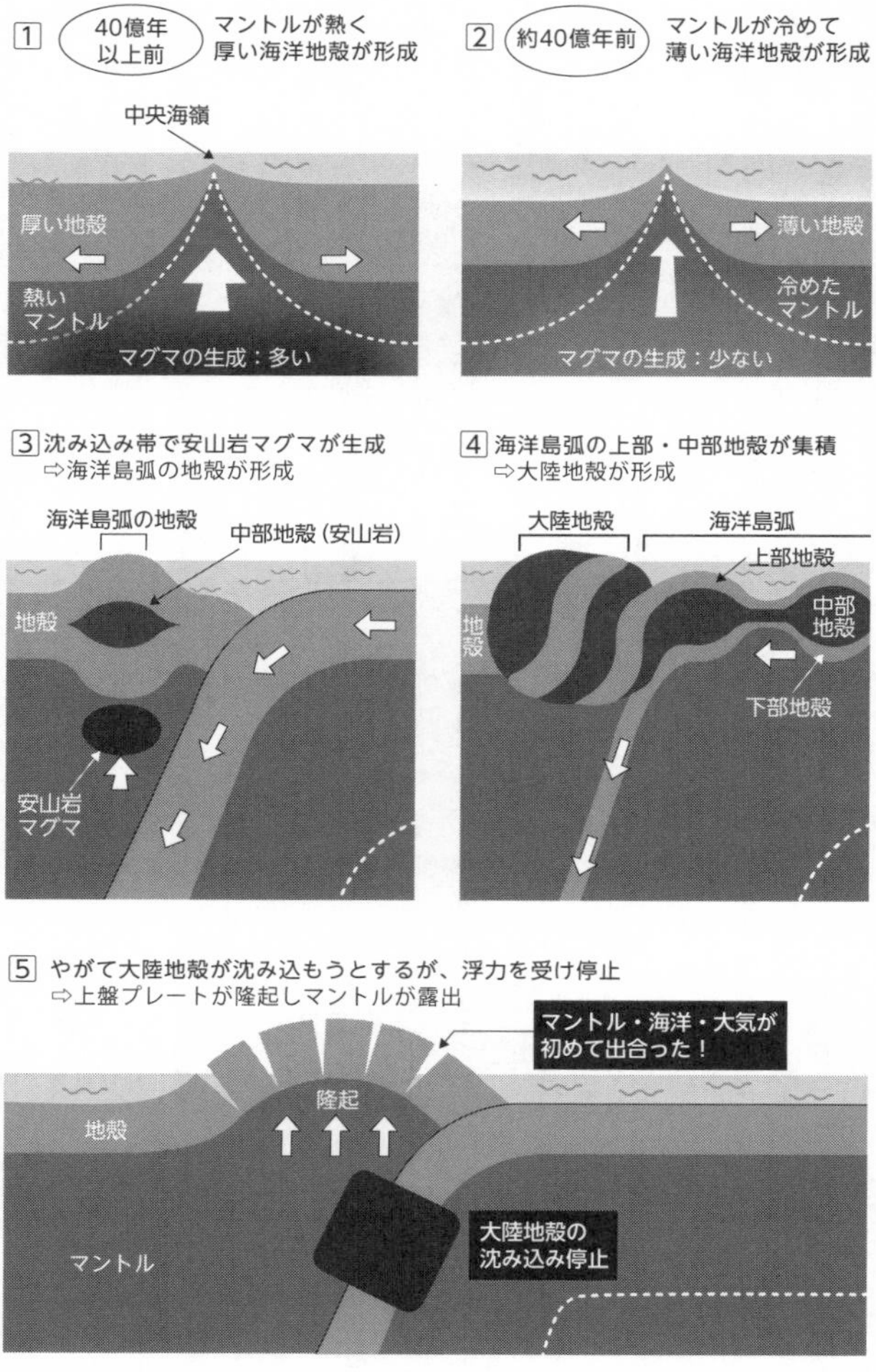

図E.1 生命誕生の舞台が整うまで

あとがき

　本書の執筆の最終段階に入っていた2024年1月1日、能登半島地震が起きました。私の故郷、石川県を激震が襲い、私の大好きな能登に甚大な被害を与えました。1000年に一度といわれる地形的変化（隆起）も起こっています。この大地震は、地下の流体が移動して、それがトリガーとなって逆断層が動き、引き起こされたといわれています。

　情報を集めてみると、私が本書に記した大陸と海洋底に関する研究成果や知見を、この地震の解明に役立てることができるのではないか、と思えてきました。能登半島には、日本海拡大当時（漸新世～中新世、2800万～1500万年前）の穴水《あなみず》累層と呼ばれる火山岩類が分布しています。ほとんどが安山岩類です。なぜ日本海拡大時に安山岩マグマが噴出したのか――。その理由は、本書で示した安山岩の成因と深くかかわっているかもしれません。

　日本海ができるときには、正断層がたくさん形成されました。その断層に沿って海水がマントルまで流入し、マントルが低圧で融解し、日本海に安山岩マグマが噴出したという、ひとつの仮説が考えられます。それと同時に、正断層に沿って浸入した海水が地殻内に閉じ込められたことでしょう。この閉じ込められた過去の海水（化石海水）は、現在の圧縮場で絞り出され、正断層から転換した逆断層に供与されて地震を引き起こすトリガーとなった可能性があります。今後、能登半島の地質調査と岩石の分析を実施して、この仮説を検証したいと考えています。私はいま、これまでの研究成果を総動員して、能登半島地震の原因を解明したいと思っています。

ここからは、私が本書を書き上げるうえでお世話になったみなさまに感謝を伝えます。

東京大学、岡山大学、金沢大学、JAMSTECを渡り歩くなかで、久城育夫、リチャード・フィスク、小澤一仁、永原裕子、鳥海光弘、荒牧重雄、藤井敏嗣、高橋栄一、高橋正樹、中村栄三、荒井章司、石渡明、巽好幸、平朝彦、門馬大和、仲二郎の諸先生からご指導を賜りました。そして、以下のたくさんの仲間とともに、議論して一緒に論文を書いてきました（敬称略・順不同）。石塚治、佐藤智紀、川畑博、谷健一郎、宿野浩司、鈴木敏弘、高橋俊郎、平井康裕、吉田健太、常青、ボギー・ヴァグラロフ、宮崎隆、木村純一、小平秀一、高橋成実、藤江剛、三浦誠一、小山真人、アレックス・ニコルス、マチュー・ロスパビ、リチャード・ビソチャンスキー、ロバート・スターン、アイオナ・マッキントッシュ、ジム・ギル、ボブ・エンブレイ、高澤栄一、石井輝秋、柚原雅樹、富士原敏也、佐藤壮、大平茜、齊藤哲、有馬眞、川手新一、青池寛、金丸龍夫、一瀬建日、趙大鵬、金田謙太郎、木戸ゆかり、入野直子、平原由香。

論文を書くための地質調査や岩石アーカイブ、アウトリーチでは、藤井友紀子さん、富山隆将さん、久積正具さん、浦戸桂島調査では佐藤寿正先生、内海春雄さん、伊豆半島調査では青森千枝美さん、白山調査では勘田益男さん、大森晃治さん、山本良彦さん、小川義厚さんに大変お世話になりました。この場を借りてお礼申し上げます。昼休みのサッカーは私の身体と心のオアシスでした。JAMSTECサッカー部のみなさま、ありがとう！

私を支えてくれた人がもう一人います。31年前の話です。博士号を取得してからすでに数年、私はどこの大学に応募しても助手や博士研究員（ポスドク）として採用されずにいました。新たな不採用通知が届いたある日、それをじっと見ていた当時の彼女は、「就職するまで待てないので、私と別れるか、結婚するか、はっきりして」と無謀にも言い放ったのです。大好きな彼女との結婚後に、私は三朝（鳥取県）にある岡山大学の研究所のポスドクとして採用されました。妻は国家公務員をやめて、私についてきました。鳥取、金沢、横浜（そして、一年間のカリフォルニア）で二人の子を育てあげ、いまは書道の先生をしています。妻には感謝の気持ちしかありません。

最後に、この本は、講談社サイエンティフィクの渡邉拓さんなしでは存在しませんでした。渡邉さんの辛抱強い編集のおかげで日の目をみることができました。ありがとうございます。

2024年2月、春の陽気の横須賀にて

田村芳彦

「熱い指」のダイナミックモデル―. *地学雑誌* **112**, 781–793.
[9] Okamura, Y., et al. (1995). Rifting and basin inversion in the eastern margin of the Japan Sea. *Isl. Arc* **4**, 166–181.
[10] 酒井治孝 (2023). *ヒマラヤ山脈形成史*, 東京大学出版会.
[11] Hawkesworth, C. J., et al. (2016). Tectonics and crustal evolution. *GSA Today* **26**, 4–11.
[12] Tamura, Y., et al. (2010). Missing Oligocene crust of the Izu-Bonin arc: Consumed or rejuvenated during collision? *J. Petrol.* **51**, 823–846.
[13] Saito, S., et al. (2007). Formation of distinct granitic magma batches by partial melting of hybrid lower crust in the Izu arc collision zone, central Japan. *J. Petrol.* **48**, 1761–1791.
[14] Shukuno, H., et al. (2006).（第 4 章の [10]）
[15] Kitamura, K., et al. (2003). Petrological model of the northern Izu-Bonin-Mariana arc crust: Constraints from high-pressure measurements of elastic wave velocities of the Tanzawa plutonic rocks, central Japan. *Tectonophysics* **371**, 213–221.
[16] Taira, A., et al. (1998). Nature and growth rate of the Northern Izu-Bonin (Ogasawara) arc crust and their implications for continental crust formation. *Isl. Arc* **7**, 395–407.
[17] 是永淳 (2014). *絵でわかるプレートテクトニクス*, 講談社.
[18] Bowring, S. A. & Williams, I. S. (1999). Priscoan (4.00–4.03 Ga) orthogneisses from northwestern Canada. *Contrib. Mineral. Petrol.* **134**, 3–16.
[19] Elkins-Tanton, L. T. (2008). Linked magma ocean solidification and atmospheric growth for Earth and Mars. *Earth Planet. Sci. Lett.* **271**, 181-191.
[20] Wilde, S. A., et al. (2001). Evidence from detrital zircons for the existence of continental crust and oceans on the Earth 4.4 Gyr ago. *Nature* **409**, 175–178.
[21] Boehnke, P. & Harrison, T. M. (2016). Illusory late heavy bombardments. *Proc. Natl. Acad. Sci.* **113**, 10802–10806.

終章

[1] Tashiro, T., et al. (2017). Early trace of life from 3.95 Ga sedimentary rocks in Labrador, Canada. *Nature* **549**, 516–518.
[2] Suzuki, S., et al. (2017). Unusual metabolic diversity of hyperalkaliphilic microbial communities associated with subterranean serpentinization at The Cedars. *ISME J.* **11**, 2584–2598.
[3] 高井研 (2020). 深海の極限環境に生命の起源を探る. 日本地球惑星科学連合編, *地球・惑星・生命*, 東京大学出版会, pp.71–80.

Nishinoshima volcano in the Ogasawara arc, western Pacific: New insights from submarine deposits of the 2020 explosive eruptions. *Front. Earth Sci.* **11**, 1137416.

[9] Tamura, Y., et al. (2005). Are arc basalts dry, wet, or both?: Evidence from the Sumisu caldera volcano, Izu-Bonin arc, Japan. *J. Petrol.* **46**, 1769–1803.

[10] Shukuno, H., et al. (2006). Origin of silicic magmas and the compositional gap at Sumisu submarine caldera, Izu-Bonin arc, Japan. *J. Volcanol. Geotherm. Res.* **156**, 187–216.

[11] Tani, K., et al. (2007). Sumisu volcano, Izu-Bonin arc, Japan: Site of a silicic caldera-forming eruption from a small open-ocean island. *Bull. Volcanol.* **70**, 547–562.

[12] Stern, R. J., et al. (2008). Evolution of West Rota volcano, an extinct submarine volcano in the southern Mariana arc: Evidence from sea floor morphology, remotely operated vehicle observations and ^{40}Ar–^{39}Ar geochronological studies. *Isl. Arc* **17**, 70–89.

[13] Tamura, Y., et al. (2009). Silicic magmas in the Izu-Bonin oceanic arc and implications for crustal evolution. *J. Petrol.* **50**, 685–723.

[14] Geshi, N., et al. (2002). Caldera collapse during the 2000 eruption of Miyakejima volcano, Japan. *Bull. Volcanol.* **64**, 55–68.

[15] Yoshida, K., et al. (2022). Variety of the drift pumice clasts from the 2021 Fukutoku-Oka-no-Ba eruption, Japan. *Isl. Arc* **31**, e12441.

[16] Minami, H. & Tani, K. (2023). The Fukutoku volcanic complex: Implications for the northward extension of Mariana rifting and its tectonic controls on arc volcanism. *Mar. Geol.* **457**, 106996.

第 5 章

[1] アルフレッド・ウェゲナー，竹内均訳，鎌田浩毅解説 (2020). *大陸と海洋の起源*，講談社ブルーバックス．

[2] Terada, T. (1927). On a zone of islands fringing the Japan Sea coast with a discussion on its possible origin. *Bull. Earthq. Res. Inst., Univ. Tokyo* **3**, 67–85.

[3] Terada, T. (1934). On bathymetrical features of the Japan Sea. *Bull. Earthq. Res. Inst., Univ. Tokyo* **12**, 650–656.

[4] Vine, F. J. & Matthews, D. H. (1963). Magnetic anomalies over oceanic ridges. *Nature* **199**, 947–949.

[5] Shipboard Scientific Party (1970). *DSDP Volume III.* doi:10.2973/dsdp.proc.3.1970 (publication date June 2007)

[6] McKenzie, D. P. & Parker, R. L. (1967). The north Pacific: An example of tectonics on a sphere, *Nature* **216**, 1276–1280.

[7] Le Pichon, X. (1968). Sea-floor spreading and continental drift. *J. Geophys. Res.* **73**, 3661-3697.

[8] 田村芳彦 (2003). 東北日本弧と大和海盆周辺のマグマの成因関係 —

systems. *Earth Planet. Sci. Lett.* **22**, 294–299.
[6] Tatsumi, Y. (1982). Origin of high-magnesian andesites in the Setouchi volcanic belt, southwest Japan, II: Melting phase relations at high pressures. *Earth Planet. Sci. Lett.* **60**, 305–317.
[7] Umino, S. & Kushiro, I. (1989). Experimental studies on boninite petrogenesis. In Crawford, A. J. (ed.) *Boninites and Related Rocks*. Unwin Hyman, 89–111.
[8] Kushiro, I., et al. (1968). Effect of water on melting of enstatite. *Geol. Soc. Amer. Bull.* **79**, 1685–1692.
[9] Hirose, K. (1997). Melting experiments on lherzolite KLB-1 under hydrous conditions and generation of high-magnesian andesitic melts. *Geology* **25**, 42–44.
[10] Tamura, Y., et al. (2014). (第２章の [1])
[11] Tamura, Y., et al. (2022). The nature of the Moho beneath fast-spreading centers: Evidence from the Pacific plate and Oman ophiolite. *Isl. Arc* **31**, e12460.
[12] Mohorovičić, A. (1910). Potres od 8/X 1909. (Das Beben vom 8.X. 1909), *Jahrbuch des meteorologischen Observatoriums in Zagreb (Agram) für das Jahr 1909*, 1–56.

幕間章

[1] Gill, R. (2015). *Chemical Fundamentals of Geology and Environmental Geoscience,* Third Edition. WILEY Blackwell.

第４章

[1] 小坂丈予 (1991). 日本近海における海底火山の噴火，東海大学出版会．
[2] 海上保安庁海洋情報部，海域火山データベース，「西之島」 https://www1.kaiho.mlit.go.jp/kaiikiDB/kaiyo18-2.htm（2024 年 2 月 21 日閲覧）
[3] Tamura, Y., et al. (2019). Nishinoshima volcano in the Ogasawara arc: New continent from the ocean? *Isl. Arc* **28**, e12285.
下記よりビデオアブストラクトもご覧ください。
https://vimeo.com/314337129
[4] Tamura, Y., et al. (2000). Primary arc basalts from Daisen volcano, Japan: Equilibrium crystal fractionation versus disequilibrium fractionation during supercooling. *J. Petrol.* **41**, 431–448.
[5] Tamura, Y., et al. (2016). (第１章の [2])
[6] Kelemen, P. B., et al. (2003). Along-strike variation in the Aleutian island arc: Genesis of high Mg# andesite and implications for continental crust. In Eiler, J. (ed.) *Inside the Subduction Factory, Geophysical Monograph* **138**, 223–276.
[7] Hirai, Y., et al. (2023). Magnesian andesites from Kibblewhite volcano in the Kermadec arc, New Zealand. *J. Petrol.* **64**, 1–23.
[8] Tamura, Y., et al. (2023). Genesis and interaction of magmas at

引用文献

序　章

[1] JAMSTEC BASE (2017).「無人探査機『ハイパードルフィン』2,000回潜航、達成！」.
https://www.jamstec.go.jp/j/pr/topics/20170510/
３ページ目には著者が登場する。また、2005年の潜航で撮影されたマリアナ弧の海底火山の噴火の動画が見られる。

[2] Tamura, Y., et al. (2003). Andesites and dacites from Daisen volcano, Japan: Partial-to-total remelting of an andesite magma body. *J. Petrol.* **44**, 2243–2260.

第１章

[1] Kodaira, S., et al. (2007). New seismological constraints on growth of continental crust in the Izu-Bonin intra-oceanic arc. *Geology* **35**, 1031–1034.

[2] Tamura, Y., et al. (2016). Advent of continents: A new hypothesis. *Sci. Rep*. **6**, 33517.

第２章

[1] Tamura, Y., et al. (2014). Mission immiscible: Distinct subduction components generate two primary magmas at Pagan volcano, Mariana arc. *J. Petrol*. **55**, 63–101.

[2] Tarduno, J., et al. (2009). The bent Hawaiian-Emperor hotspot track: Inheriting the mantle wind. *Science* **324**, 50–53.

[3] Sugimura, A. (1960). Zonal arrangement of some geophysical and petrological features in Japan and its environs. *J. Fac. Sci. Tokyo Univ, Sect. II* **12**, 133–153.

[4] Tamura, Y., et al. (2002). Hot fingers in the mantle wedge: New insights into magma genesis in subduction zones. *Earth Planet. Sci. Lett*. **197**, 105–116.

[5] Honda, S. (2011). Planform of small-scale convection under the island arc. *Geochem. Geophys. Geosyst*. **12**, Q11005.

[6] Tamura, Y., et al. (2003).（序章の [2]）

第３章

[1] Samuel, H., et al. (2023). Geophysical evidence for an enriched molten silicate layer above Mars's core. *Nature* **622**, 712–717.

[2] Sharpton, V. L. & Head Ⅲ, J. W. (1985). Analysis of regional slope characteristics on Venus and Earth. *J. Geophys. Res*. **90**, 3733–3740.

[3] Aharonson, O., et al. (2001). Statistics of Mars' topography from the Mars Orbiter Laser Altimeter: Slopes, correlations, and physical Models. *J. Geophys. Res*. **106**, 23723–23735.

[4] McSween Jr., H. Y., et al. (2009). Elemental composition of the Martian crust. *Science* **324**, 736–739.

[5] Kushiro, I. (1974). Melting of hydrous upper mantle and possible generation of andesitic magma: An approach from synthetic

や・ら・わ

は

ま

た

な

さ

さくいん

N.D.C.458.6　286p　18cm

ブルーバックス　B-2259

大陸《たいりく》の誕生《たんじょう》
地球進化の謎を解くマグマ研究最前線

2024年4月20日　第1刷発行
2024年8月5日　第2刷発行

著者　田《た》村《むら》芳《よし》彦《ひこ》
発行者　森田浩章
発行所　株式会社講談社
〒112-8001 東京都文京区音羽2-12-21
電話　出版　03-5395-3524
販売　03-5395-4415
業務　03-5395-3615
印刷所　(本文印刷) 株式会社ＫＰＳプロダクツ
(カバー表紙印刷) 信毎書籍印刷株式会社
製本所　株式会社国宝社

定価はカバーに表示してあります。

ISBN978-4-06-535249-6

発刊のことば

科学をあなたのポケットに

二十世紀最大の特色は、それが科学時代であるということです。科学は日に日に進歩を続け、止まるところを知りません。ひと昔前の夢物語もどんどん現実化しており、今やわれわれの生活のすべてが、科学によってゆり動かされているといっても過言ではないでしょう。

そのような背景を考えれば、学者や学生はもちろん、産業人も、セールスマンも、ジャーナリストも、家庭の主婦も、みんなが科学を知らなければ、時代の流れに逆らうことになるでしょう。

ブルーバックス発刊の意義と必然性はそこにあります。このシリーズは、読む人に科学的に物を考える習慣と、科学的に物を見る目を養っていただくことを最大の目標にしています。そのためには、単に原理や法則の解説に終始するのではなくて、政治や経済など、社会科学や人文科学にも関連させて、広い視野から問題を追究していきます。科学はむずかしいという先入観を改める表現と構成、それも類書にないブルーバックスの特色であると信じます。

一九六三年九月　　　　野間省一